Premiere

视频编辑项目实践教程

主 编◎李向东　傅志骥　林　宇

副主编◎李若然　聂　峰　杨剑钊（企业）

北京理工大学出版社
BEIJING INSTITUTE OF TECHNOLOGY PRESS

内 容 提 要

本书全面系统地介绍了 Premiere 的基本操作方法和视频编辑技巧，内容包括项目制作与视频编辑、制作影视剪辑、制作视频切换效果、应用视频特效、视频色彩的校正、字幕的添加和编辑、视频的合成和抠像、音频文件的添加和编辑、运动视频效果的应用 9 个项目。

本书由浅入深、讲解通俗，可作为各类职业院校数字媒体技术应用及相关专业的教材，也可作为 Premiere 初学者、从事影视制作的工作人员、培训班学员及视频后期编辑爱好者的参考用书。

图书在版编目（CIP）数据

Premiere 视频编辑项目实践教程 / 李向东，傅志骥，林宇主编 . -- 北京：北京理工大学出版社，2025.6.
ISBN 978-7-5763-5489-8

Ⅰ. TP317.53

中国国家版本馆 CIP 数据核字第 2025PK8824 号

责任编辑： 江　立		**文案编辑：** 江　立	
责任校对： 周瑞红		**责任印制：** 王美丽	

出版发行 / 北京理工大学出版社有限责任公司

社　　址 / 北京市丰台区四合庄路 6 号

邮　　编 / 100070

电　　话 / (010) 68914026（教材售后服务热线）
　　　　　　 (010) 63726648（课件资源服务热线）

网　　址 / http://www.bitpress.com.cn

版 印 次 / 2025 年 6 月第 1 版第 1 次印刷

印　　刷 / 河北鑫彩博图印刷有限公司

开　　本 / 787 mm×1092 mm　1/16

印　　张 / 16.5

字　　数 / 375 千字

定　　价 / 89.00 元

前 言

Premiere 是由 Adobe 公司开发的视频编辑软件，它功能强大、易学易用，深受广大视频剪辑爱好者的喜爱，已经成为这一领域最流行的软件之一。目前，我国很多院校的数字媒体类专业都将 Premiere 作为一门重要的专业课程。为了帮助教师全面、系统地讲授这门课程，使学生能够熟练地使用 Premiere 来进行视频剪辑，我们几位长期在院校从事 Premiere 教学的教师与专业视频剪辑公司经验丰富的设计师合作，共同编写了本书。

习近平总书记在党的二十大报告中指出"科技是第一生产力、人才是第一资源、创新是第一动力"。大国工匠和高技能人才作为人才强国战略的重要组成部分，在现代化国家建设中起着重要的作用。高等职业教育肩负着培养大国工匠和高技能人才的使命，近几年得到了迅速发展和普及。本教材围绕社会对高技能人才需求，通过项目化教学提升学生视频编辑的综合能力，使学生成为德智体美劳全面发展的高素质技术技能型人才。

在内容编写方面，力求细致全面、重点突出；在文字叙述方面，注意言简意赅、通俗易懂；在案例选取方面，强调案例的针对性和实用性。本教材由厦门软件职业技术学院李向东、普宁职业技术学校傅志骥、福州软件职业技术学院林宇担任主编，由厦门软件职业技术学院教师李若然、聂峰，厦门知名企业——厦门风云科技股份有限公司数创事业部副总杨剑钊担任副主编。为方便读者线下学习，本教材提供了教材所有任务的微课视频，用户通过扫描二维码即可学习。

根据院校的教学方向和教学特色，我们对本书的编写体系做了精心的设计。每项目按照"项目导学—任务目标—相关知识—操作步骤—拓展训练—项目小结"这一思路进行编排，力求通过项目任务演练，使学生快速熟悉视频剪辑的设计理念和软件功能。

由于编者水平有限，书中难免存在疏漏和不妥之处，敬请广大读者批评指正。

编 者

目 录

■── Contents ■■■

项目制作与视频编辑　项目 1

■ ■ ■ ■ ■ ■ ■ ■

项目导学

　　本项目通过学习"介绍中国四大国粹"和"介绍中国古代四大发明"任务，完成"介绍中国古代四大名著"和"介绍中国古代四大才女"拓展训练，学生可对 After Effects 的操作界面和面板的功能有一个较为清晰的认识，为初次踏入影视后期编辑制作这一领域的学生填补这方面的空白。通过本项目的学习，培养良好的艺术修养和人文素养，引导学生选择正确的人生道路，学生获得艺术享受的同时，健全自身的人格。

任务 1.1
介绍中国四大国粹

介绍中国四大国粹

任务目标

初步熟悉 Premiere 软件的工作界面，新建一个项目文件，新建序列，添加图片素材文件，最后保存项目文件和导出视频文件，其最终效果如图 1-1 所示。

图 1-1　介绍中国四大国粹——最终效果

相关知识

1.1.1　认识 Premiere 的工作界面

启动 Premiere 之后，会有几个面板自动出现在工作界面中，Premiere 的工作界面主要由标题栏、菜单栏、"项目"面板、"效果"面板、"工具"面板、"时间轴"面板和"监视器"面板等部分组成，如图 1-2 所示。

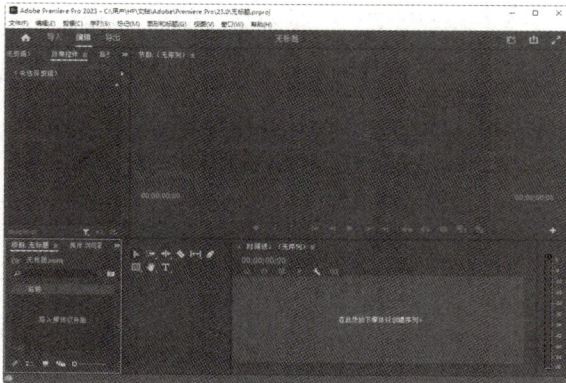

图 1-2　工作界面

1. 标题栏

标题栏位于 Premiere 工作界面的最上端，它显示了系统正在运行的应用程序和用户正打开的项目文件的信息。当启动 Premiere 后，如果创建项目文件时没有进行项目命名，则默认名称为"未命名"，如图 1-3 所示。

Pr Adobe Premiere Pro 2022 - C:\用户\HP\文档\Adobe\Premiere Pro\22.0\未命名.prproj

图 1-3　标题栏

2. 菜单栏

以 Premiere Pro 2021 为例，菜单栏提供了 9 组菜单选项，位于标题栏的下方。Premiere 的菜单栏由"文件""编辑""剪辑""序列""标记""图形""视图""窗口"和"帮助"组成。下面将对常用七个菜单的含义进行介绍：

（1）"文件"菜单：主要用于对项目文件进行操作。在"文件"菜单中包含"新建""打开项目""关闭项目""保存""另存为""导入""导出"和"退出"等命令，如图 1-4 所示。

（2）"编辑"菜单：主要用于一些常规编辑操作。在"编辑"菜单中包含"撤销""重做""剪切""复制""粘贴""清除""全选""查找""快捷键"和"首选项"等命令，如图 1-5 所示。

（3）"剪辑"菜单：用于实现对素材的具体操作。Premiere 中剪辑影片的大多数命令都位于该菜单，如"重命名""修改""视频选项""捕捉设置""覆盖"和"替换素材"等命令，如图 1-6 所示。

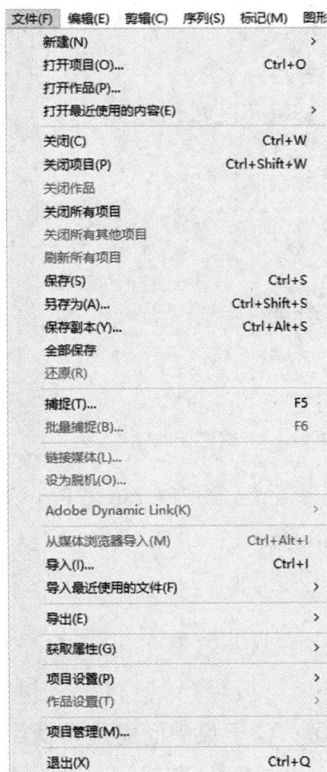

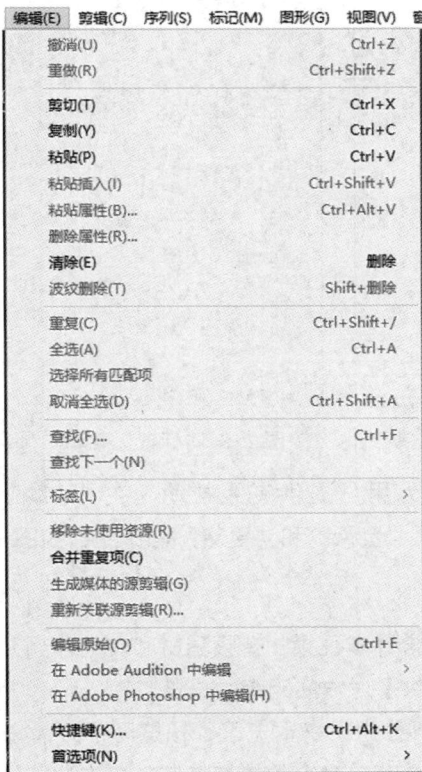

图 1-4　"文件"菜单　　　　图 1-5　"编辑"菜单　　　　图 1-6　"剪辑"菜单

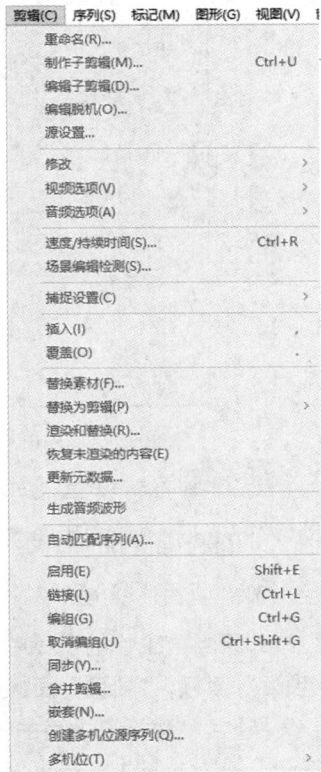

（4）"序列"菜单：主要用于对项目中当前活动的序列进行编辑和处理。在"序列"菜单中包含"序列设置""渲染音频""提升""提取""放大""缩小""添加轨道"和"删除轨道"等命令，如图 1-7 所示。

（5）"标记"菜单：用于对素材和场景序列的标记进行编辑处理。在"标记"菜单中包含"标记入点""标记出点""转到入点""转到出点""添加标记"和"清除所选标记"等命令，如图 1-8 所示。

（6）"窗口"菜单：主要用于实现对各种编辑窗口和控制面板的管理操作。在"窗口"菜单中包含"工作区""扩展""事件""信息"等命令，如图 1-9 所示。

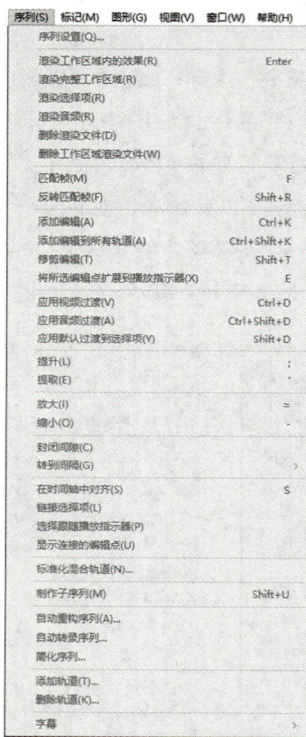

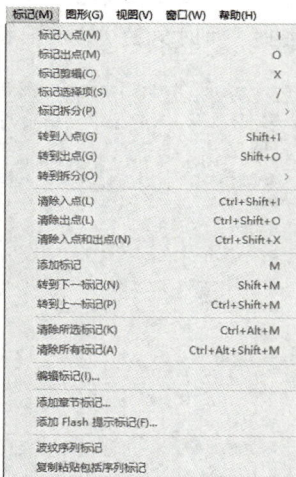

图 1-7 "序列"菜单　　　　图 1-8 "标记"菜单　　　　图 1-9 "窗口"菜单

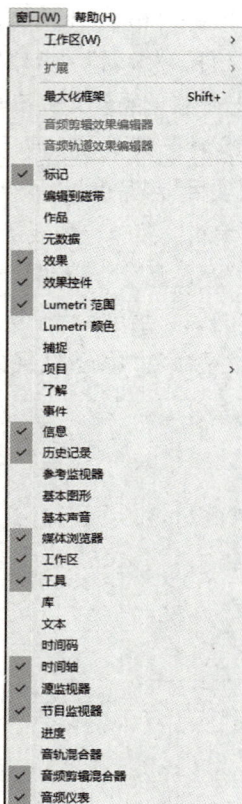

（7）"帮助"菜单：可以为用户提供在线帮助。在"帮助"菜单中包含"Premiere Pro 帮助""Premiere Pro 应用内教程""登录"和"更新"等命令，如图 1-10 所示。

3. "项目"面板

如果当前工作的项目中包含许多视频、音频素材和其他作品元素，那么应该重视 Premiere 的"项目"面板，"项目"面板提供了对作品元素的总览。

"项目"面板最上面的一部分为素材预览区；预览区下方为查找区；位于最中间的是素材目录栏；最下面是工具栏，也就是菜单命令的快捷按钮，单击这些按钮可以方便地实现一些常用操作，如图 1-11 所示。

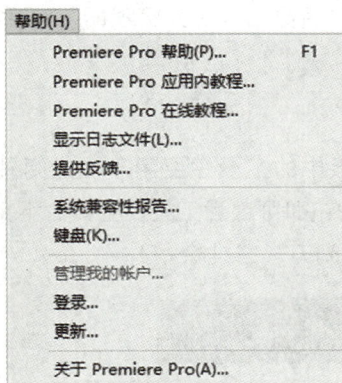

图1-10　"帮助"菜单

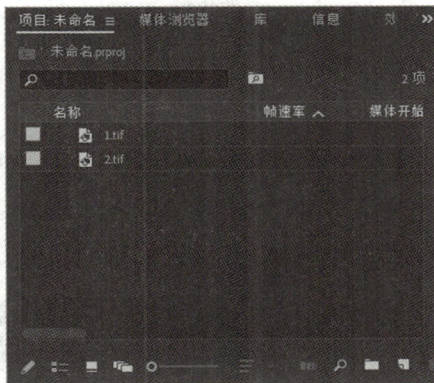

图1-11　"项目"面板

4. "效果"面板

"效果"面板中包括"预设""音频效果""音频过渡""视频效果"和"视频过渡"等选项。在"效果"面板中，各种选项以效果类型分组的方式存放视频、音频的特效和转场。通过对素材应用视频效果，可以调整素材的色调、明度等效果，应用音频效果可以调整素材音频的音量和均衡等效果，如图1-12所示。在"效果"面板中，单击右上角的三角形按钮，弹出下拉菜单，如图1-13所示。

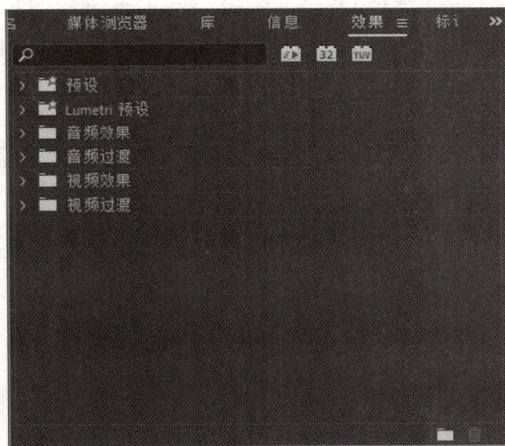

图1-12　"效果"面板

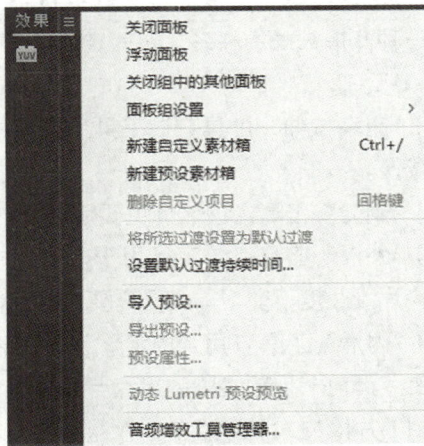

图1-13　"效果"面板下拉菜单

在"效果"面板下拉菜单中，其中部分选项的含义如下。

（1）新建自定义素材箱：选择该选项，可以在"效果"面板中新建一个自定义素材箱。这个素材箱类似浏览器中的收藏夹，用户可以将自己经常用的各类特效保存到这个素材箱里。

（2）删除自定义项目：用于删除手动建立的素材箱。

（3）将所选过渡设置为默认过渡：用于将选中的转场设置为系统默认的转场过渡效果，这样用户在使用插入视频到时间指示器功能时，所使用到的转场即为设定好的转场效果。

（4）设置默认过渡持续时间：选择该选项，将弹出"首选项"对话框，在其中可以设置默认转场的持续时间。

（5）音频增效工具管理器：选择该选项，将弹出"音频增效工具管理器"对话框，在该对话框中可以设置音频的增效功能。

5."工具"面板

以 Premiere Pro 2021 为例，Premiere"工具"面板中的工具主要用于在时间轴中编辑素材，如图 1-14 所示，在"工具"面板中单击相应的工具按钮即可激活工具，工具右下角有三角形的，当长按该工具会显示该组其他工具（"选择"工具和"剃刀"工具除外）。

图 1-14　"工具"面板

"工具"面板中各选项（从左至右，包含该组其他工具）的含义如下：

（1）"选择"工具：该工具主要用于选择素材、移动素材及调节素材关键帧。将该工具移至素材的边缘，光标将变成拉伸图标，可以拉伸素材为素材设置入点和出点。

（2）"向前选择轨道"工具：该工具主要用于选择某一轨道上的所有素材，按住 Shift 键的同时单击，可以选择所有轨道。

（3）"波纹编辑"工具：该工具主要用于拖动素材的出点，可以改变所选素材的长度，而轨道上其他素材的长度不受影响。

（4）"滚动编辑"工具：该工具主要用于调整两个相邻素材的长度，两个被调整的素材长度变化是一种此消彼长的关系，在固定的长度范围内，一个素材增加的帧数必然会从相邻的素材中被减去。

（5）"比率拉伸"工具：该工具主要用于调整素材的速度。缩短素材则速度加快，拉长素材则速度减慢。

（6）"剃刀"工具：该工具主要用于分割素材，将素材分割为两段，产生新的入点和出点。

（7）"外滑"工具：该工具用于在轨道中对视频片段进行拖动，可以同时改变该片段的出点和入点，片段长度不变，前提是需要视频片段的出入点有空余，相邻片段的出入点及长短不变。

（8）"内滑"工具：用"内滑"工具在某视频片段中拖动，被插入的视频片段出入点及视频长度不变，而前一视频片段的出点与后一相邻片段的入点随之变化的前提是前一视频片段的出点与后一相邻片段的入点有空余。

（9）"钢笔"工具：该工具主要用于调整素材的关键帧。

（10）"手形"工具：该工具主要用于改变"时间轴"面板的可视区域，在编辑一些较长的素材时，使用该工具非常方便。

（11）"缩放"工具：该工具主要用于调整"时间轴"面板中显示的时间单位，按住 Alt 键，可以在放大和缩小模式间进行切换。

（12）"文字"工具：该工具用于输入横排和竖排文字。

6."时间轴"面板

"时间轴"面板是制作视频作品的基础，它提供了组成项目的视频序列、特效、字幕和切换效果的临时图形总览，如图 1-15 所示。时间轴并非仅用于查看，它也可以是交互的。使用鼠标把视频和音频素材、图形和字幕从"项目"面板中拖动到"时间轴"面板中就可以构建自己的作品。

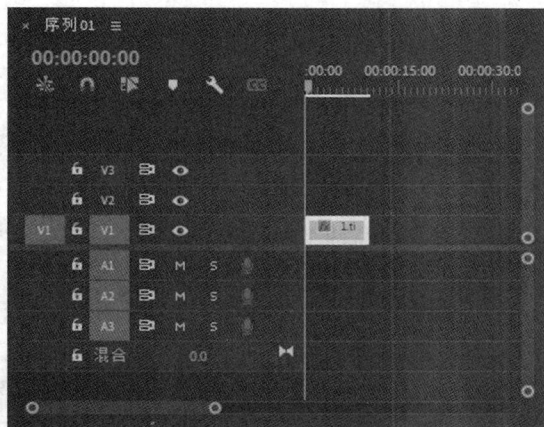

图1-15　"时间轴"面板

7. "监视器"面板

"监视器"面板主要用于在创建作品时对它进行预览。在预览作品时，在素材源监视器或节目监视器中单击"播放－停止切换"按钮可以播放作品。

Premiere提供了五种不同的"监视器"面板：素材源监视器、节目监视器、修剪监视器、参考监视器和多机位监视器。通过节目监视器的面板菜单可以访问修剪监视器、参考监视器和多机位监视器。

（1）素材源监视器：素材源监视器显示还未放入时间轴的视频序列中的源影片，可以使用素材源监视器设置素材的入点和出点，然后将它们插入或覆盖到自己的作品中。素材源监视器也可以显示音频素材的音频波形，在"项目"面板双击素材即可在素材源监视器上对素材进行使用前的编辑，如图1-16所示。

（2）节目监视器：节目监视器用于显示视频节目，也可以使用节目监视器中的"提升"和"提取"按钮移除影片，如图1-17所示。要在节目监视器中播放序列，只需单击窗口中的"播放－停止切换"按钮或按空格键即可。

图1-16　素材源监视器

图1-17　节目监视器

（3）修剪监视器：使用修剪监视器可以精确地微调编辑。在"窗口"菜单中执行"修剪监视器"命令，可以访问修剪监视器。

（4）参考监视器：在许多情况下，参考监视器是另一个节目监视器。许多 Premiere 编辑使用它进行颜色和音调调整，因为在参考监视器中查看视频示波器（它可以显示色调和饱和度级别）的同时，可以在节目监视器中查看实际的影片，参考监视器可以设置为与节目监视器同步播放或统调，也可以设置为不统调，如图 1-18 所示。

图 1-18　参考监视器

（5）多机位监视器：使用多机位监视器可以在一个监视器中同时查看多个不同的素材，在监视器中播放影片时，可以使用鼠标或键盘选定一个场景，将它插入节目序列中。在编辑从不同机位同步拍摄的事件影片时，使用多机位监视器最有用。

1.1.2　设置项目和序列

在 Premiere 中创建项目时可以更好地选择设置，仔细选择项目设置能制作出更高品质的视频和音频。

1. 设置常规项目

常规项目的设置主要在"新建项目"对话框中完成。因此，在设置常规项目之前，首先需要新建项目文件，并打开"新建项目"对话框。打开该对话框有以下两种方法：

（1）启动 Premiere 后，单击欢迎界面中的"新建项目"按钮，如图 1-19 所示。

（2）载入 Premiere 后执行"文件"→"新建"→"项目"命令，如图 1-20 所示。

通过上述两种方法都可以打开"新建项目"对话框，从而完成常规项目的设置，如图 1-21 所示。在"新建项目"对话框中，各常用选项的含义如下：

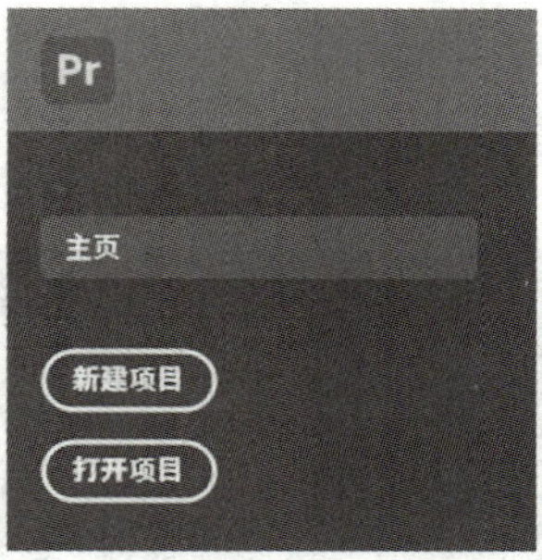

图 1-19 在欢迎界面中新建项目

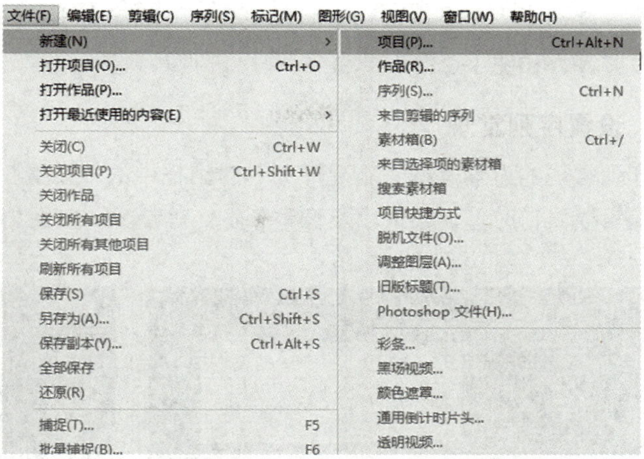

图 1-20 通过菜单栏新建项目

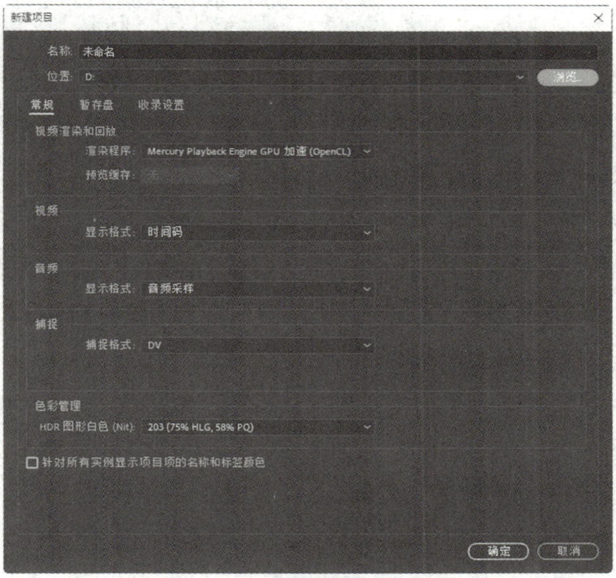

图 1-21 "新建项目"对话框

（1）名称：用于为该项目命名。

（2）位置：用于选择该项目的存储位置。

（3）视频显示格式：用于决定帧在时间轴中播放时，Premiere 所使用的帧数目，以及是否使用丢帧或不丢帧时间码。

（4）音频显示格式：用于在处理音频素材时，更改"时间轴"面板和"节目监视器"面板显示，以显示音频单位而不是视频帧。

（5）捕捉：在"捕捉格式"下拉列表框中可以选择所要采集视频或音频的格式，其中包括 DV 和 HDV 格式。

2. 预设序列

在"新建序列"对话框中，可以选择所需的预设序列。选择预设序列后，在该对话框的"预设描述"区域中,将显示该预设的编辑模式、画面大小、帧速率、像素长宽比和位数深度设置及音频设置等,如图1-22所示。

3. 设置序列常规

序列常规的设置是在"新建序列"对话框中的"设置"选项卡中进行的,在该选项卡中可以设置编辑模式、时基、帧大小及像素长宽比等参数,如图1-23所示。

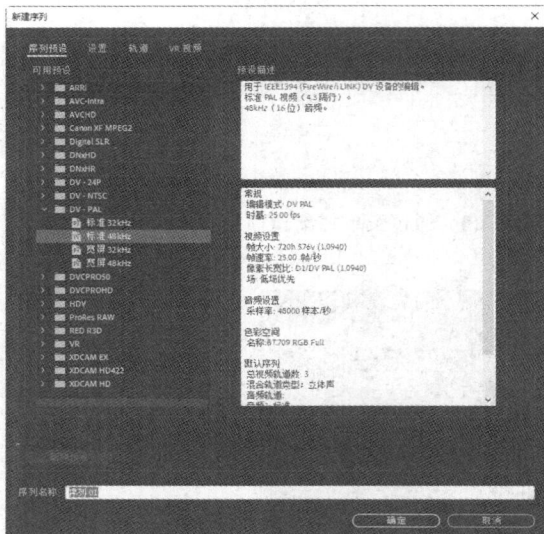

图1-22　新建序列01　　　　　　　　　图1-23　设置序列常规

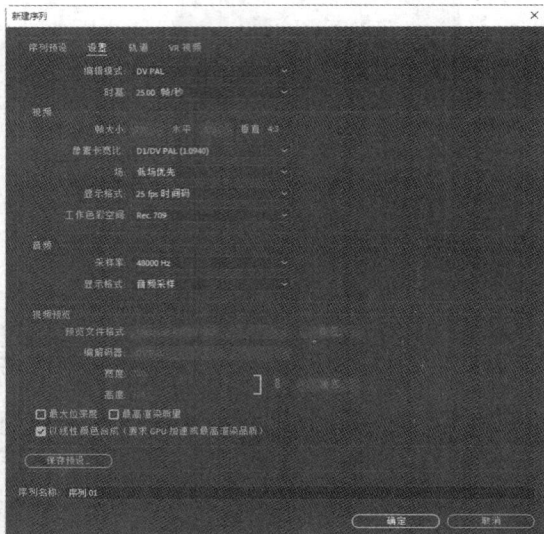

在"设置"选项卡中,各常用选项的含义如下:

(1)编辑模式:该模式是由"序列预设"选项卡中选定的预设所决定的。使用"编辑模式"选项可以设置时间轴播放方法和压缩设置。选择DV预设,编辑模式将自动设置为"DV NTSC"或"DV PAL"。如果想选择其他预设,则可以从"编辑模式"下拉列表框中选择一种编辑模式,如图1-24所示。

(2)时基:是指时间基准,用于在计算编辑精度时,决定Premiere如何划分每秒的视频帧。

(3)帧大小:用于决定视频的画面大小。

(4)像素长宽比:用于设置应该匹配的图像像素形状——图像中一个像素的宽与高的比值,如图1-25所示。

(5)场:用于设置视频帧的场,包含"高场优先"和"低场优先"两个选项。

(6)采样率:用于决定音频的品质,采样率越高,提供的音质越好。

(7)视频预览:用于指定使用Premiere时如何预览视频。大多数选项是由项目编辑模式决定的,因此不能更改。

4. 设置"轨道"序列

"轨道"序列的设置是在"新建序列"对话框中的"轨道"选项卡中进行的,在该选项卡中可以设置"时间轴"面板中的视频和音频轨道数,也可以选择是否创建子混合轨道和数字轨道,如图1-26所示。

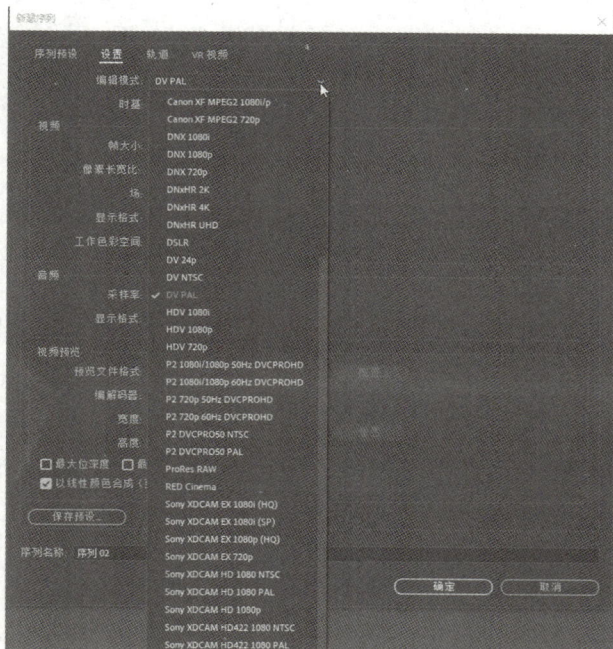

图 1-24　设置编辑模式

图 1-25　设置像素长宽比

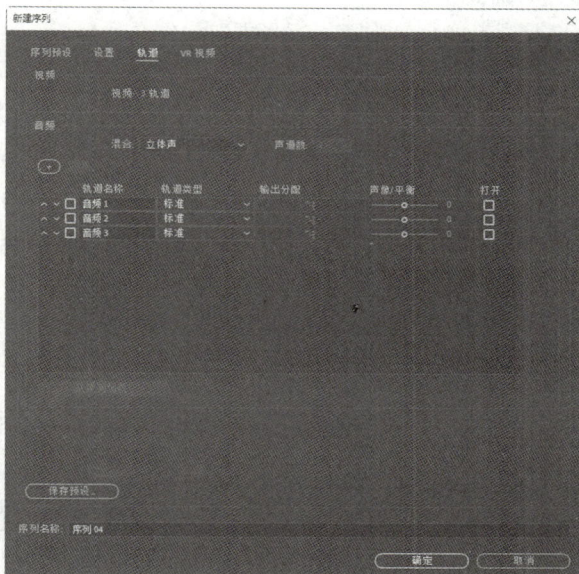

图 1-26　设置"轨道"序列

1.1.3　项目文件的操作

　　Premiere 软件主要用于对影视视频文件进行编辑，但在编辑之前需要掌握项目文件和素材文件的使用方法，包括新建项目文件、打开项目文件、保存和关闭项目文件等内容，以下分别介绍。

1. 新建项目文件

Premiere 数字视频作品在此称为一个项目而不是视频作品，其原因是 Premiere 不仅能创建作品，还可以管理作品资源。因此，工作的文件不仅是一份作品，事实上更是一个项目。在 Premiere 中创建数字视频作品的第一步是新建一个项目文件。

新建项目的方法有两种，该方法已经在前面的"1.1.2 设置项目和序列"中进行了讲解，在此不再赘述。

2. 打开项目文件

第一种方法：在欢迎界面中，除可以创建项目文件外，还可以使用"打开项目"功能打开项目文件，如图 1-27 所示。

第二种方法：进入 Premiere 主界面中，通过"文件"菜单进行打开。执行"文件"→"打开项目"命令，如图 1-28 所示，打开"打开项目"对话框，选择需要打开的项目文件，单击"打开"按钮即可。

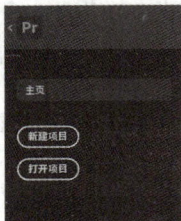

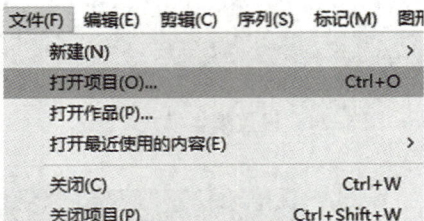

图 1-27　在欢迎界面中打开项目文件　　图 1-28　通过"文件"菜单打开项目文件

第三种方法：使用"打开最近项目"功能可以快速地打开最近使用的项目文件，打开最近使用的项目有以下两种方法。

（1）在欢迎界面中，单击"打开最近项目"选项区中的项目文件链接，如图 1-29 所示，即可打开最近使用的项目。

（2）在"文件"菜单中，执行"打开最近使用的内容"命令，在展开的子菜单中，选择需要打开的项目文件，如图 1-30 所示，即可打开最近使用的项目。

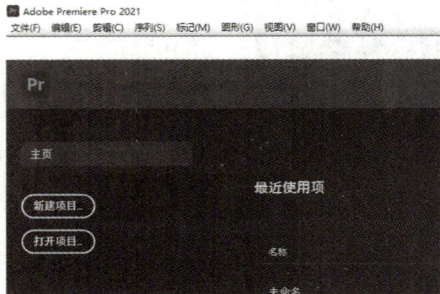

图 1-29　单击项目文件链接　　　　　图 1-30　选择需要打开的项目文件

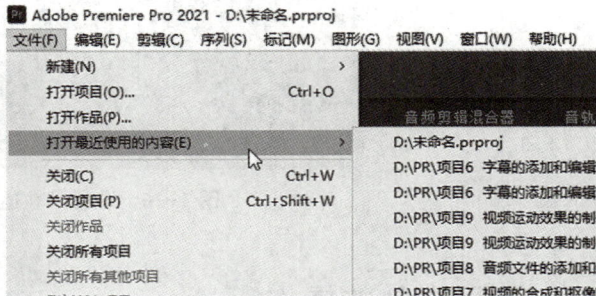

3. 保存和关闭项目文件

使用"保存"功能可以在视频编辑的过程中随时对项目文件进行保存，以避免意外情况发生而导致项目文件的不完整。通过"文件"菜单中"保存""另存为""保存副本"等命令对文件进行保存，当项目文件使用完成后，则可使用"关闭"功能将其关闭，如图 1-31 所示。

（1）保存项目：使用"保存"命令，可将项目文件保存到磁盘中；

（2）另存为项目：使用"另存为"命令，可以用新名称保存项目文件，或者将项目文件保存到不同的磁盘位置。此命令将使用户停留在最新创建的文件中。

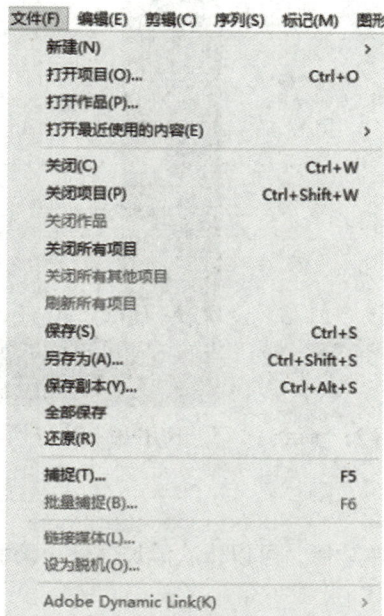

图 1-31　保存和关闭项目文件

（3）保存项目副本：使用"保存副本"命令，可以在磁盘上创建一份项目的副本，但用户仍停留在当前项目中。

1.1.4　素材文件的编辑

在 Premiere 中，掌握项目文件的创建、打开、保存和关闭操作后，用户还可以在项目文件中进行素材文件的相关基本操作。

1. 导入各种素材

制作视频影片的首要操作就是添加素材，在 Premiere 中，可以添加视频素材、音频素材、静态图像及图层图像等。虽然导入的素材格式不一样，但是其方法是一样的。添加素材有以下两种方法。

第一种方法：在菜单栏中，执行"文件"→"导入"命令，如图 1-32 所示，在弹出的"导入"对话框中选择视频、音频或图像素材进行添加即可。

第二种方法：在"项目"面板中单击鼠标右键，打开快捷菜单，执行"导入"命令，如图 1-33 所示，在弹出的对话框中选择素材进行添加即可。

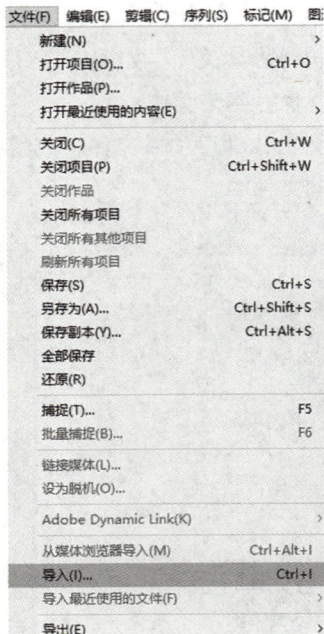

图 1-32　执行"导入"命令 1　　　　图 1-33　执行"导入"命令 2

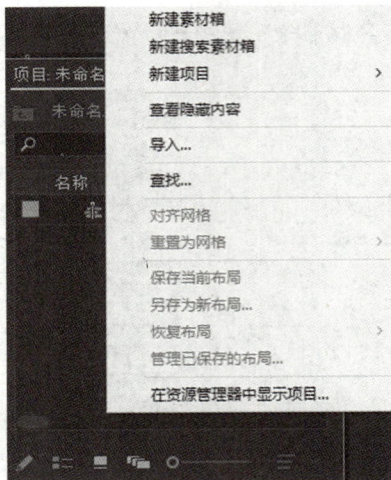

2. 新建项目素材

使用"新建"菜单中的子菜单功能，可以依次添加序列、素材箱、调整图层、彩条等项目素材。其新建方法有以下两种。

第一种方法：在菜单栏中，执行"文件"→"新建"命令，展开子菜单，如图 1-34 所示，执行不同的命令，完成不同素材的创建。

第二种方法：在"项目"面板中单击鼠标右键，打开快捷菜单，选择"新建项目"命令，展开子菜单，如图 1-35 所示，执行不同的命令，完成不同素材的创建。

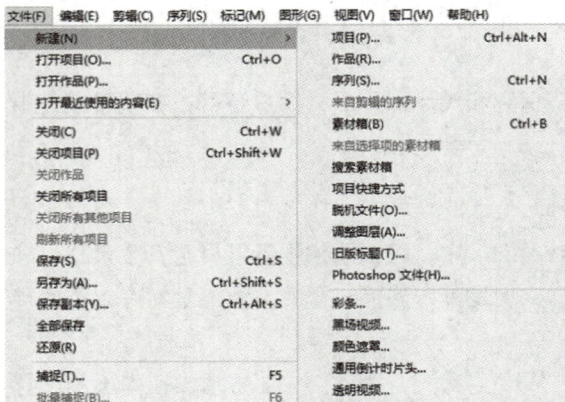

图 1-34　"新建"子菜单　　　　图 1-35　"新建项目"子菜单

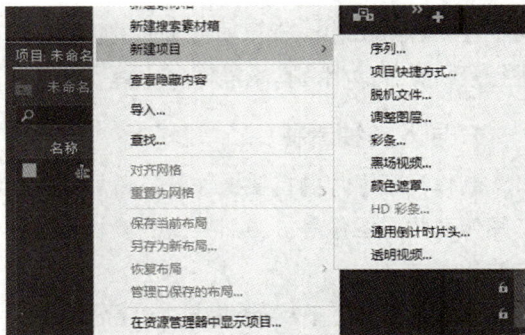

在子菜单中，各选项的含义如下：

（1）序列：用于为当前项目添加新序列，如图 1-36 所示。

（2）素材箱：用于在"项目"面板中创建新的文件夹，如图1-37所示。

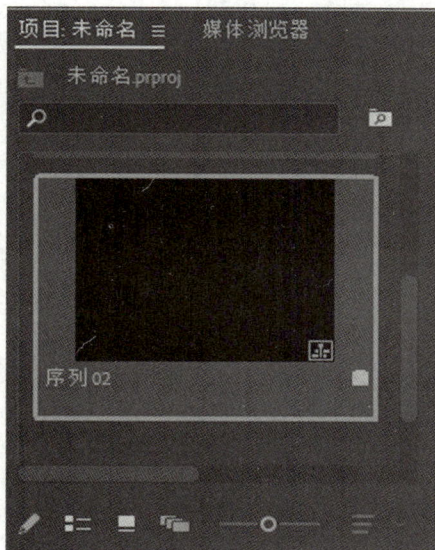

图1-36 新建序列02

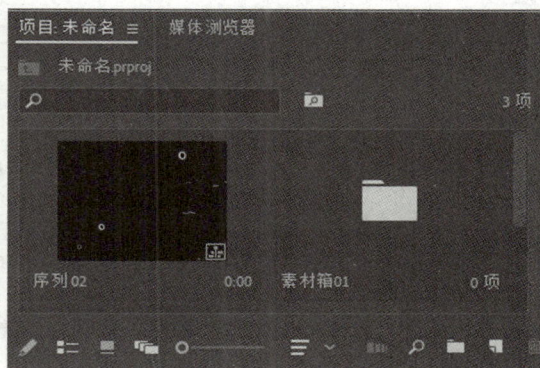

图1-37 新建素材箱

（3）脱机文件：用于在"项目"面板中创建新文件条目，用于采集的影片。

（4）调整图层：用于在"项目"面板中创建Photoshop文件，并将创建的文件自动放置在Premiere项目下，而不需要重新导入。

（5）旧版标题（字幕）：用于直接创建各种文字效果。

（6）彩条：用于在"项目"面板的文件夹中添加彩条文件。

（7）黑场视频：用于在"项目"面板中添加纯黑色的视频素材。

（8）颜色遮罩：用于在"项目"面板中创建新彩色蒙版。

（9）通用倒计时片头：倒计时片头的主要作用是为影片在播放前提供一个倒数的片头播放效果。执行"通用倒计时片头"命令，可以在"项目"面板中新建一个倒计时的素材。

（10）HD彩条：用于在"项目"面板中添加HD彩条，且HD彩条和彩条的类型一样，唯一的区别在于颜色的色调和分布不一样。

（11）透明视频：透明视频和黑场视频类似，其主要作用是在轨道中显示时间码。

3. 编组素材

使用"编组"功能，可以在添加两个或两个以上的素材文件时同时对多个素材进行整体编辑操作。

编组素材的方法有三种，下面将一一进行讲解。

第一种方法：选择需要编组的素材文件，在菜单栏中执行"剪辑"→"编组"命令，如图1-38所示。

第二种方法：选择需要编组的素材文件，在"时间轴"面板中单击鼠标右键，打开快捷菜单，执行"编组"命令，如图1-39所示。

第三种方法：选择需要编组的素材文件，按快捷键Ctrl+G即可。

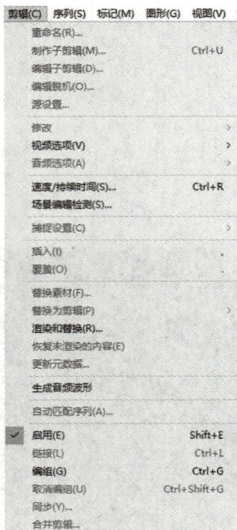

图 1-38 执行"编组"命令 1　图 1-39 执行"编组"命令 2

4. 嵌套素材

"嵌套"功能是将一个时间指示器嵌套至另一个时间指示器中，使其成为一整段素材，从而提高工作效率。

嵌套素材的方法有两种，下面将一一进行讲解。

第一种方法：选择需要嵌套的素材文件，在菜单栏中执行"剪辑"→"嵌套"命令，如图 1-40 所示，打开"嵌套序列名称"对话框，修改序列名称，单击"确定"按钮，完成素材的嵌套。

第二种方法：选择需要嵌套的素材文件，在"时间轴"面板中单击鼠标右键，打开快捷菜单，执行"嵌套"命令，如图 1-41 所示，打开"嵌套序列名称"对话框，修改序列名称，单击"确定"按钮，完成素材的嵌套。

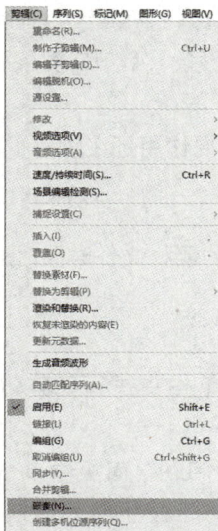

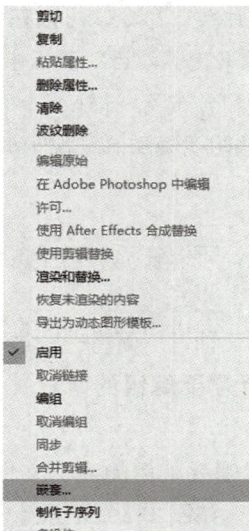

图 1-40 执行"嵌套"命令 1　图 1-41 执行"嵌套"命令 2

操 作 步 骤

步骤1 启动 Premiere 软件，显示欢迎界面，单击"新建项目"按钮，如图 1-19 所示。

步骤2 打开"新建项目"对话框，设置项目名称和保存路径，单击"确定"按钮，如图 1-21 所示，即可新建一个项目文件。

步骤3 在"项目"面板中单击鼠标右键，打开快捷菜单，执行"新建项目"→"序列"命令，如图 1-42 所示。

步骤4 弹出"新建序列"对话框，在"可用预设"列表框中选择序列预设，单击"确定"按钮，如图 1-43 所示。

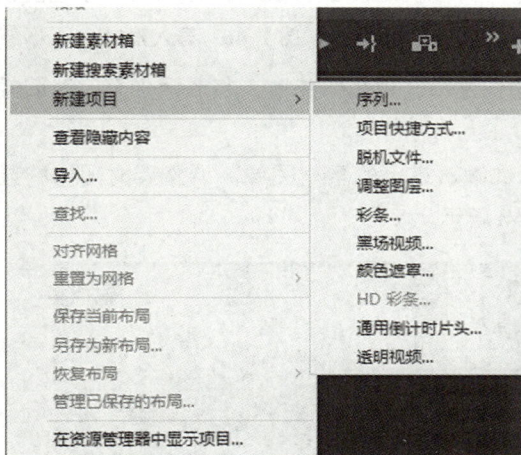

图 1-42 执行"序列"命令　　　　　　　图 1-43 选择序列预设

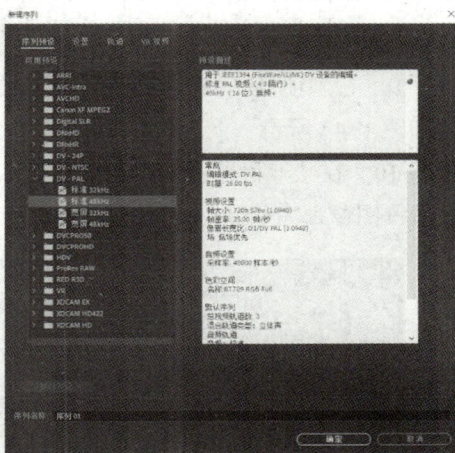

步骤5 新建了一个序列，并在"项目"面板中显示，如图 1-44 所示。

步骤6 在"项目"面板中单击鼠标右键，打开快捷菜单，执行"导入"命令，如图 1-33 所示。

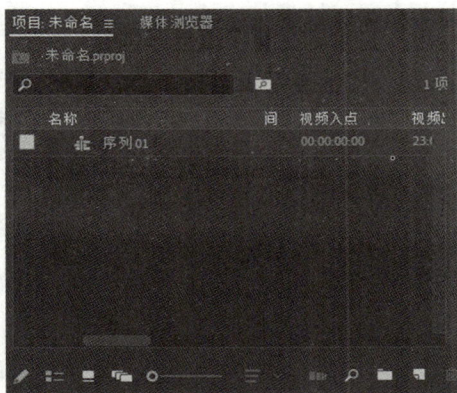

图 1-44 新建序列

步骤7 弹出"导入"对话框，在对应的素材文件夹中选择"01 京剧""02 武术""03 中医"和"04 书法"图像文件，单击"打开"按钮，如图 1-45 所示。

步骤8　将选择的图像素材添加至"项目"面板中，如图1-46所示。

图1-45　选择图像素材

图1-46　导入素材

步骤9　在"项目"面板中选择新导入的图像素材，单击并拖曳，将其添加至"时间轴"面板中，如图1-47所示。

步骤10　在"节目监视器"面板中，双击视频轨道上的素材图像，调整素材图像的显示大小，使每幅图像都完整显示在面板中，如图1-48所示。

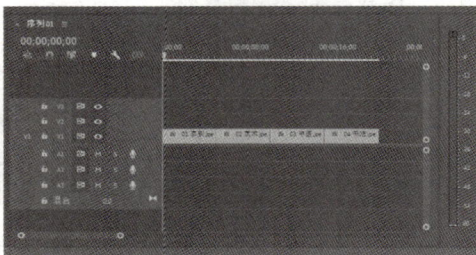

图1-47　添加素材至"时间轴"面板中

图1-48　调整素材图像的显示大小

步骤11　完成素材图像的调整后，在菜单栏中执行"文件"→"保存"命令，如图1-49所示，弹出"保存项目"对话框，指定保存位置和项目名，完成项目文件的保存操作。

步骤12　在"节目监视器"面板中单击"播放－停止切换"按钮，预览风景相册视频效果，如图1-50所示。

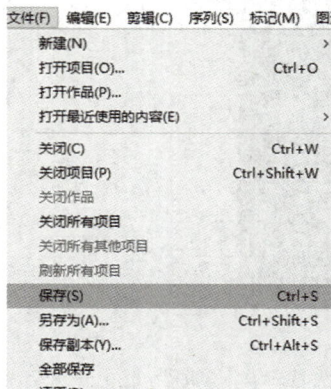

图1-49　选择"保存"命令

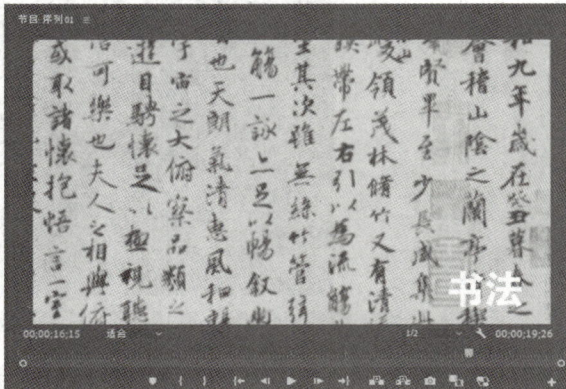

图1-50　预览效果

步骤 13 单击"时间轴"面板中的序列 01，在菜单栏中执行"文件"→"导出"→"媒体…"（或按 Ctrl+M 快捷键）命令，在弹出的窗口中选择保存的位置、文件名和格式，如图 1-51 所示，最终效果如图 1-1 所示。

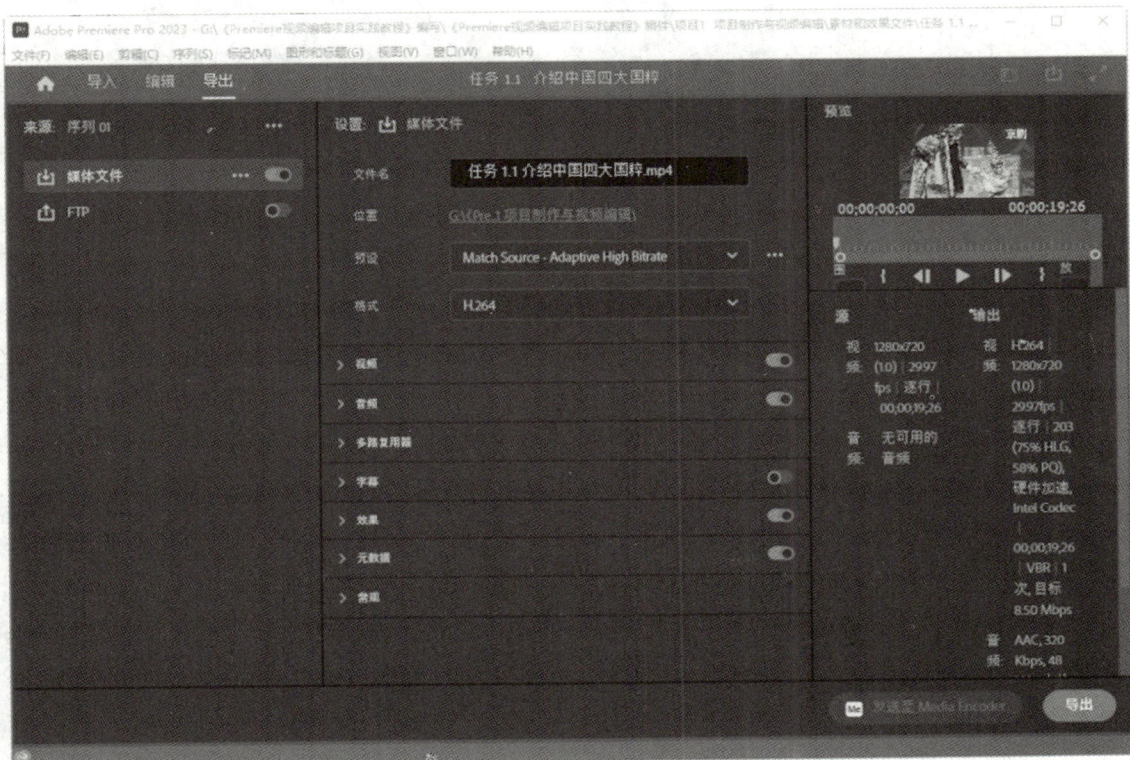

图 1-51 导出文件

拓展训练 1.1

介绍中国古代四大名著

训练要求

1. 学会新建项目和序列，以及导入五张图片素材；

2. 学会将素材拖曳到"时间轴"面板，调整顺序后导出为 MP4 格式文件。

步骤指导

1. 新建项目和序列，导入五张图片素材；

2. 将素材拖曳到"时间轴"面板，调整顺序；

3. 选择序列，导出为 MP4 格式文件，效果如图 1-52 所示。

介绍中国古代
四大名著

图 1-52　介绍中国古代四大名著——最终效果

任务 1.2
介绍中国古代四大发明

任务目标

　　逐渐熟悉 Premiere 软件的工作界面，新建一个项目文件，新建序列，导入视频素材文件，最后保存项目文件和导出视频文件，其视频效果如图 1-53 所示。

图 1-53　介绍中国古代四大发明——最终效果

相关知识

1.2.1　可输出的文件格式

在 Premiere 中，用户可以输出多种格式的文件，包括视频格式、音频格式、图像格式等，下面进行详细讲解。

1. 可输出的视频格式

Premiere 可以输出多种视频格式的文件，常用的有以下几种。

（1）AVI：AVI 格式的视频文件适合保存高质量的视频，但文件较大。

（2）动画 GIF：GIF 格式的动画文件可以显示运动的画面，但不包含音频部分。

（3）QuickTime：输出 MOV 格式的视频文件，此类文件适合在网上传输。

（4）H.264：输出 MP4 格式的视频文件，此格式适用于输出高清视频和录制蓝光光盘。

（5）Windows Media：输出 WMV 格式的流媒体文件，此类文件适合在网络和移动平台上发布。

2. 可输出的音频格式

Premiere 可以输出多种音频格式的文件，常用的有以下几种。

（1）波形音频：输出 WAV 格式的音频文件，只输出影片的声音，此类文件适合发布在各平台中。

（2）AIFF：输出 AIFF 格式的音频文件，此类文件适合发布在剪辑平台中。

（3）另外，Premiere 还可以输出 DV AVI、RealMedia 和 QuickTime 格式的音频文件。

3. 可输出的图像格式

Premiere 可以输出多种图像格式的文件，常用的有 Targa、TIFF 和 BMP 等。

1.2.2　影片项目的预演

影片预演是视频编辑过程中对编辑效果进行检查的重要手段，它实际上也属于编辑工作的一部分。影片预演分为两种：一种是实时预演，另一种是生成影片预演。下面将分别进行讲解。

1. 实时预演

实时预演也称实时预览，即人们平时所说的预览。进行影片实时预演的具体操作步骤如下：

（1）影片编辑完成后，在"时间轴"面板中将播放指示器移动到需要预演的影片的开始位置，如图 1-54 所示。

（2）在"节目监视器"面板中单击"播放 - 停止切换"按钮 ▶，系统开始播放影片，在"节目监视器"面板预览影片的最终效果，如图 1-55 所示。

2. 生成影片预演

与实时预演不同的是，生成影片预演不是使用计算机的显卡对影片进行实时预演，而是使用

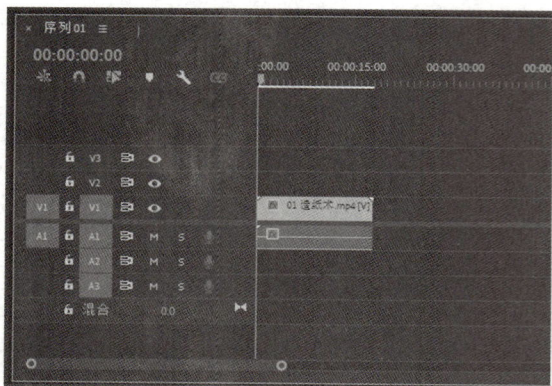

图1-54 "时间轴"面板

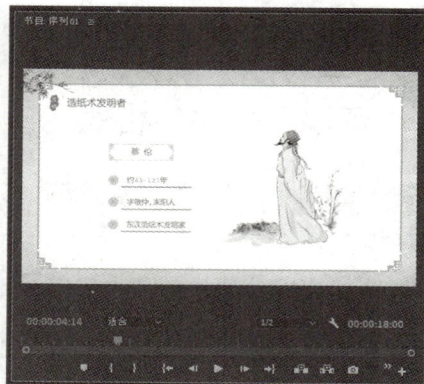

图1-55 影片预览

计算机的 CPU 对画面进行运算，先生成预演文件，然后再播放的影片。因此，生成影片预演的效果取决于计算机 CPU 的运算能力。播放生成的影片预演文件时，其画面是平滑的，不会产生停顿或跳跃，其画面效果和渲染输出的画面效果是一致的。生成影片预演的具体操作步骤如下：

（1）影片编辑完成以后，在"节目监视器"面板适当的位置标记入点 █ 和出点 █，以确定要生成影片预演的范围，如图 1-56 所示。

（2）执行"序列"→"渲染入点到出点"命令，系统将开始进行渲染，并弹出"渲染"对话框显示渲染进度，如图 1-57 所示。

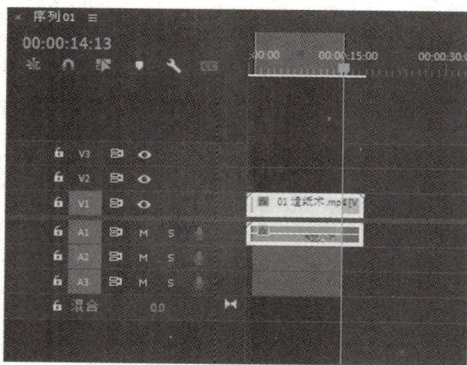

图1-56 影片预演的范围

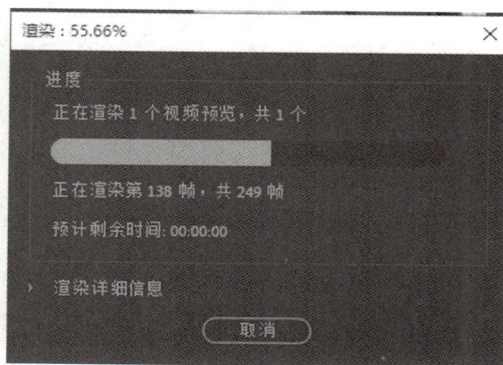

图1-57 "渲染"对话框

（3）在"渲染"对话框中单击"渲染详细信息"选项左侧的 █ 按钮将其展开，可以查看渲染的开始时间、已用时间和可用磁盘空间等信息。

（4）渲染结束后，系统会自动播放该影片。在"时间轴"面板中，预演部分将显示绿色线条，其他部分则依然显示黄色线条，如图 1-58 所示。

（5）如果用户预先设置了预演文件的保存路径，就可以在计算机的硬盘中找到生成的临时预演文件。双击该文件，则可以脱离 Premiere 对其进行播放。

生成的预演文件可以重复使用，在用户下一次预演该影片时系统会自动使用该预演文件。在关闭该项目文件时，如果不进行保存，生成的临时预演文件就会被删除。如果在修改预演影片后再次进行预演，系统就会重新渲染并生成新的临时预演文件。

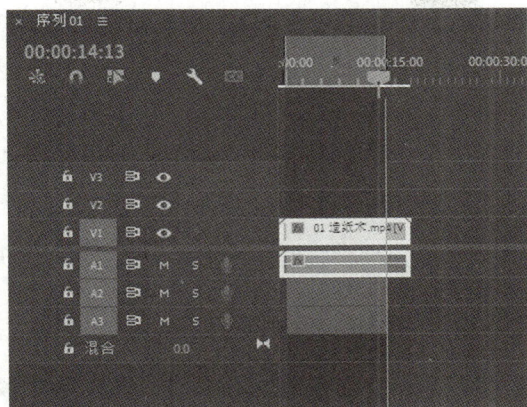

图 1-58　预演部分线条颜色显示

1.2.3　输出参数的设置

在 Premiere 中输出文件之前，用户必须合理地设置相关的输出参数，使输出的影片达到理想的效果。

1. 输出选项

影片制作完成后即可输出。在输出影片之前，用户可以设置一些基本参数，具体操作步骤如下。

（1）在"时间轴"面板中选择需要输出的视频序列，执行"文件"→"导出"→"媒体"命令，在弹出的对话框中进行设置，如图 1-59 所示。

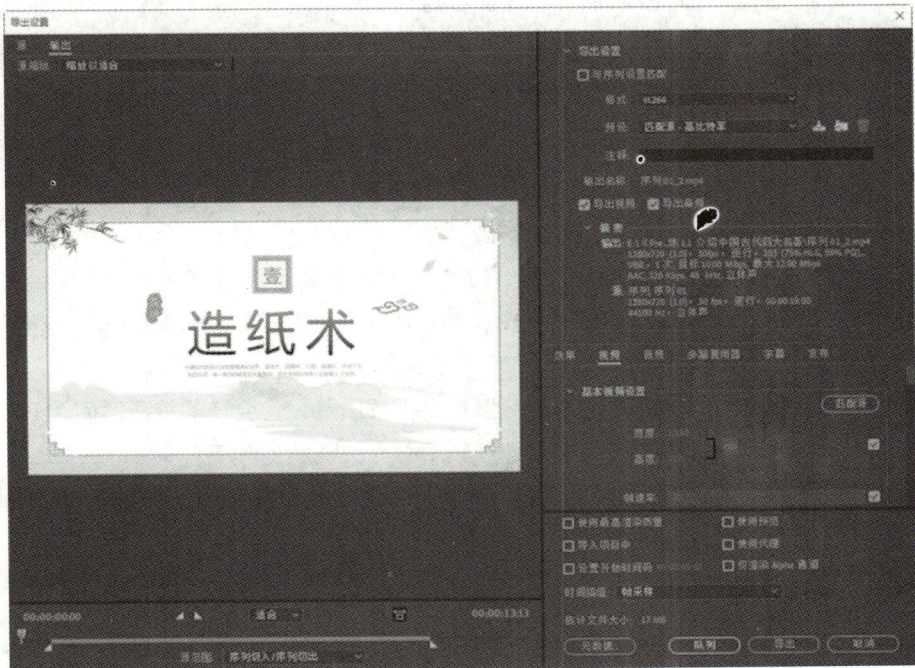

图 1-59　"导出设置"对话框

（2）在"导出设置"对话框右侧设置文件的输出格式及输出区域等。在"格式"下拉列表框中，可以选择输出的媒体格式。勾选"导出视频"复选框，可输出整个项目的视频部分；若取消勾选该复选框，则不能输出视频部分。勾选"导出音频"复选框，可输出整个项目的音频部分；若取消勾选该复选框，则不能输出音频部分。

2."视频"选项卡

在"视频"选项卡中，可以为输出的视频指定输出格式、输出质量及输出尺寸等，如图1-60所示。

"视频"选项卡中各主要选项的含义如下。

（1）视频编解码器：通常视频文件的数据量很大，为了减少视频文件占用的磁盘空间，在输出时可以对视频文件进行压缩。用户在该选项的下拉列表框中可以选择需要的压缩方式，如图1-61所示。

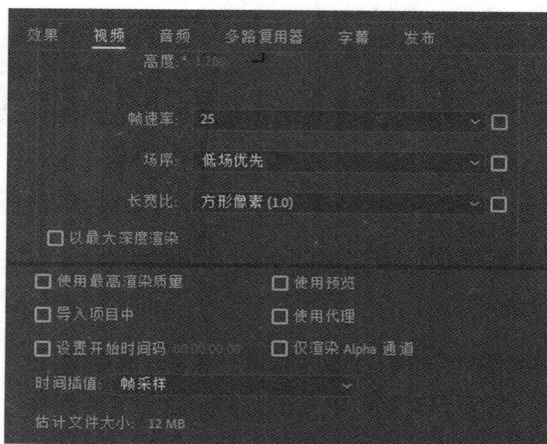

图1-60 "视频"选项卡设置

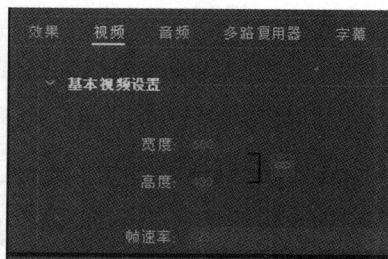

图1-61 视频编解码器

（2）质量：用于设置视频的压缩品质，通过拖动质量的百分比滑块来进行设置。

（3）宽度/高度：用于设置视频的尺寸。

（4）帧速率：用于设置每秒播放画面的帧数，提高帧速率会使画面播放得更流畅。

（5）场序：用于设置视频的场扫描方式，有无场（逐行扫描）、高场优先和低场优先三种方式。

（6）长宽比：用于设置视频的像素长宽比。用户在该选项的下拉列表框中可以选择需要的选项，如图1-62所示。

（7）以最大深度渲染：勾选此复选框，可以提高视频质量，但会增加编码时间。

（8）关键帧：勾选此复选框，将在导出的视频中插入关键帧的频率。

（9）优化静止图像：勾选此复选框，可以将序列中的静止图像渲染为单个帧，有助于减小导出的视频文件。

3."音频"选项卡

在"音频"选项卡中，可以为输出的音频指定压缩方式、采样速率及量化指标等，如图1-63所示。

"音频"选项卡中各主要选项的含义如下。

（1）音频格式：选择音频的导出格式。

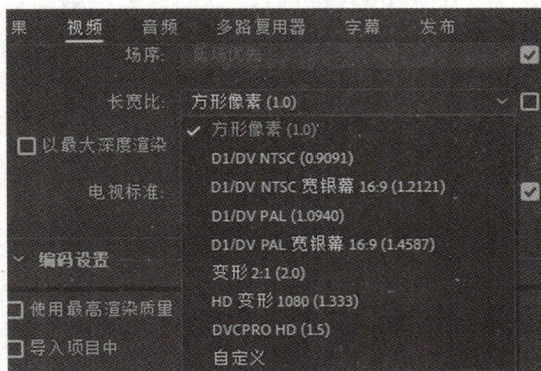

图 1-62　视频像素长宽比

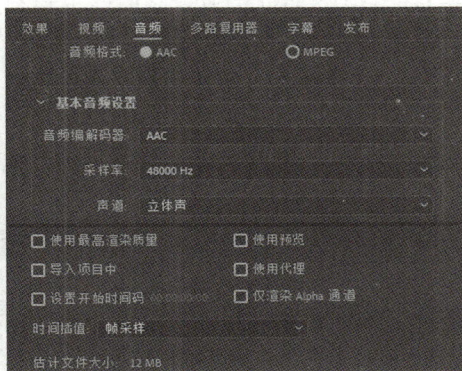

图 1-63　"音频"选项卡

（2）音频编解码器：为输出的音频选择合适的压缩方式。Premiere 默认的选项是"无压缩"。

（3）采样率：设置输出音频时使用的采样速率，采样速率越高，播放质量越好，但所需的磁盘空间越大，占用的处理时间越长。

（4）声道：用户在该选项的下拉列表框中可以为音频选择单声道或立体声。

（5）音频质量：设置输出音频的质量。

（6）比特率：在该选项的下拉列表框中可以选择音频编码所用的比特率，比特率越高，音频质量越好。

（7）优先：选择"比特率"单选项，将基于所选的比特率限制采样率；选择"采样率"单选项，将限制指定采样率的比特率。

1.2.4　渲染输出各种格式的文件

Premiere 可以渲染输出多种格式的文件，从而使视频的编辑更加方便灵活。下面介绍各种常用格式的文件的渲染输出方法。

1. 单帧图像

在视频的编辑过程中，可以将视频的某一帧画面输出，以便给视频动画制作定格效果。输出单帧图像的具体操作步骤如下：

（1）在 Premiere 的"时间轴"面板上添加一个视频文件，执行"文件"→"导出"→"媒体"命令，弹出"导出设置"对话框，在"格式"下拉列表框中选择"TIFF"选项，在"输出名称"选项中设置输出文件名和文件的保存路径，勾选"导出视频"复选框，在"视频"选项卡中取消勾选"导出为序列"复选框，其他参数保持默认，如图 1-64 所示。

（2）单击"导出"按钮，导出播放指示器所在位置的单帧图像。

2. 音频文件

在 Premiere 中输出音频文件的具体操作步骤如下。

（1）在 Premiere 的"时间轴"面板上添加一个有声音的视频文件或打开一个有声音的项目文

件，执行"文件"→"导出"→"媒体"命令，弹出"导出设置"对话框，在"格式"下拉列表框中选择"MP3"选项，在"预设"下拉列表框中选择"MP3 128 kbps"选项，在"输出名称"文本框中输入文件名并设置文件的保存路径，勾选"导出音频"复选框，其他参数保持默认，如图 1-65 所示。

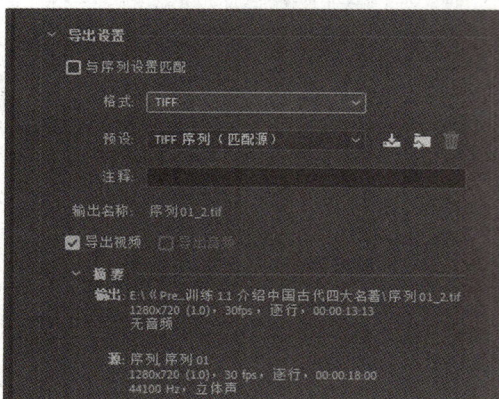

图 1-64　TIFF 导出设置

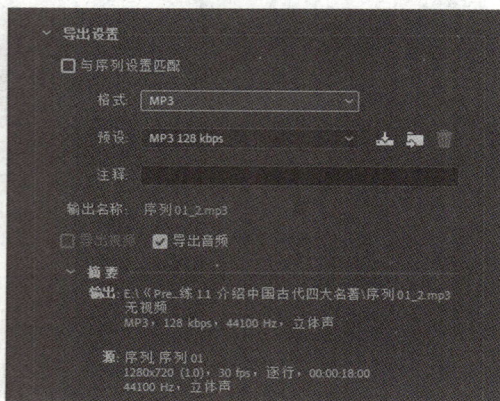

图 1-65　音频导出设置

（2）单击"导出"按钮，导出音频文件。

3. 整个影片

将编辑完成的项目文件以视频格式输出，可以输出项目文件的全部或某一部分，也可以只输出视频内容或只输出音频内容，一般将全部的视频内容和音频内容一起输出。下面以 AVI 格式为例，介绍输出整个影片的方法，具体操作步骤如下。

（1）选择"文件"→"导出"→"媒体"命令，弹出"导出设置"对话框。

（2）在"格式"下拉列表框中选择"H.264"选项，如图 1-66 所示。

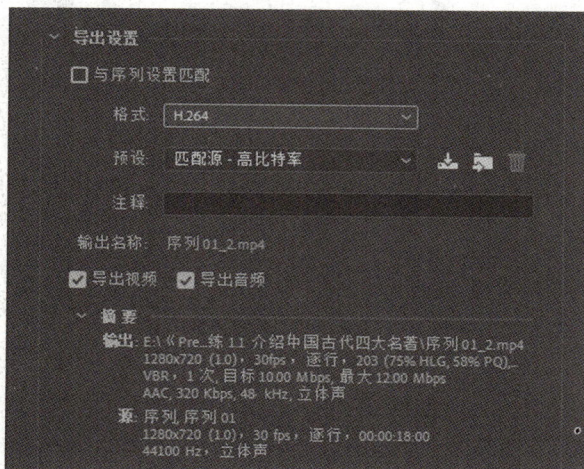

图 1-66　整个影片导出设置

（3）在"输出名称"选项中设置输出文件名和文件的保存路径，勾选"导出视频"复选框和"导出音频"复选框。

（4）设置完成后，单击"导出"按钮，即可导出 MP4 格式的影片。

4. 静态图片序列

在 Premiere 中，用户可以将视频输出为静态图片序列，也就是说，将视频画面的每一帧都输出为一张静态图片，这一系列图片中每一张静态图片都具有一个编号。这些输出的静态图片可作为 3D 软件中的动态贴图，并且可以移动和存储。输出静态图片序列的具体操作步骤如下。

（1）在 Premiere 的"时间轴"面板上添加一个视频文件，设置要输出的视频内容，如图 1-67 所示。

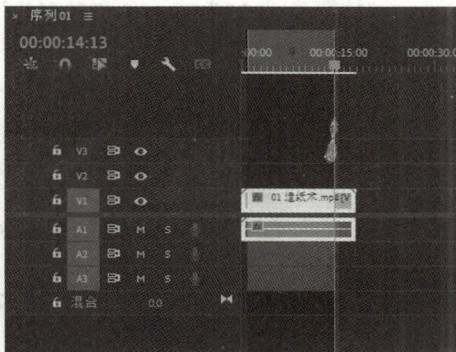

图 1-67　静态图片的输出

（2）执行"文件"→"导出"→"媒体"命令，弹出"导出设置"对话框，在"格式"下拉列表框中选择"TIFF"选项，在"输出名称"选项中设置输出文件名和文件的保存路径，勾选"导出视频"复选框，在"视频"选项卡中勾选"导出为序列"复选框，其他参数保持默认，如图 1-68 所示。

图 1-68　静态图片导出设置

（3）单击"导出"按钮，导出静态图片序列。

操作步骤

步骤 1 启动 Premiere 软件，显示欢迎界面，单击"新建项目"按钮，如图 1-19 所示。

步骤 2 打开"新建项目"对话框，设置项目名称和保存路径，单击"确定"按钮，如图 1-21 所示，即可新建一个项目文件。

步骤 3 在"项目"面板中单击鼠标右键，打开快捷菜单，执行"新建项目"→"序列"命令，如图 1-69 所示。

步骤 4 弹出"新建序列"对话框，在"设置"选项卡的"编辑模式"下拉列表框中选择"自定义"，"帧大小"为 1 280 px，"水平"为 720 px，单击"确定"按钮即可新建序列 01，如图 1-70 所示。

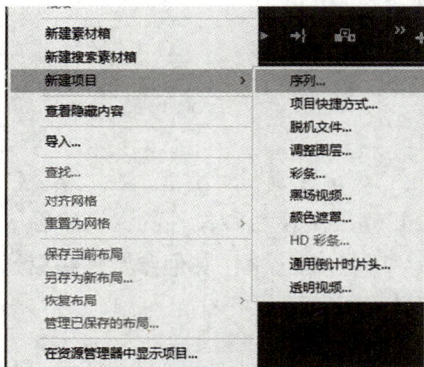

图 1-69 选择"序列"命令

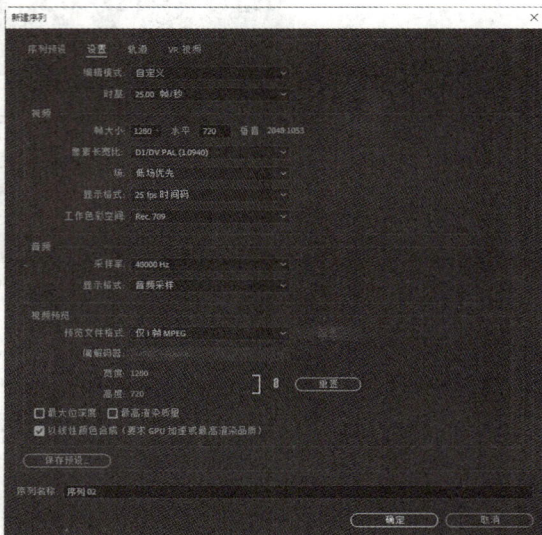

图 1-70 自定义序列

步骤 5 在"项目"面板空白处双击弹出"导入"对话框，在对应的素材文件夹中选择"01 造纸术""02 印刷术""03 火药术"和"04 指南针"图像文件，单击"打开"按钮，如图 1-71 所示。

步骤 6 将选择的图像素材添加至"项目"面板中，如图 1-72 所示。

图 1-71 选择视频素材

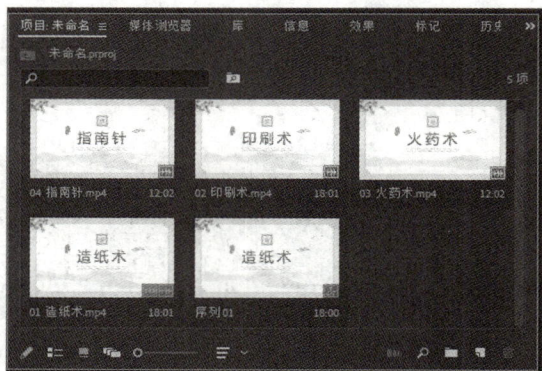

图 1-72 导入素材

步骤7 在"项目"面板中选择新导入的视频素材，单击并拖曳，将其添加至"时间轴"面板中，如图1-73所示。

步骤8 在"节目监视器"面板中，单击"播放－停止切换"按钮 ▶，查看视频效果，如图1-74所示。

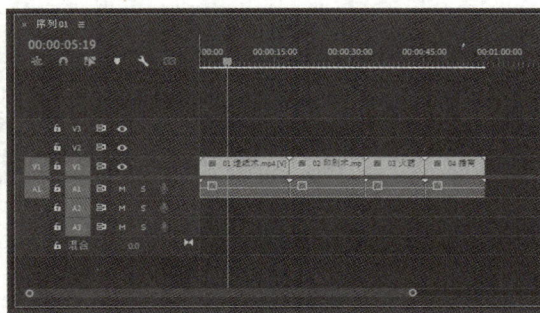

图1-73 添加素材至"时间轴"面板中　　　　图1-74 查看视频效果

步骤9 在菜单栏中执行"文件"→"保存"命令，如图1-49所示，弹出"保存项目"对话框，指定保存位置和项目名，完成项目文件的保存操作。

步骤10 单击"时间轴"面板中的序列01，执行菜单栏"文件"→"导出"→"媒体…"命令（或按Ctrl+M快捷键），在弹出的对话框中选择保存的位置、文件名和格式（H.264），如图1-75所示，最终效果如图1-53所示。

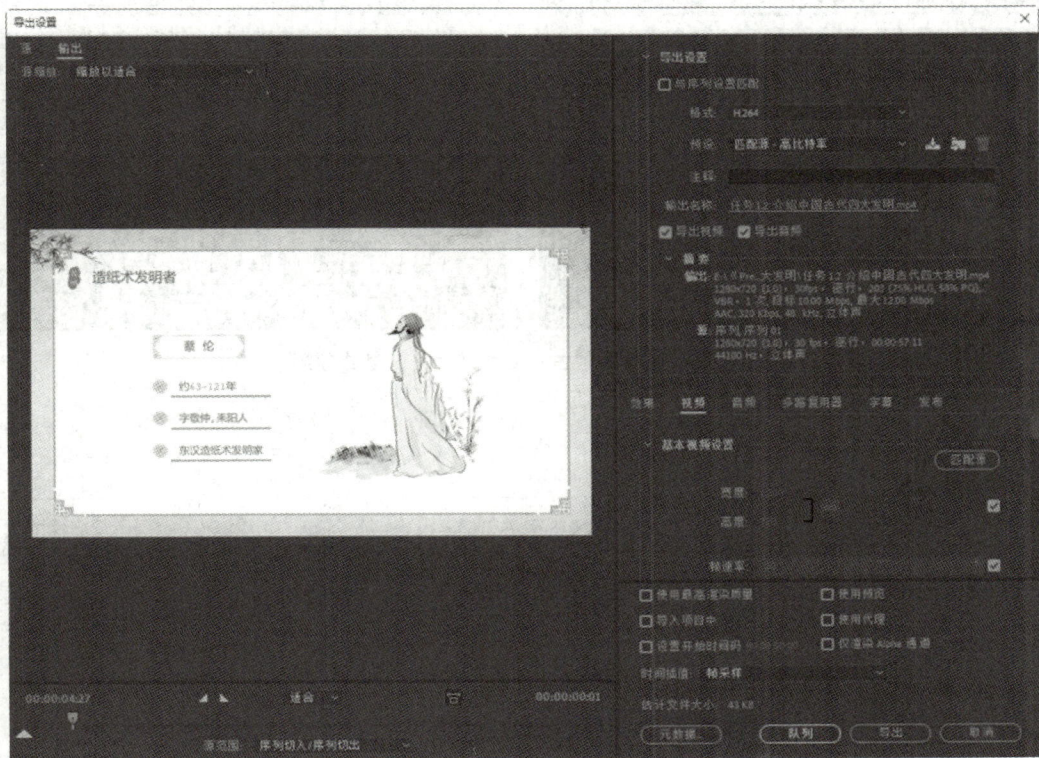

图1-75 导出文件

拓展训练 1.2

介绍中国古代四大才女

训练要求

1. 学会新建项目和序列，以及导入四个视频素材；

2. 学会将素材拖曳到"时间轴"面板，调整顺序后导出为 MP4 格式文件。

步骤指导

1. 新建项目和序列（1 280 px×720 px），导入四个视频素材；

2. 将素材依次拖曳到"时间轴"面板；

3. 选择序列，导出为 H.264（MP4）格式文件，效果如图 1-76 所示。

介绍中国古代
四大才女

图 1-76　介绍中国古代四大才女——最终效果

项目小结

　　本项目通过完成两个任务和两个拓展训练，已经初步熟悉 Premiere 软件的工作界面，基本熟练掌握视频编辑的一些基本操作：新建项目文件、新建序列、导入素材、添加素材和导出效果文件等，为完成以后的项目打好基础。

制作影视剪辑　项目2

项目导学

　　本项目通过学习"制作祖国美丽山河宣传片"和"制作海底世界宣传片"任务，完成"介绍祖国四大河流"和"制作美丽黄山宣传片"拓展训练，初步掌握影视剪辑的基本技术，包括剪辑素材、分离素材、为素材对象添加基本特效等。通过本项目的学习，学生可以掌握剪辑技术的使用方法和应用技巧，培养有效执行计划的能力，具有独到见解的创造性思维能力，以及能够正确理解他人问题的沟通能力。

任务 2.1
制作祖国美丽山河宣传片

制作祖国美丽山河宣传片

任务目标

执行"导入"命令导入视频文件，使用入点和出点在"源"面板中剪裁视频，使用"效果控件"面板编辑视频文件的特效。最终效果如图 2-1 所示。

图 2-1　制作祖国美丽山河宣传片——最终效果

相关知识

2.1.1　监视器面板的显示

Premiere 中有两个监视器面板："源"面板与"节目"面板，它们分别用来显示素材与作品在编辑时的状况。如图 2-2 所示为"源"面板，可以显示和设置项目中的素材；如图 2-3 所示为"节目"面板，可以显示和设置序列。

图 2-2 "源"面板   图 2-3 "节目"面板

用户可以在"源"面板和"节目"面板中设置安全区域，这对输出用电视机播放的影片非常有用。

电视机在播放视频图像时，屏幕的边缘会切除部分视频图像，这种现象叫作"溢出扫描"。不同的电视机溢出的扫描量不同，所以，要把视频图像的重要部分放在"安全区域"内。在制作影片时，需要将重要的场景元素、演员、图表放在"运动安全区域"内；将标题字幕放在"标题安全区域"内，如图 2-4 所示。位于工作区域外侧的方框为"运动安全区域"，位于内侧的方框为"标题安全区域"。

单击"源"面板或"节目"面板下方的"安全边距"按钮 ▣，可以显示或隐藏面板中的安全区域。

图 2-4 安全边距

2.1.2 在"源"面板中播放素材

在"项目"和"时间轴"面板中双击要观看的素材，素材就会自动显示在"源"面板中。使用面板下方的工具可以对素材进行播放控制，方便查看剪辑效果，如图 2-5 所示。

图 2-5　播放控制键

在不同的时间编码模式下，时间的显示模式会有所不同。如果是"无掉帧"模式，各时间之间用冒号分隔；如果是"掉帧"模式，各时间之间用分号分隔；如果是"帧"模式，时间显示为帧数。

拖曳鼠标，将鼠标指针放到时间编码的显示区域内并单击，可以直接输入数值，改变时间，影片会自动跳到输入的时间位置。如果输入的时间数值之间无间隔符号，如"1234"，则 Premiere 会自动将其识别为帧数，并根据选用的时间编码模式，将其换算为相应的时间。

面板右侧的持续时间计数器显示了影片入点与出点间的长度，即影片的持续时间（显示为灰色）。

缩放列表在"源"面板或"节目"面板的正下方，可改变面板中影片的显示大小，如图 2-6 所示。选择不同比例，可以放大或缩小影片以便进行观察；选择"适合"项，则无论面板多大，影片都会匹配面板大小，完全显示影片内容。

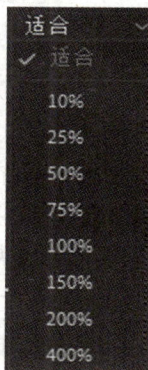

图 2-6　缩放

2.1.3　在其他软件中打开素材

使用 Premiere 的用户可以利用该功能在其他兼容软件中打开素材并进行观看或编辑。例如，用户可以在 QuickTime 中观看 MOV 影片，也可以在 Photoshop 中打开并编辑图像素材。在软件中编辑该素材并存盘后，该素材会在 Premiere 中自动更新。

要在其他软件中编辑素材，必须保证计算机中安装了相应的软件并且有足够的内存来运行该软件。如果在"项目"面板中编辑序列图像，则在软件中只能打开该序列图像的第 1 幅图像；如果在"时间轴"面板中编辑序列图像，则在软件中打开的是播放指示器所在时间的当前帧画面。

使用其他软件编辑素材的方法如下：

（1）在"项目"面板或"时间轴"面板选中需要编辑的素材；

（2）执行"编辑"→"编辑原始"命令；

（3）在打开的软件中编辑该素材并保存编辑结果；

（4）返回 Premiere 中，修改后的结果会自动更新到当前素材中。

2.1.4　剪辑素材

用户可以增加或删除帧以改变素材的长度。素材开始帧的位置称为入点，素材结束帧的位置称为出点，用户可以在"源"/"节目"面板和"时间轴"面板中剪辑素材。

（1）在"源"/"节目"面板中剪辑素材。在"源"/"节目"面板中改变入点和出点的方法如下。

①在"节目"面板中双击要设置入点和出点的素材，将其在"源"面板中打开。

②在"源"面板中拖动播放指示器或按空格键，找到要使用的片段的开始位置。

③单击"源"面板下方的"标记入点"按钮 ▋ 或按 I 键，"源"面板中将显示当前素材的入点画面，"源"面板左下方将显示入点，如图 2-7 所示。

④继续播放影片，找到要使用片段的结束位置。单击"源"面板下方的"标记出点"按钮 ▋ 或按 O 键，"源"面板右下方将显示当前素材的出点。入点和出点间显示为灰色，两点之间的片段即入点与出点间的素材片段，如图 2-8 所示。

图 2-7　确定标记入点　　　　　　　　图 2-8　确定标记出点

⑤单击"转到入点"按钮 ▋ 可以自动跳到影片的入点位置，单击"转到出点"按钮 ▋ 可以自动跳到影片的出点位置。

当对声音同步要求非常严格时，用户可以为音频素材设置高精度的入点。音频素材的入点可以使用高达 1/600 s 的精度来调节。对于音频素材，入点和出点指示器出现在波形图中相应的点处，如图 2-9 所示。

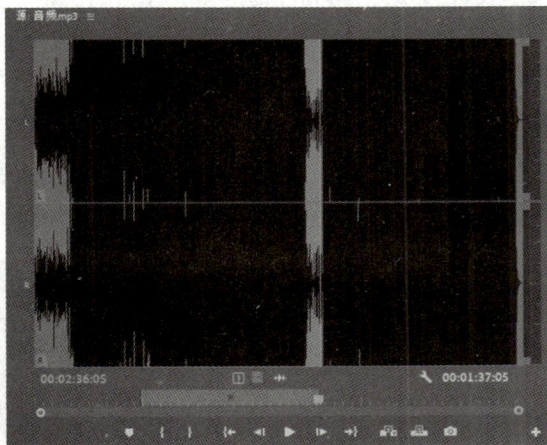

图 2-9　音频文件的入点和出点

当用户将一个同时含有影像和声音的素材拖曳到"时间轴"面板时，该素材的音频和视频部分会被放到相应的轨道中。用户在为素材设置入点和出点时，该操作对素材的音频和视频部分同时有效，也可以为素材的音频和视频部分单独设置入点及出点。

为素材的音频或视频部分单独设置入点和出点的方法如下：

①在"源"面板中打开要设置入点和出点的素材；

②在"源"面板中拖动播放指示器或按空格键，找到要使用的片段的开始位置。执行"标记"→"标记拆分"命令，弹出子菜单，如图2-10所示。

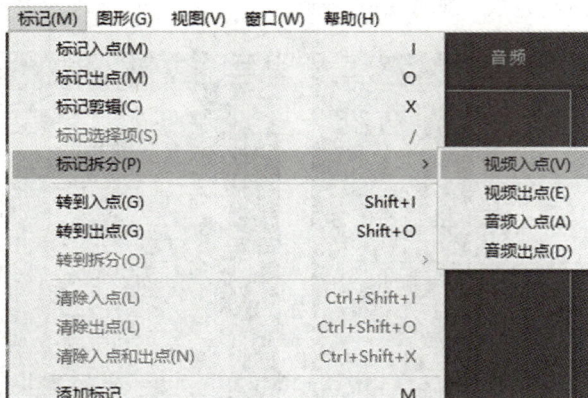

图2-10　标记拆分

③在弹出的子菜单中执行"视频入点"/"视频出点"命令，为两点之间的视频部分设置入点和出点，如图2-11所示。继续播放影片，找到使用音频片段的开始或结束位置。执行"音频入点"/"音频出点"命令，为两点之间的音频部分设置入点和出点，如图2-12所示。

图2-11　设置视频入点与出点

图2-12　设置音频入点与出点

（2）在"时间轴"面板中剪辑素材。在Premiere中，用户可以在"时间轴"面板中增加或删除帧，以改变素材的长度。使用影片的编辑点剪辑素材的方法如下：

①将"项目"面板中要剪辑的素材拖曳到"时间轴"面板中。

②将"时间轴"面板中的播放指示器放置到要剪辑的位置，如图2-13所示。

③将鼠标指针放置在素材的开始位置，当鼠标指针呈 ▦ 形状时单击，显示出编辑点，如图2-14所示。

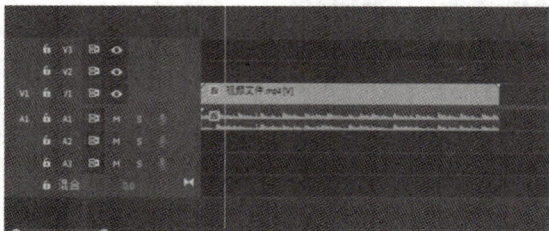

图2-13　要剪辑的位置

图2-14　编辑点

④向右拖曳鼠标指针到播放指示器的位置，如图2-15所示，松开鼠标，效果如图2-16所示。

图 2-15　开始剪辑

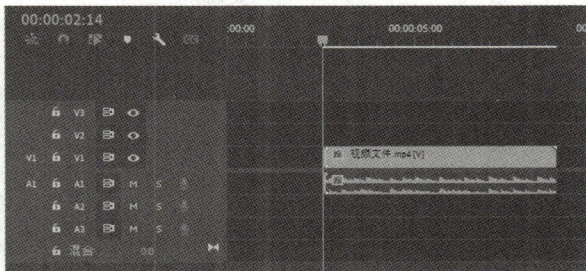

图 2-16　剪辑后

⑤将"时间轴"面板中的播放指示器再次移到要剪辑的位置。将鼠标指针放置在素材的结束位置，当鼠标指针呈 形状时单击，显示出编辑点，如图 2-17 所示。按 E 键将所选编辑点移到播放指示器的位置，如图 2-18 所示。

图 2-17　结束时的编辑点

图 2-18　编辑点的移动

2.1.5　导出单帧

单击"节目"面板下方的"导出帧"按钮，弹出"导出帧"对话框。在"名称"文本框中输入文件名称；在"格式"下拉列表框中选择文件格式；单击"浏览"按钮，在弹出的对话框中选择文件的保存路径，如图 2-19 所示。设置完成后，单击"确定"按钮，导出当前时间的单帧图像。

2.1.6　改变影片的播放速度

在 Premiere 中，用户可以根据需求随意更改影片的播放速度，具体操作方法如下。

1."速度 / 持续时间"命令

在"时间轴"面板中的某一个文件上单击鼠标右键，在弹出的快捷菜单中执行"速度 / 持续时间"命令，弹出如图 2-20 所示的对话框。设置完成后，单击"确定"按钮，完成更改。

（1）速度：可以设置播放速度的百分比。

（2）持续时间：单击此选项右侧的时间码，修改时间值。时间值越大，影片播放的速度越慢；时间值越小，影片播放的速度越快。

（3）倒放速度：勾选此复选框，影片将向反方向播放。

（4）保持音频音调：勾选此复选框，将保持影片的音频播放速度不变。

（5）波纹编辑，移动尾部剪辑：勾选此复选框，剪辑后的影片将跟随其相邻的影片。

（6）时间插值：选择速度改变后的时间插值，包含帧采样、帧混合和光流法。

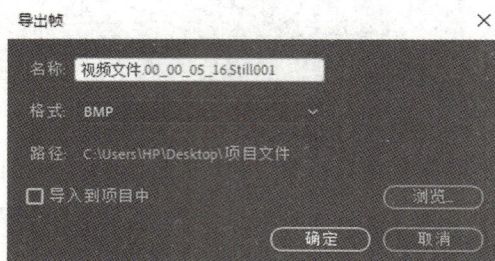

图 2-19　导出帧

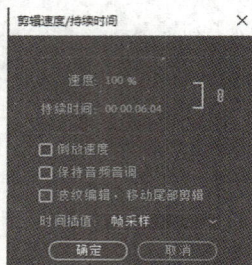

图 2-20　剪辑速度持续时间

2. "比率拉伸"按钮

单击"比率拉伸"按钮 ，将鼠标指针放置在素材文件的开始位置，当鼠标指针呈 形状时单击，显示出编辑点，向左拖曳鼠标指针到适当的位置，如图 2-21 所示，调整影片速度。将鼠标指针放置在素材文件的结束位置，当鼠标指针呈 形状时单击，显示出编辑点，向右拖曳鼠标指针到适当的位置，如图 2-22 所示，调整影片速度。

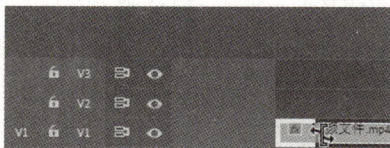

图 2-21　比率拉伸开始编辑点

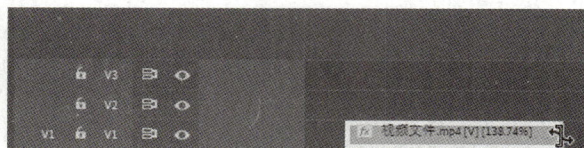

图 2-22　比率拉伸结束编辑点

3. "速度"命令

（1）在"时间轴"面板中选择素材文件，如图 2-23 所示。在素材文件上单击鼠标右键，在弹出的快捷菜单中执行"显示剪辑关键帧"→"时间重映射"→"速度"命令，素材文件如图 2-24 所示。

图 2-23　选择素材文件

图 2-24　"速度"命令

（2）向下拖曳中心的速度线以调整影片速度，如图 2-25 所示，松开鼠标，效果如图 2-26 所示。

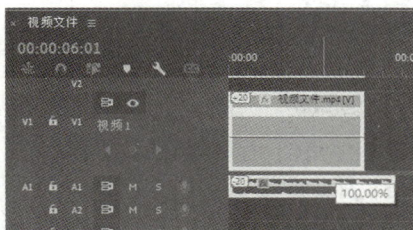

图 2-25　调整速度

图 2-26　调整速度后的展示

（3）按住 Ctrl 键在速度线上单击，生成关键帧，如图 2-27 所示。用相同的方法再次添加关键帧，效果如图 2-28 所示。

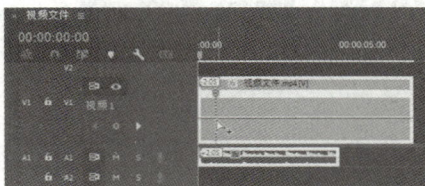

图 2-27　生成关键帧

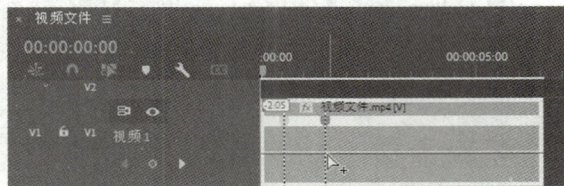

图 2-28　添加关键帧

（4）向上拖曳关键帧中间的速度线以调整影片速度，如图 2-29 所示。拖曳第 2 个关键帧的右半部分，产生变速效果，如图 2-30 所示。

图 2-29　调整影片速度

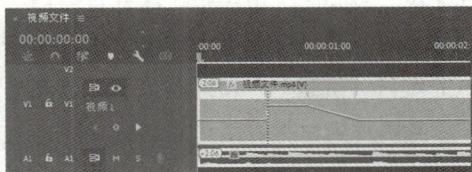

图 2-30　变速效果

2.1.7　创建静止帧

冻结影片中的某一帧的画面，则会以静止帧的方式显示该画面，就好像使用了一张静止的图片。被冻结的帧可以是片段的开始点或结束点。创建静止帧的具体操作步骤如下。

（1）单击"时间轴"面板中的某一段影片。移动播放指示器到需要冻结的某一帧画面上，如图 2-31 所示。

图 2-31　选中画面

（2）执行"帧定格选项"命令，弹出如图2-32所示的对话框。

（3）勾选"定格位置"复选框，在右侧的下拉列表框中可以选择源时间码、序列时间码、入点、出点和播放指示器，如图2-33所示。

（4）勾选"定格滤镜"复选框，可以使冻结的帧画面依然保持使用滤镜后的效果。

（5）单击"确定"按钮完成创建。

图2-32　"帧定格选项"对话框　　　　　图2-33　帧定格设置

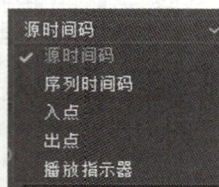

2.1.8　编辑素材

Premiere提供了标准的Windows编辑命令，用于剪切、复制和粘贴素材，这些命令都在"编辑"菜单下。

使用"粘贴插入"命令的具体操作步骤如下：

（1）在"时间轴"面板中选择影片素材，如图2-34所示，执行"编辑"→"复制"命令。

（2）在"时间轴"面板中将播放指示器移动到需要粘贴影片素材的位置。

（3）执行"编辑"→"粘贴插入"命令，复制的影片素材将被粘贴到播放指示器所在的位置，其后的影片素材将等距离后退，如图2-35所示。

图2-34　素材的复制　　　　　图2-35　素材的粘贴

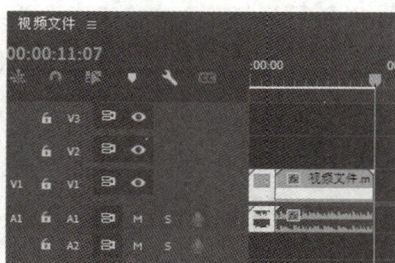

使用"粘贴属性"命令的具体操作步骤如下：

（1）在"时间轴"面板中选择影片素材，设置"不透明度"选项，并添加视频效果，在"时间轴"面板中的影片素材上单击鼠标右键，在弹出的快捷菜单中执行"复制"命令，如图2-36所示。

（2）用框选的方法选择需要粘贴属性的影片素材，如图2-37所示。在影片素材上单击鼠标右键，在弹出的快捷菜单中执行"粘贴属性"命令，如图2-38所示。

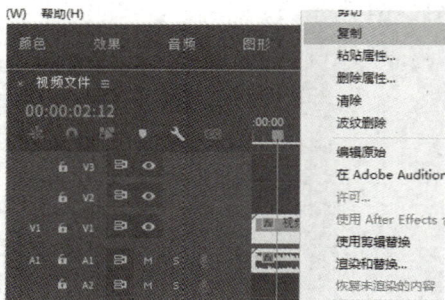

图2-36　复制

（3）弹出"粘贴属性"对话框，如图 2-39 所示，可以将视频属性（运动、不透明度、时间重映射、效果）及音频属性（音量、通道音量、声像器、效果）粘贴到选中的影片素材上，如图 2-40 和图 2-41 所示。

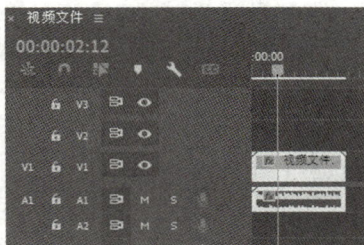

图 2-37　框选素材

图 2-38　"粘贴属性"命令

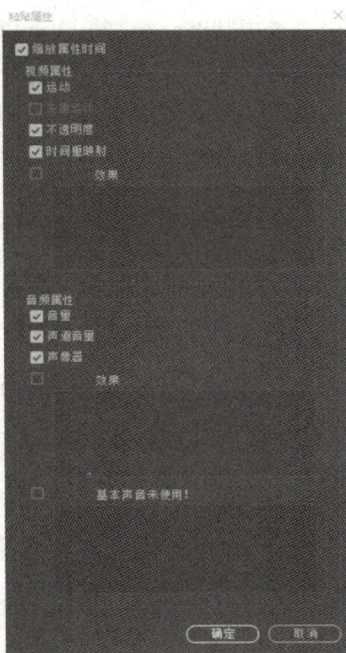

图 2-39　"粘贴属性"对话框

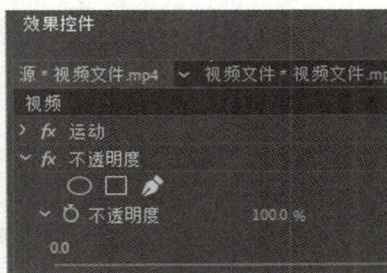

图 2-40　视频属性

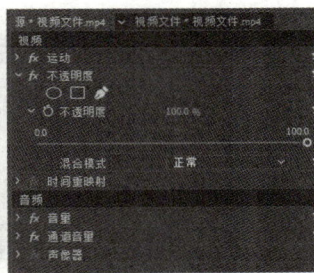

图 2-41　音频属性

2.1.9　删除素材

如果用户决定不使用"时间轴"面板中的某个素材，则可以在"时间轴"面板中将其删除。在"时间轴"面板中删除的素材并不会在"项目"面板中被删除。当删除一个已经运用于"时间轴"面板的素材后，"时间轴"面板的轨道上该素材所在位置留下空位。也可以选择波纹删除，将该素材轨道上的内容向左移动，覆盖被删除素材留下的空位。

删除素材的方法如下：

（1）在"时间轴"面板中选择一个或多个素材；

（2）按 Delete 键或执行"编辑"→"清除"命令。

波纹删除素材的方法如下：

（1）在"时间轴"面板中选择一个或多个素材；

（2）如果不希望其他轨道上的素材移动，则可以锁定该轨道；

（3）在素材上单击鼠标右键，在弹出的快捷菜单中执行"波纹删除"命令。

2.1.10 设置标记点

为了查看素材帧与帧之间是否对齐，用户需要在素材或标尺上做一些标记。

（1）添加标记。为素材添加标记的具体操作步骤如下：

①将"时间轴"面板中的播放指示器移到需要添加标记的位置，单击面板中左上角的"添加标记"按钮 ♥，将在播放指示器所在的位置添加一个标记，如图 2-42 所示。

②如果"时间轴"面板左上角的"在时间轴中对齐"按钮 处于选中状态，则将一个素材拖动到轨道标记处后，该素材的入点将会自动与标记对齐。

（2）跳转标记。在"时间轴"面板的标尺上单击鼠标右键，在弹出的快捷菜单中执行"转到下一个标记"命令，播放指示器会自动跳转到下一个标记；执行"转到上一个标记"命令，播放指示器会自动跳转到上一个标记，如图 2-43 所示。

（3）删除标记。如果用户在使用标记的过程中发现有不需要的标记，则可以将其删除。在"时间轴"面板的标尺上单击鼠标右键，在弹出的快捷菜单中执行"清除所选的标记"命令，可删除当前选中的标记；执行"清除所有标记"命令，即可将"时间轴"面板中的所有标记删除，如图 2-44 所示。

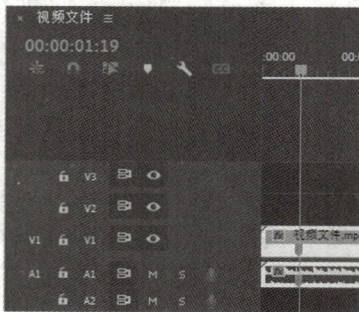

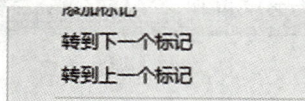

图 2-42 添加标记　　　　图 2-43 跳转标记　　　　图 2-44 删除标记

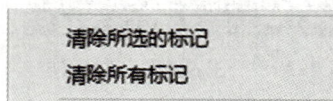

操作步骤

步骤 1　启动 Premiere，执行菜单栏"文件"→"新建"→"项目"命令，如图 2-45 所示，弹出"新建项目"对话框，单击"确定"按钮，新建项目。

执行菜单栏"文件"→"新建"→"序列"命令，弹出"新建序列"对话框，单击"设置"标签，"编辑模式"选择"自定义"，"帧大小"为 720 水平，576 垂直，其余不变，如图 2-46 所示，单击"确定"按钮，新建序列。

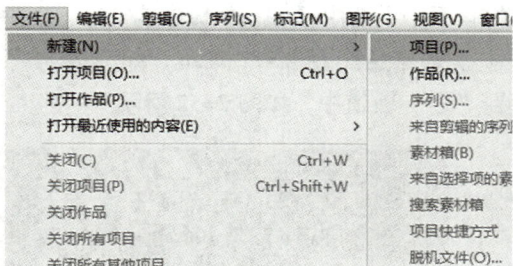

图 2-45　新建项目

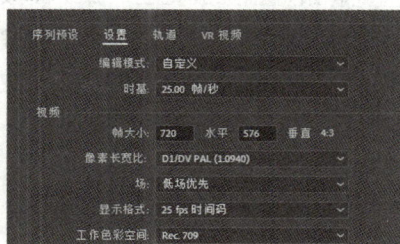

图 2-46　新建序列

步骤 2　执行"文件"→"导入"命令，弹出"导入"对话框，选择素材"01"～"05"文件，如图 2-47 所示。单击"打开"按钮，将素材文件导入"项目"面板中，如图 2-48 所示。

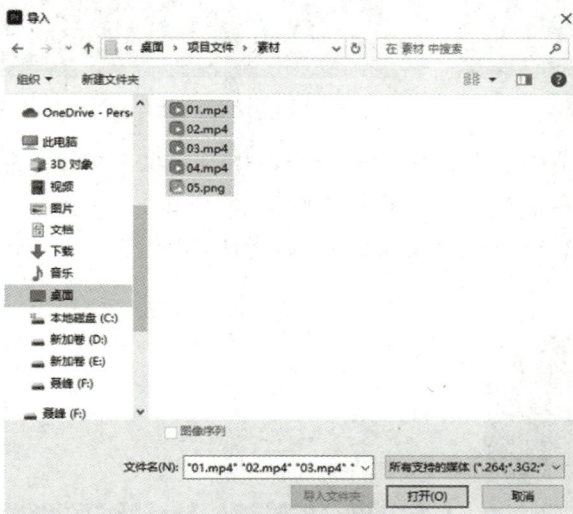

图 2-47　选择素材文件

图 2-48　导入素材文件

步骤 3　双击"项目"面板中的"01"文件，在"源"面板中打开"01"文件，如图 2-49 所示。将播放指示器放置在 03:00 s 的位置，按 O 键创建标记出点，如图 2-50 所示。

图 2-49　双击打开源文件

图 2-50　创建标记出点

步骤 4 将鼠标指针放置在"源"面板中的画面上，选中"源"面板中的"01"文件并将其拖曳到"时间轴"面板的"V1"轨道中，弹出"剪辑不匹配警告"对话框，如图 2-51 所示，单击"保持现有设置"按钮。将"01"文件放置到"V1"轨道中，如图 2-52 所示。

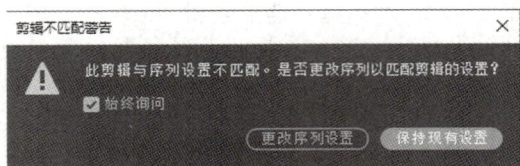

图 2-51 剪辑不匹配的设置

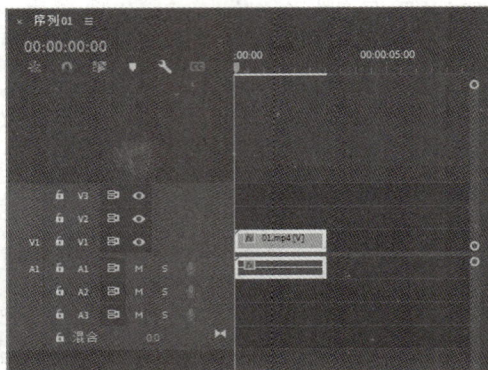

图 2-52 拖曳"01"文件至"V1"轨道中

步骤 5 双击"项目"面板中的"02"文件，在"源"面板中打开"02"文件。将播放指示器放置在 00:15 s 的位置。按 I 键创建标记入点，如图 2-53 所示。将鼠标指针放置在"源"面板中的画面上，选中"源"面板中的"02"文件并将其拖曳到"时间轴"面板的"V1"轨道中，如图 2-54 所示。

图 2-53 创建"02"文件的标记入点

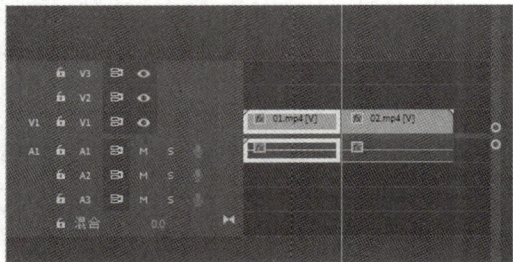

图 2-54 拖曳"02"文件至"V1"轨道中

步骤 6 双击"项目"面板中的"03"文件，在"源"面板中打开"03"文件。将播放指示器放置在 01:00 s 的位置，按 I 键创建标记入点，如图 2-55 所示。将播放指示器放置在 02:14 s 的位置，按 O 键创建标记出点，如图 2-56 所示。

步骤 7 将鼠标指针放置在"源"面板中的画面上，选中"源"面板中的"03"文件并将其拖曳到"时间轴"面板的"V1"轨道中，如图 2-57 所示。

步骤 8 双击"项目"面板中的"04"文件，在"源"面板中打开"04"文件。将播放指示器放置在 00:10 s 的位置，按 I 键创建标记入点，如图 2-58 所示。将播放指示器放置在 03:09 s 的位置，按 O 键创建标记出点，如图 2-59 所示。

图 2-55　创建"03"文件的标记入点

图 2-56　创建"03"文件的标记出点

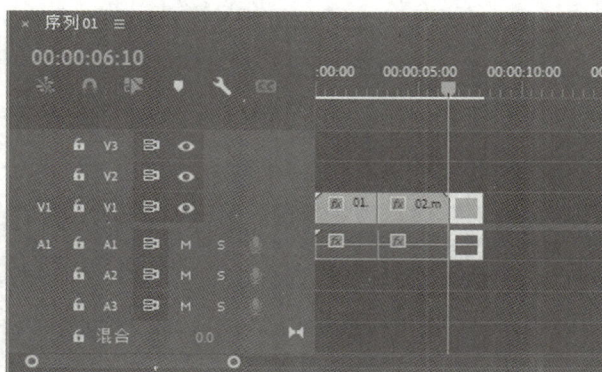

图 2-57　拖曳"03"文件至"V1"轨道中

图 2-58　创建"04"文件的标记入点

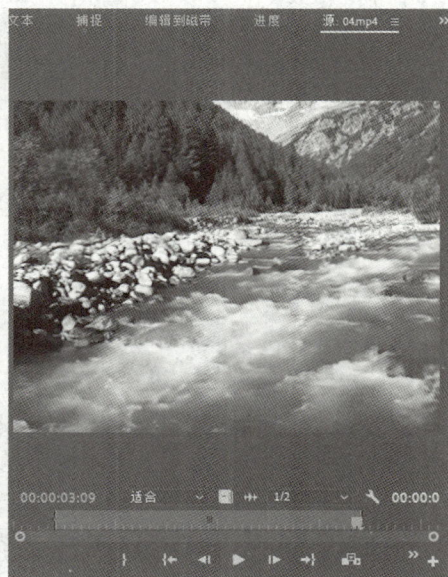

图 2-59　创建"04"文件的标记出点

步骤9　将鼠标指针放置在"源"面板中的画面上，选中"源"面板中的"04"文件并将其拖曳到"时间轴"面板的"V1"轨道中，如图2-60所示，在"源"面板中使用入点和出点完成视频的剪裁。

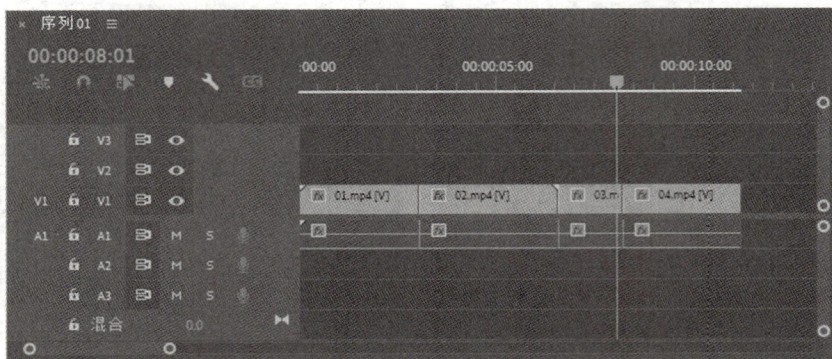

图2-60　拖曳"04"文件至"V1"轨道中

步骤10　选择"时间轴"面板中的"01"文件，如图2-61所示。在"效果控件"面板中展开"运动"选项，将"缩放"选项设置为163.0，如图2-62所示。用相同的方法选择其他文件，并调整"缩放"选项编辑视频文件的大小。

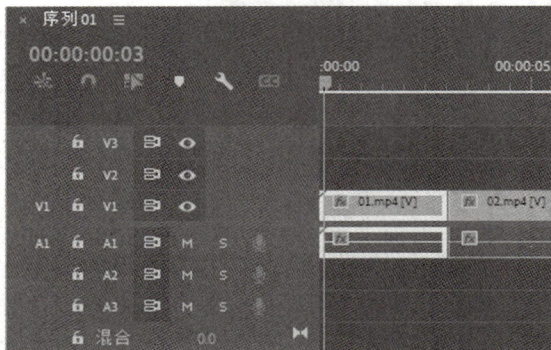

图2-61　选择时间轴"01"文件

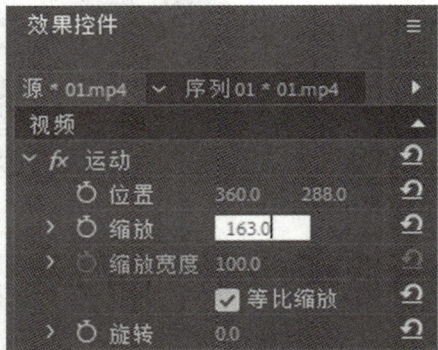

图2-62　"01"文件效果控件的缩放设置

步骤11　在"项目"面板中，选中"05"文件并将其拖曳到"时间轴"面板的"V2"轨道中，如图2-63所示。祖国美丽山河宣传片制作完成，最终效果如图2-1所示。

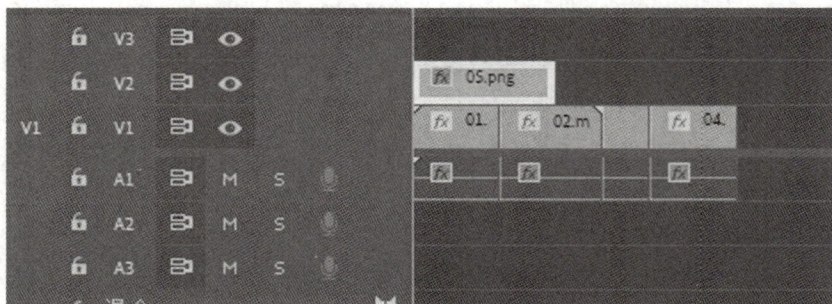

图2-63　拖曳"项目"面板中"05"文件至"V2"轨道中

拓展训练 2.1

介绍祖国四大河流

训练要求

1. 学会新建项目和序列，导入四个视频和一张图片素材；

2. 学会用"源"面板调整视频素材的长短，之后全部拖曳到时间轴，调整大小后导出为 MP4 格式文件。

步骤指导

1. 新建项目和序列，导入四个视频和一张图片素材；

2. 分别双击四个视频文件，在"源"面板调整视频素材的长短；

3. 分别拖曳到"时间轴"面板，添加图片，导出为 MP4 格式文件，效果如图 2-64 所示。

介绍祖国四大河流

图 2-64　介绍祖国四大河流——最终效果

任务 2.2
制作海底世界宣传片

制作海底世界宣传片

任 务 目 标

执行"导入"命令导入素材文件，执行"插入"命令插入素材文件，执行"标记"命令标记素材文件的入点和出点，执行"提取"命令提取不需要的部分。最终效果如图 2-65 所示。

图 2-65　制作海底世界宣传片——最终效果

相 关 知 识

2.2.1　切割素材

在 Premiere 中，当素材被添加到"时间轴"面板的轨道中后，可以使用"工具"面板中的"剃刀"工具 ◈ 对此素材进行切割，具体操作步骤如下：

（1）在"时间轴"面板中添加要切割的素材。

（2）选择"工具"面板中的"剃刀"工具 ◈，将鼠标指针移到需要切割的位置并单击，该素材将被切割为两个素材，每一个素材都有独立的长度及入点与出点，如图 2-66 所示。

（3）如果要将多个轨道上的素材在同一点切割，则按住 Shift 键显示出多重刀片，轨道上未锁定的素材都将在该位置被切割为两段，如图 2-67 所示。

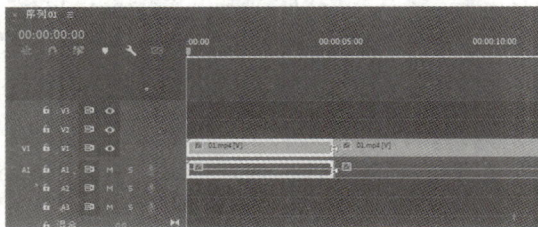

图 2-66　切割文件

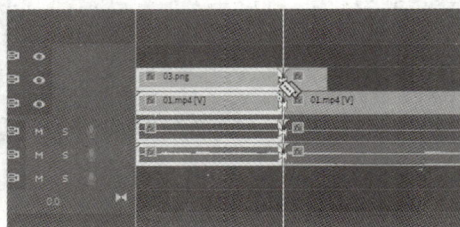

图 2-67　多重切割

2.2.2　插入和覆盖编辑

执行"插入"命令 ▣ 和"覆盖"命令 ▣ 可以将"源"面板中的片段直接置入"时间轴"面板中当前轨道上播放指示器所在的位置。

1. 插入编辑

执行"插入"命令 ▣ 的具体操作步骤如下：

（1）在"源"面板中选中要插入"时间轴"面板的素材。

（2）在"时间轴"面板中将播放指示器移动到需要插入素材的时间点，如图2-68所示。

（3）单击"源"面板下方的"插入"按钮 ，将选择的素材插入"时间轴"面板中，插入的新素材会将原有素材分为两段，原有素材的后半部分将会向后移动，接在新素材之后，效果如图2-69所示。

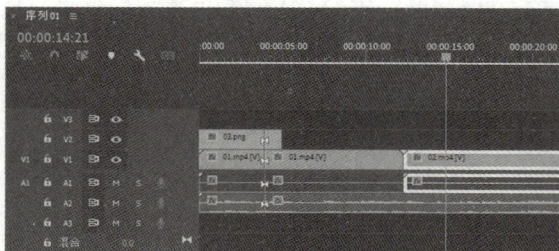

图2-68 选择插入点

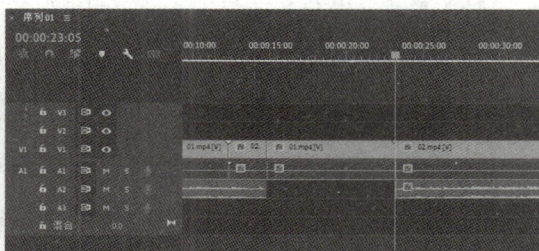

图2-69 插入素材后

2. 覆盖编辑

执行"覆盖"命令 的具体操作步骤如下：

（1）在"源"面板中选中要插入"时间轴"面板的素材；

（2）在"时间轴"面板中将播放指示器移动到需要插入素材的时间点；

（3）单击"源"面板下方的"覆盖"按钮 ，将选择的素材插入"时间轴"面板中，插入的新素材在播放指示器处将覆盖原素材，如图2-70所示。

2.2.3 提升和提取编辑

执行"提升"命令 和"提取"命令 可以在"时间轴"面板的指定轨道上删除指定的素材。

1. 提升编辑

执行"提升"命令 的具体操作步骤如下：

（1）在"节目"面板中为素材需要提升的部分设置入点和出点。设置的入点和出点会同时显示在"时间轴"面板的标尺上，如图2-71所示。

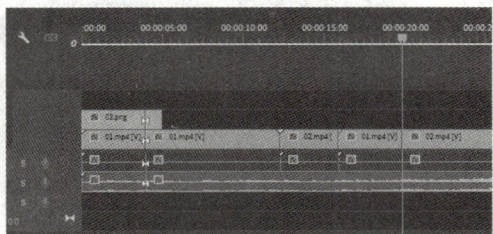

图2-70 覆盖素材

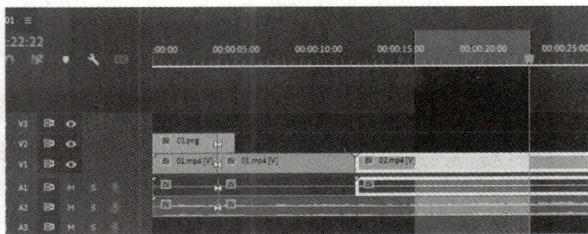

图2-71 入点和出点的显示

（2）单击"节目"面板下方的"提升"按钮，"时间轴"面板中入点和出点之间的素材将被删除，删除素材后的区域内会留下空白，如图2-72所示。

2. 提取编辑

执行"提取"命令 的具体操作步骤如下：

（1）在"节目"面板中为素材需要提取的部分设置入点和出点。设置的入点和出点会同时显示在"时间轴"面板的标尺上。

（2）单击"节目"面板下方的"提取"按钮 ，"时间轴"面板中入点和出点之间的素材将被删除，其后面的素材会自动前移，填补空白，如图2-73所示。

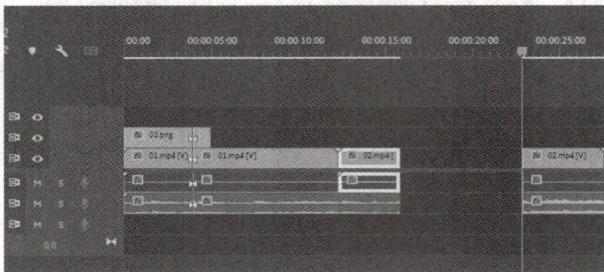

图2-72　"提升"按钮的使用

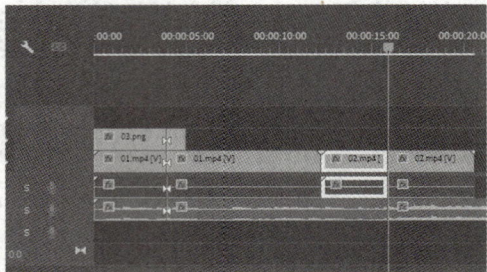

图2-73　"提取"按钮的使用

2.2.4　链接和分离素材

链接素材的具体操作步骤如下：

（1）在"时间轴"面板中框选要进行链接的视频和音频片段。

（2）单击鼠标右键，在弹出的快捷菜单中执行"链接"命令，框选的片段将被链接在一起。

分离素材的具体操作步骤如下：

（1）在"时间轴"面板中选择已链接的素材。

（2）单击鼠标右键，在弹出的快捷菜单中执行"取消链接"命令，即可分离素材的音频和视频部分。

链接在一起的素材被分离后，分别移动音频和视频部分使它们错位，然后再将它们链接在一起，系统会在素材片段上显示警告标记并标识错位的时间，如图2-74所示。负值表示向前偏移，正值表示向后偏移。

2.2.5　编组

在编辑工作中，经常要对多个素材进行整体操作。执行"编组"命令，可以将多个素材组合为一个整体，以便进行移动和复制等操作。

图2-74　分离素材

建立编组素材的具体操作步骤如下：

（1）在"时间轴"面板中框选要编组的素材。按住Shift键单击，可以加选素材。

（2）在选定的素材上单击鼠标右键，在弹出的快捷菜单中执行"编组"命令，选定的素材将被编组。

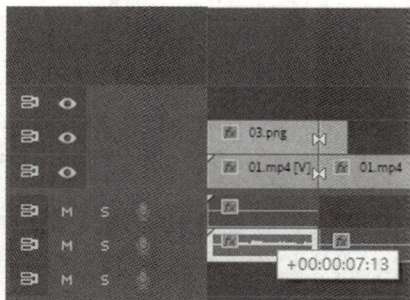

素材被编组后，在进行移动和复制等操作的时候，就会作为一个整体进行操作。如果要取消编组效果，可以在编组的对象上单击鼠标右键，在弹出的快捷菜单中执行"取消编组"命令。

2.2.6 通用倒计时片头

通用倒计时片头通常用作影片开始前的倒计时。Premiere为用户提供了现成的通用倒计时片头，用户可以非常便捷地创建一个标准的倒计时素材，如图2-75所示，用户还可以在Premiere中随时对其进行修改。创建倒计时素材的具体操作步骤如下：

图 2-75 倒计时

（1）单击"项目"面板下方的"新建项"按钮，在弹出的下拉列表框中选择"通用倒计时片头"选项，弹出"新建通用倒计时片头"对话框，如图2-76所示。设置完成后，单击"确定"按钮，弹出"通用倒计时设置"对话框，如图2-77所示。

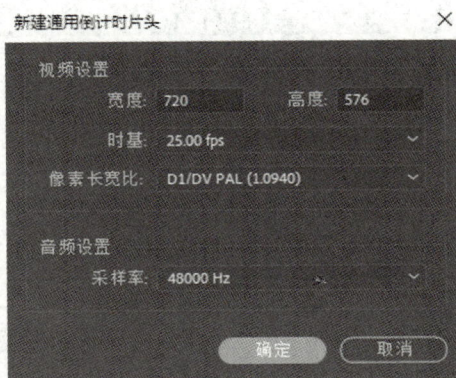

图 2-76 "新建通用倒计时片头"对话框

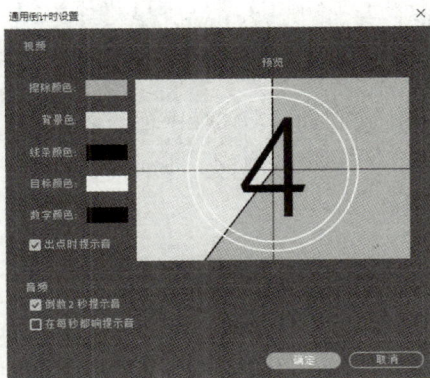

图 2-77 "通用倒计时设置"对话框

（2）设置完成后，单击"确定"按钮，Premiere会自动将该段倒计时影片加入影片中。

（3）在"项目"面板或"时间轴"面板中双击倒计时素材，可以随时打开"通用倒计时设置"对话框对其进行修改。

2.2.7 彩条和黑场

（1）彩条。Premiere可以在影片的开头创建一段彩条，如图2-78所示。在"项目"面板下方单击"新建项"按钮，在弹出的下拉列表框中选择"彩条"选项，即可创建彩条。

（2）黑场。Premiere可以在影片中创建一段黑场画面。在"项目"面板下方单击"新建项"按钮，在弹出的下拉列表框中选择"黑场视频"选项，即可创建黑场。

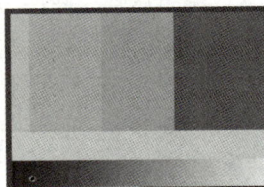

图 2-78 彩条

2.2.8　彩色蒙版

　　Premiere还可以为影片创建一个彩色蒙版。可以将彩色蒙版当作背景，也可以利用"透明度"命令来设置与彩色蒙版相关的色彩的透明度，具体操作步骤如下：

　　（1）在"项目"面板下方单击"新建项"按钮 ▥，在弹出的下拉列表框中选择"颜色遮罩"选项，弹出"新建颜色遮罩"对话框，如图 2-79 所示。进行参数设置后，单击"确定"按钮，弹出"拾色器"对话框，如图 2-80 所示。

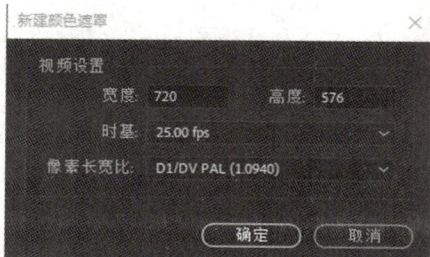

図 2-79　"新建颜色遮罩"对话框　　　　图 2-80　"拾色器"对话框

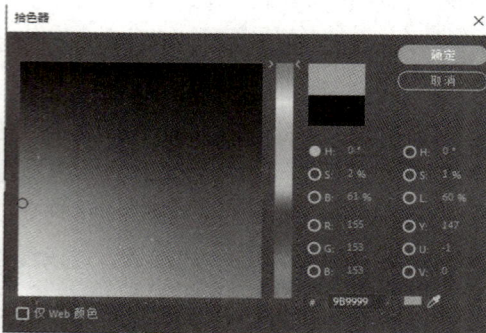

　　（2）在"拾色器"对话框中选择蒙版要使用的颜色，单击"确定"按钮。

　　（3）在"项目"面板或"时间轴"面板中双击彩色蒙版，可以随时打开"拾色器"对话框对其进行修改。

2.2.9　透明视频轨道

　　在 Premiere 中，用户可以创建一个透明的视频轨道，它能够将特效应用到一系列的影片中而无须重复地复制和粘贴。只要应用一个特效到透明视频轨道上，特效将自动出现在其下面的所有视频轨道中。

操 作 步 骤

　　步骤 1　启动 Premiere，执行菜单栏"文件"→"新建"→"项目"命令，如图 2-45 所示，弹出"新建项目"对话框，单击"确定"按钮，新建项目。

　　执行"文件"→"新建"→"序列"命令，弹出"新建序列"对话框，单击"设置"选项卡，"编辑模式"选择"自定义"，"帧大小"为 1 920 水平，1 080 垂直，其余不变，如图 2-81 所示，单击"确定"按钮，新建序列。

　　步骤 2　执行"文件"→"导入"命令，弹出"导入"对话框，选择素材"01"～"04"文件，如图 2-82 所示。单击"打开"按钮，将素材文件导入"项目"面板中，如图 2-83 所示。

　　步骤 3　在"项目"面板中选中"01"文件并将其拖曳到"时间轴"面板的"V1"轨道中，弹出"剪辑不匹配警告"对话框，如图 2-51 所示，单击"保持现有设置"按钮，在保持现有序列设置的情况下将文件放置在"V1"轨道中，如图2-84所示。

步骤4　在"时间轴"面板中选择"01"文件，在"效果控件"面板中展开"运动"选项，将"缩放"选项设置为110.0，如图2-85所示。将播放指示器放置在05:00 s的位置，如图2-86所示。

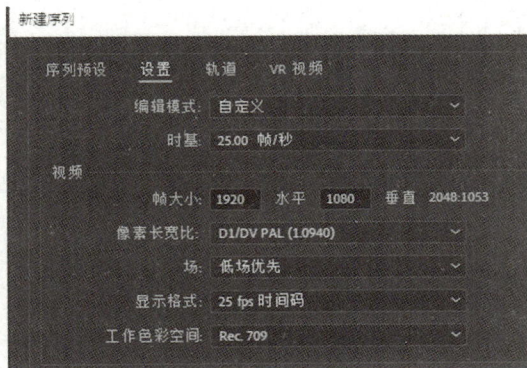

图 2-81　新建序列

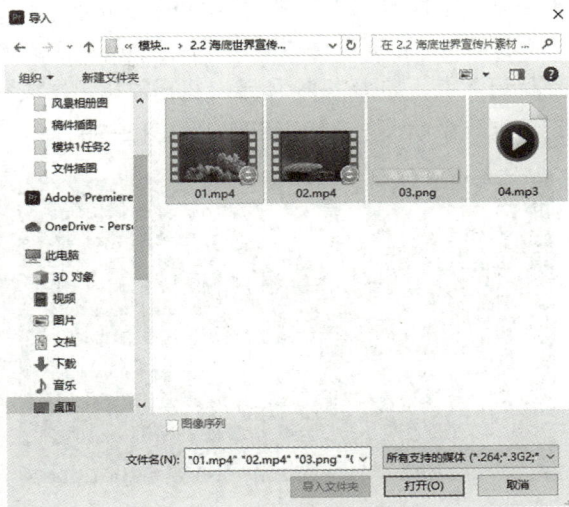

图 2-82　选择素材文件

图 2-83　导入"项目"面板

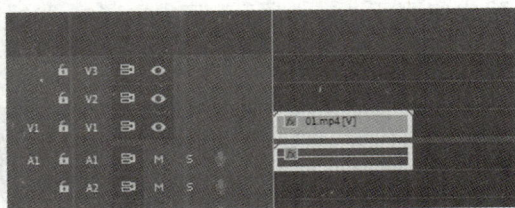

图 2-84　轨道中的"01"素材

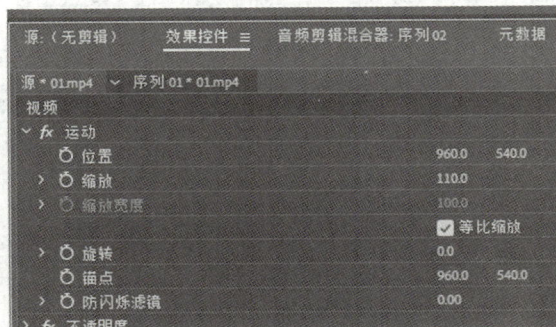

图 2-85　缩放设置

图 2-86　播放指示器设置

步骤 5　在"项目"面板中选择"02"文件，在"02"文件上单击鼠标右键，在弹出的快捷菜单中执行"插入"命令，将文件插入播放指示器所在的位置，如图 2-87 所示。

在"时间轴"面板中选择"02"文件。在"效果控件"面板中展开"运动"选项，将"缩放"选项设置为 110.0，如图 2-88 所示。

步骤 6　将播放指示器放置在 12:00 s 的位置。执行菜单栏"标记"→"标记入点"命令，创建标记入点，如图 2-89 所示。将播放指示器放置在 19:24 s 的位置。执行菜单栏"标记"→"标记出点"命令，创建标记出点，如图 2-90 所示。

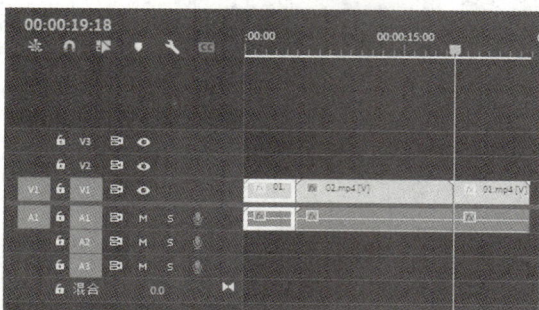

图 2-87　插入"02"文件

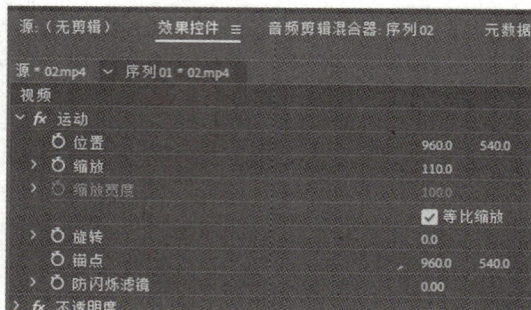

图 2-88　缩放设置

图 2-89　创建标记入点

图 2-90　创建标记出点

步骤 7　单击"节目"面板下方的"提取"按钮 ▦，将入点和出点之间的素材删除，如图 2-91 所示。在"项目"面板中选中"02"文件并将其拖曳到"时间轴"面板的"V1"轨道中，如图 2-92 所示。

图 2-91　提取素材

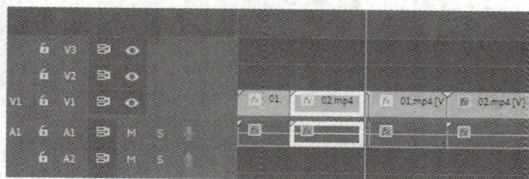

图 2-92　拖曳"02"文件

步骤 8　在"时间轴"面板中选择第 2 个"02"文件。在"效果控件"面板中展开"运动"选项，将"缩放"选项设置为 110.0，如图 2-88 所示。

将播放指示器放置在 27:00 s 的位置。将鼠标指针放置在"02"文件的结束位置，当鼠标指针呈 ▦ 形状时单击，显示出编辑点。按 E 键将所选编辑点移到播放指示器所在的位置，如图 2-93 所示。

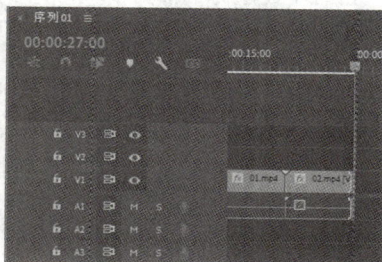

图 2-93　移动编辑点

步骤9 将播放指示器放置在 00:02 s 的位置。在"项目"面板中选中"03"文件并将其拖曳到"时间轴"面板的"V2"轨道中，如图 2-94 所示。

在"时间轴"面板中选择"03"文件。在"效果控件"面板中展开"运动"选项，将"位置"选项设置为 820.0 和 570.0，将"缩放"选项设置为 260.0，如图 2-95 所示。

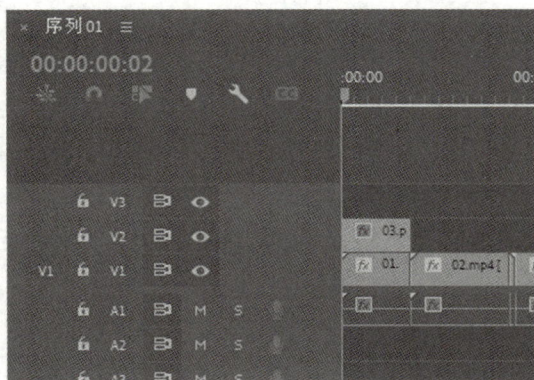

图 2-94 拖曳"03"文件

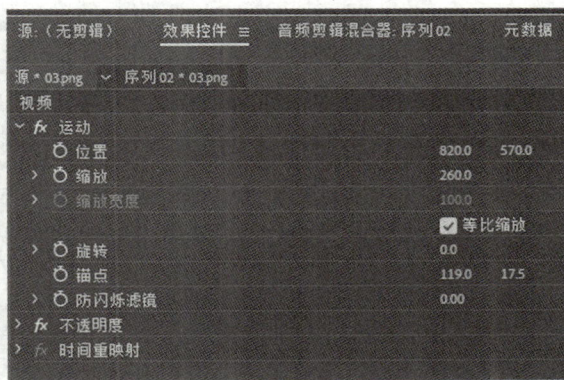

图 2-95 位置和缩放设置

步骤10 在"项目"面板中选中"04"文件并将其拖曳到"时间轴"面板的"A2"轨道中，如图 2-96 所示。将播放指示器放置在 26:23 s 的位置。将鼠标指针放置在"04"文件的结束位置，当鼠标指针呈 形状时单击，显示出编辑点。向左拖曳鼠标指针到"04"文件的结束位置，如图 2-97 所示。海底世界宣传片制作完成，效果如图 2-65 所示。

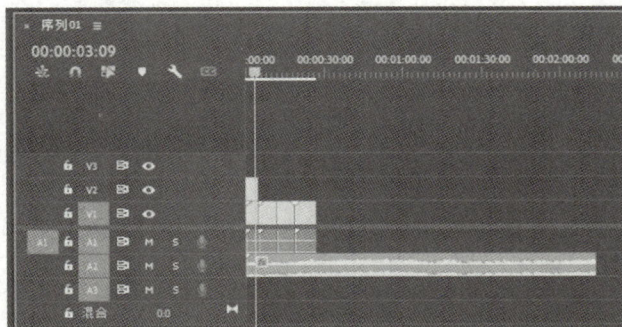

图 2-96 拖曳"04"文件

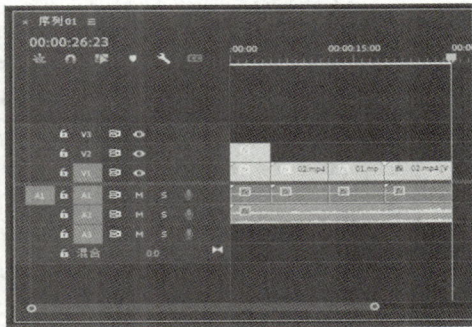

图 2-97 完成制作

拓展训练 2.2

制作美丽黄山宣传片

训练要求

1. 学会新建项目和序列，以及导入素材；

2. 学会用"标记"功能截取素材视频，学会用"效果控件"面板调整素材位置和大小，最后导出为 MP4 格式文件。

制作美丽黄山
宣传片

步骤指导

1. 新建项目和序列，导入两个视频、一张图片素材和一个音频素材；

2. 分别用标记、提取等按钮编辑两个视频文件，再添加图片素材和音频素材；

3. 导出为 MP4 格式文件，效果如图 2-98 所示。

图 2-98　制作美丽黄山宣传片──最终效果

📝 项目小结

　　本项目通过完成两个任务和两个拓展训练，可以在"源"面板中剪裁视频，在"效果控件"面板编辑视频文件的特效，对"效果控件"面板有一个较为清晰的认识，为完成以后的项目打好基础。

制作视频切换效果 项目3

项目导学

　　本项目通过学习"制作海底生物宣传片""制作美味蛋糕电子相册"和"制作可爱猫咪电子相册"任务，完成"制作厦门大学宣传片""制作集美大学宣传片"和"制作厦门理工学院宣传片"拓展训练，对Premiere 的视频切换过渡特效有一个清晰的认识，为初次踏入影视后期编辑制作这一领域的学生填补这方面的空白。通过本项目的学习，培养良好的艺术修养和人文素养，引导学生选择正确的人生道路，学生获得艺术享受的同时，健全自身的人格。

任务 3.1
制作海底生物宣传片

任 务 目 标

执行"导入"命令导入素材文件，使用"滑动"特效、"划像"特效、"页面剥落"特效和"沉浸式视频"特效制作视频之间的转场效果，使用"效果控件"面板调整转场特效。最终效果如图 3-1 所示。

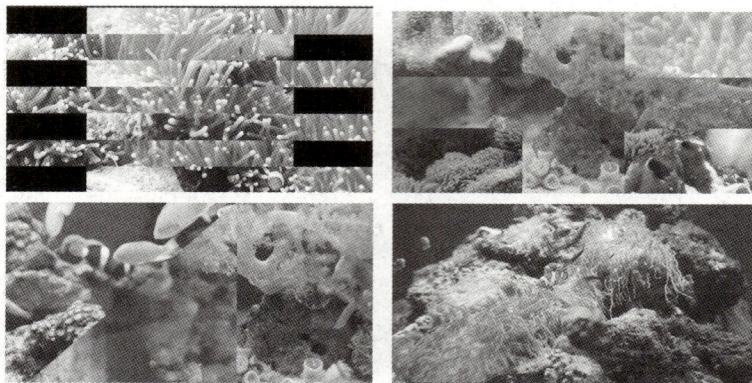

图 3-1　制作海底生物宣传片——最终效果

相 关 知 识

3.1.1　使用切换特效

一般情况下，在同一轨道的两个相邻素材之间使用切换特效，如图 3-2 所示，也可以单独为一个素材添加切换特效。此时，素材与其下方的轨道进行切换，但是下方的轨道只作为背景使用，并不会被切换特效控制，如图 3-3 所示。

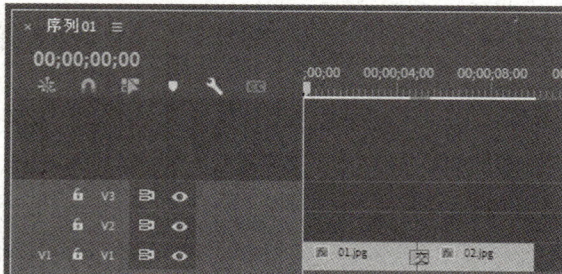

图 3-2　两个相邻素材之间切换

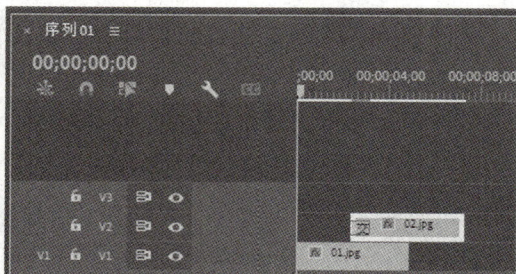

图 3-3　单独为一个素材添加切换

3.1.2　设置切换

在两段影片中加入切换特效后，时间轴上会出现一个重叠区域，这个重叠区域就是发生切换的范围。可以通过"效果控件"面板和"时间轴"面板对切换特效进行设置。

在"效果控件"面板上方单击 ▶ 按钮，可以在小视窗中预览切换效果，如图3-4所示。对于某些有方向的切换特效来说，用户可以在小视窗中单击箭头来改变切换特效的方向。例如，单击右上角的箭头改变切换特效的方向，如图3-5所示。

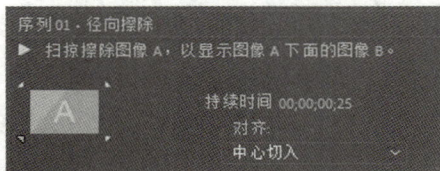

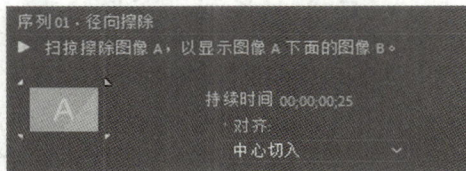

| 图 3-4　小视窗中预览 | 图 3-5　改变切换特效的方向 |

在"持续时间"选项中可以输入切换特效的持续时间。双击"时间轴"面板中的切换块，弹出"设置过渡持续时间"对话框，如图3-6所示，也可以设置切换特效的持续时间。

"对齐"下拉列表框中包含"中心切入""起点切入""终点切入""自定义起点"四种切入对齐方式。

"开始"和"结束"选项可以设置切换特效的开始及结束状态。按住Shift键并拖曳滑块，可以使开始和结束滑块以相同的数值变化。

勾选"显示实际源"复选框，可以在"开始"和"结束"视窗中显示切换特效的开始帧及结束帧画面，如图3-7所示。

其他选项的设置会根据切换特效的不同而有不同的变化。

| 图 3-6　设置过渡持续时间 | 图 3-7　切换特效的开始帧及结束帧 |

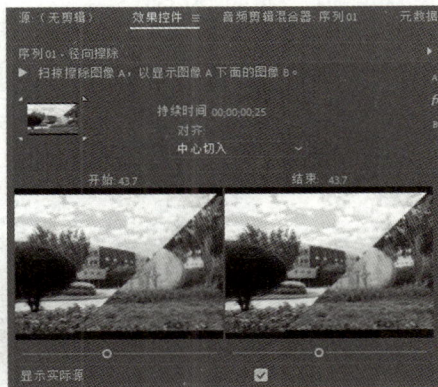

3.1.3　调整切换特效

在"效果控件"面板的右侧和"时间轴"面板中，可以对切换特效进行进一步的调整。

在"效果控件"面板中，将鼠标指针移动到切换块的中线上，当鼠标指针呈 ✛ 形状时拖曳鼠标，可以改变素材片段的持续时间和切换特效的影响区域，如图 3-8 所示。将鼠标指针移动到切换块上，当鼠标指针呈 ⊕ 形状时拖曳鼠标，可以改变切换特效的切入位置，如图 3-9 所示。

图 3-8　改变影响区域　　　　　　　　　图 3-9　改变切入位置

在"效果控件"面板中，将鼠标指针移动到切换块左侧的边缘处，当鼠标指针呈 ▐▶ 形状时拖曳鼠标，可以改变切换块的长度，如图 3-10 所示。在"时间轴"面板中，将鼠标指针移动到切换块右侧的边缘处，当鼠标指针呈 ◀▐ 形状时拖曳鼠标，也可以改变切换块的长度，如图 3-11 所示。

图 3-10　"效果控件"面板改变切换块的长度　　图 3-11　"时间轴"面板改变切换块的长度

3.1.4　设置默认持续时间

执行菜单栏"编辑"→"首选项"→"时间轴"命令，弹出"首选项"对话框，可以分别设置视频和音频切换特效的默认持续时间，如图 3-12 所示。

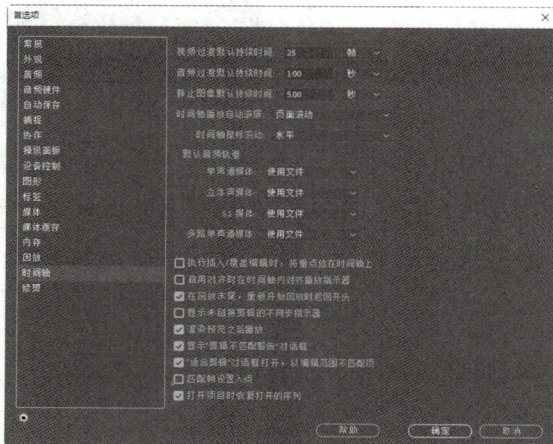

图 3-12　设置默认持续时间

操 作 步 骤

步骤 1　启动 Premiere，执行菜单栏"文件"→"新建"→"项目"命令，如图 3-13 所示，弹出"新建项目"对话框，单击"确定"按钮，新建项目。

执行菜单栏"文件"→"新建"→"序列"命令，弹出"新建序列"对话框，单击"设置"选项卡，"编辑模式"选择"自定义"，"帧大小"为 1 280 水平，720 垂直，其余不变，如图 3-14 所示，单击"确定"按钮，新建序列。

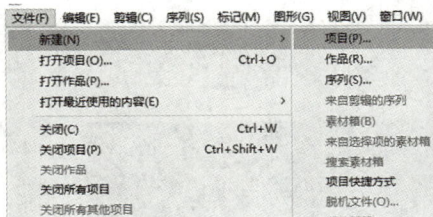

图 3-13　新建项目

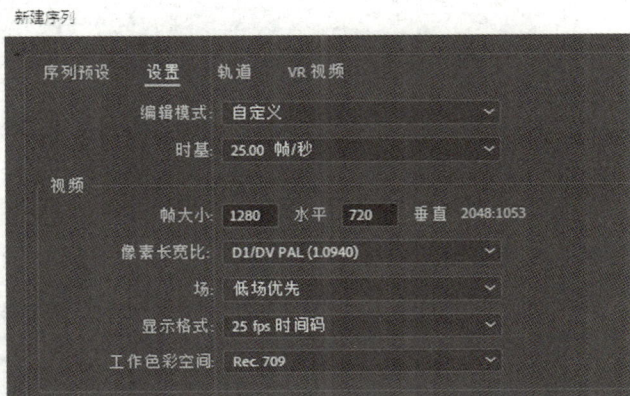

图 3-14　新建序列

步骤 2　在"项目"面板空白处双击，弹出"导入"对话框，选择"01"～"04"四个素材文件，如图 3-15 所示。单击"打开"按钮，将素材文件导入"项目"面板中，如图 3-16 所示。

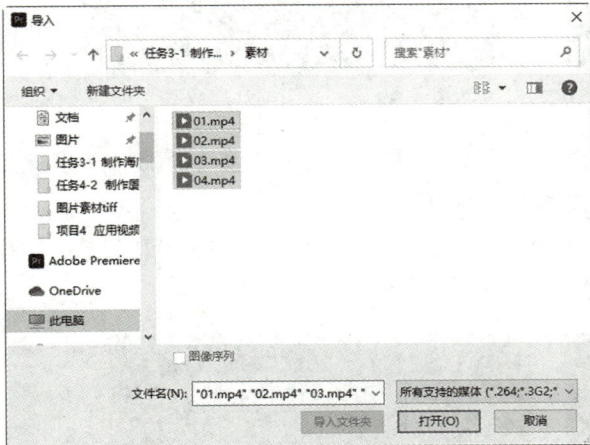

图 3-15　导入素材

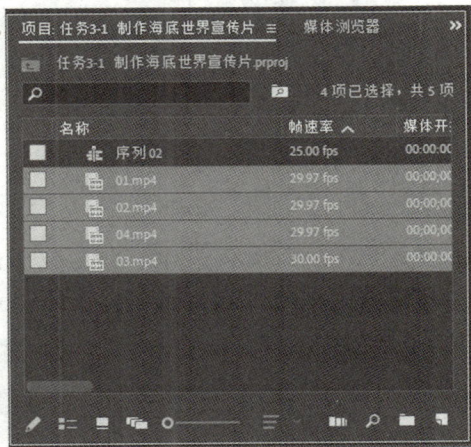

图 3-16　素材文件导入"项目"面板

步骤 3　在"项目"面板中选中"01"～"03"文件并将其拖曳到"时间轴"面板的"V1"轨道中，弹出"剪辑不匹配警告"对话框，单击"保持现有设置"按钮，在保持现有序列设置的情况下将文件放置在"V1"轨道中，如图 3-17 所示。

将播放指示器放置在 41:00 s 的位置。将鼠标指针放在"03"文件的结束位置并单击，显示出编辑点 ▌。按 E 键即可将编辑点移到播放指示器所在的位置，如图 3-18 所示。

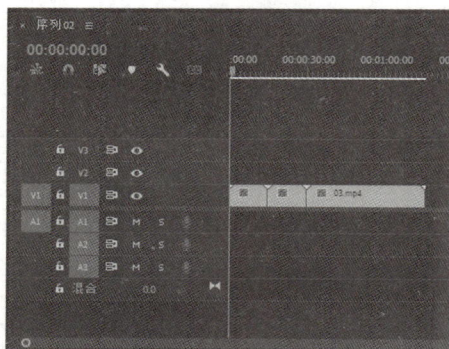

图 3-17　拖曳到"时间轴"面板

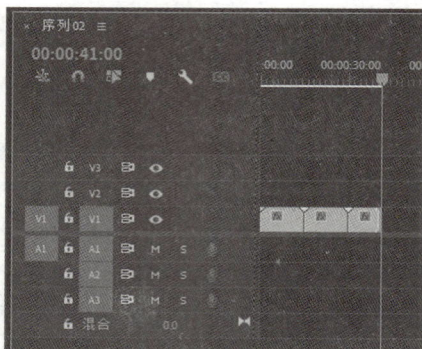

图 3-18　裁剪"03"文件

步骤 4　在"项目"面板中选中"04"文件并将其拖曳到"时间轴"面板的"V1"轨道中，如图 3-19 所示。

选择"时间轴"面板中的"01"文件。在"效果控件"面板中展开"运动"选项，将"缩放"选项设置为 80.0，如图 3-20 所示。用相同的方法调整其他素材文件的缩放效果。

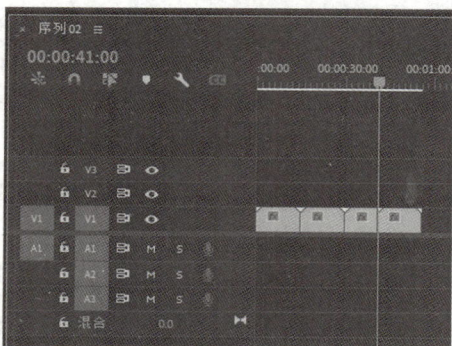

图 3-19　拖曳"04"文件到"时间轴"面板

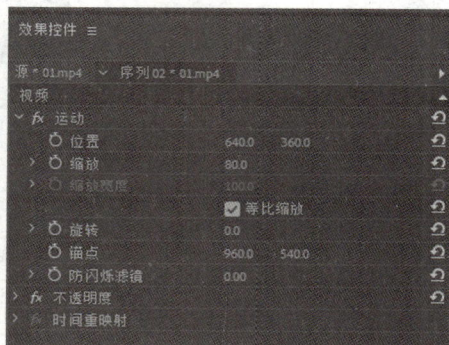

图 3-20　设置"缩放"选项

步骤 5　在"效果"面板中展开"视频过渡"特效分类选项，单击"内滑（滑动）"文件夹左侧的 ▶ 按钮将其展开，选中"带状内滑"特效，如图 3-21 所示。

将"带状内滑"特效拖曳到"时间轴"面板的"V1"轨道中的"01"文件的开始位置，制作"01"文件的转场效果，如图 3-22 所示。

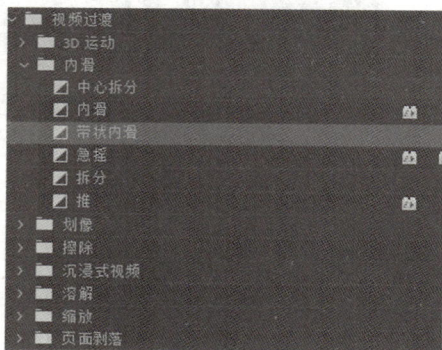

图 3-21　选中"带状内滑"特效

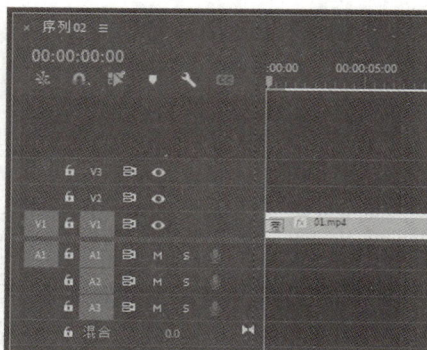

图 3-22　为"01"文件添加特效

步骤6 选择"时间轴"面板中的"带状内滑"特效。在"效果控件"面板中将"持续时间"选项设置为02:00 s，如图3-23所示。"时间轴"面板如图3-24所示。

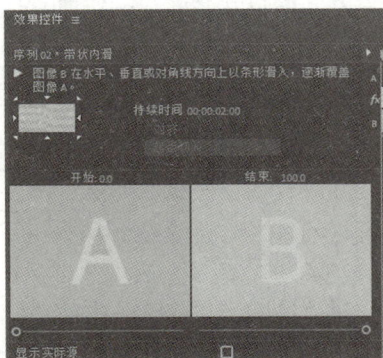
图3-23 调整持续时间1

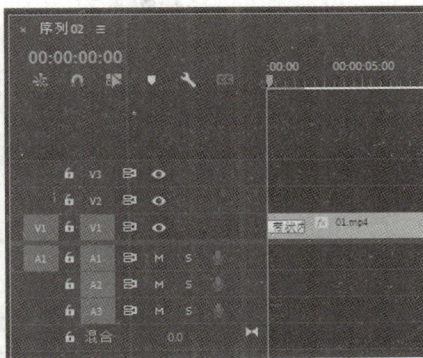
图3-24 "时间轴"面板1

步骤7 在"效果"面板中展开"视频过渡"特效分类选项，单击"划像"文件夹左侧的▇按钮将其展开，选中"交叉划像"特效，如图3-25所示。将"交叉划像"特效拖曳到"时间轴"面板"V1"轨道的"01"文件的结束位置和"02"文件的开始位置之间，制作"01"文件和"02"文件之间的转场效果，如图3-26所示。

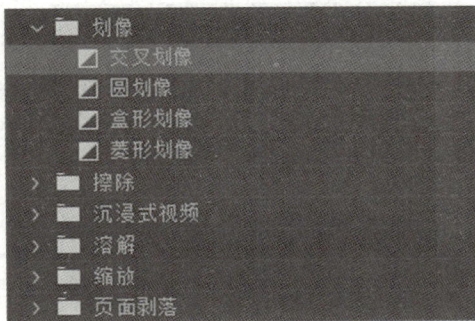
图3-25 选中"交叉划像"特效

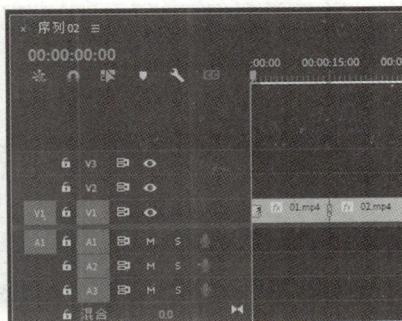
图3-26 添加"交叉划像"特效

步骤8 选择"时间轴"面板中的"交叉划像"特效。在"效果控件"面板中将"持续时间"选项设置为02:00 s，其他选项的设置如图3-27所示。"时间轴"面板如图3-28所示。

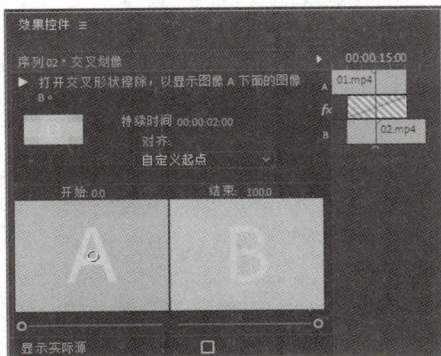
图3-27 调整持续时间2

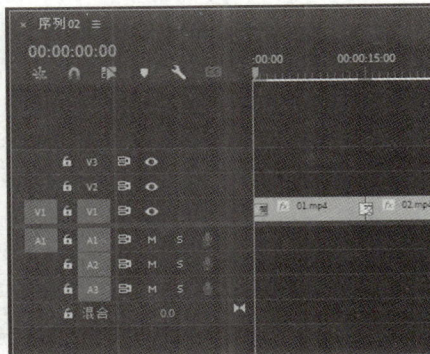
图3-28 "时间轴"面板2

步骤9　在"效果"面板中展开"视频过渡"特效分类选项，单击"页面剥落"文件夹左侧的 按钮将其展开，选中"翻页"特效，如图3-29所示。将"翻页"特效拖曳到"时间轴"面板"V1"轨道的"02"文件的结束位置和"03"文件的开始位置之间，制作"02"文件和"03"文件之间的转场效果，如图3-30所示。

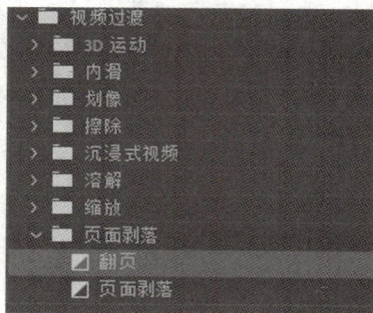

图3-29　选中"翻页"特效

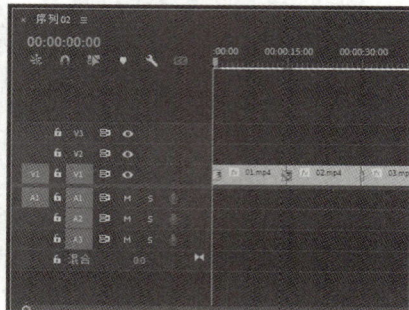

图3-30　添加"翻页"特效

步骤10　选择"时间轴"面板中的"翻页"特效。在"效果控件"面板中将"持续时间"选项设置为02:00 s，在切换特效上拖曳鼠标指针调整其位置，如图3-31所示。"时间轴"面板如图3-32所示。

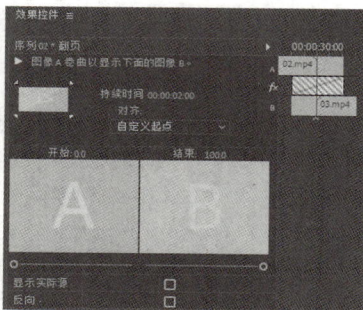

图3-31　调整持续时间

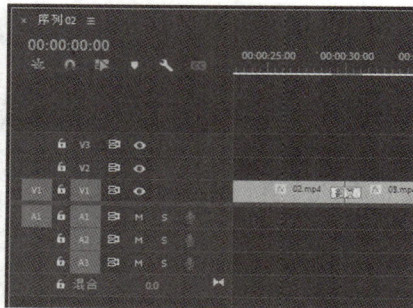

图3-32　"时间轴"面板

步骤11　在"效果"面板中展开"视频过渡"特效分类选项，单击"沉浸式视频"文件夹左侧的 按钮将其展开，选中"VR渐变擦除"特效，如图3-33所示。将"VR渐变擦除"特效拖曳到"时间轴"面板"V1"轨道的"04"文件的开始位置，如图3-34所示。

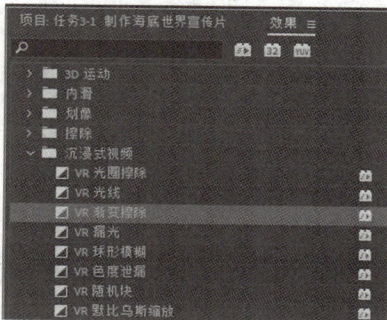

图3-33　选中"VR渐变擦除"特效

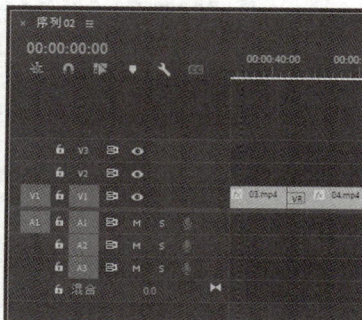

图3-34　添加"VR渐变擦除"特效

步骤 12 选择"时间轴"面板中的"VR 渐变擦除"特效。在"效果控件"面板中将"持续时间"选项设置为 01:20 s，如图 3-35 所示。"时间轴"面板如图 3-36 所示。

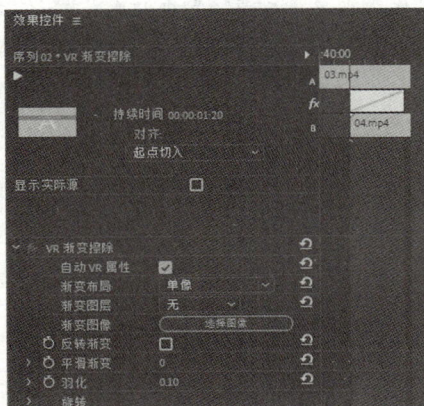

图 3-35 调整持续时间

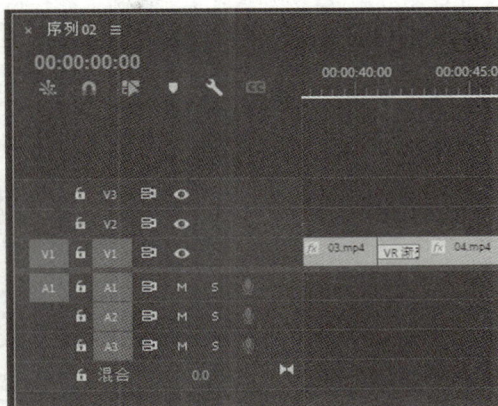

图 3-36 "时间轴"面板

步骤 13 在"效果"面板中展开"视频过渡"特效分类选项，单击"沉浸式视频"文件夹左侧的 ⟩ 按钮将其展开，选中"VR 色度泄漏"特效，如图 3-37 所示。将"VR 色度泄漏"特效拖曳到"时间轴"面板"V1"轨道的"04"文件的结束位置，如图 3-38 所示。海底生物宣传片制作完成，最终效果如图 3-1 所示。

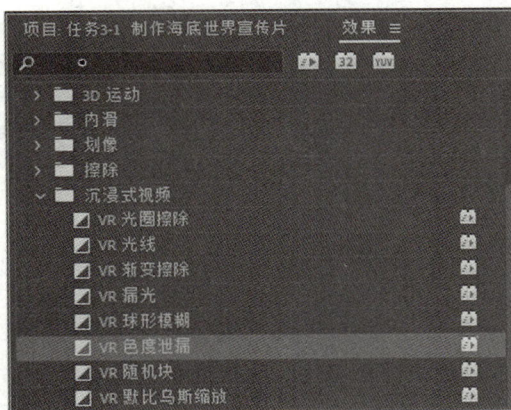

图 3-37 选中"VR 色度泄漏"特效

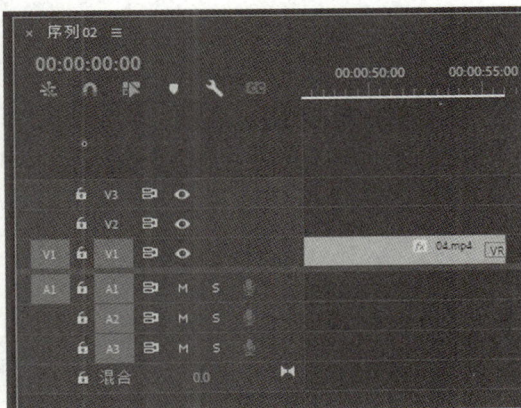

图 3-38 添加"VR 色度泄漏"特效

📝 拓展训练 3.1

制作厦门大学宣传片

训练要求

1. 学会将导入的素材进行裁切；
2. 学会使用"视频过渡"里的特效制作视频间的过渡效果。

制作厦门大学
宣传片

步骤指导

1. 执行"导入"命令导入素材文件，依次拖曳到"时间轴"面板，并都裁切为 15 s;

2. 使用"立方体旋转"特效、"圆划像"特效、"楔形擦除"特效、"百叶窗"特效、"风车"特效和"插入"特效制作图片之间的过渡效果;

3. 使用"效果控件"面板调整特效。最终效果如图 3-39 所示。

图 3-39　厦门大学宣传片——最终效果

任务 3.2
制作美味蛋糕电子相册

制作美味蛋糕
电子相册

任 务 目 标

执行"导入"命令导入素材文件，使用"立方体旋转"特效、"圆划像"特效、"带状内滑"特效和"VR 漏光"特效制作图片之间的切换效果，使用"效果控件"面板调整切换特效。最终效果如图 3-40 所示。

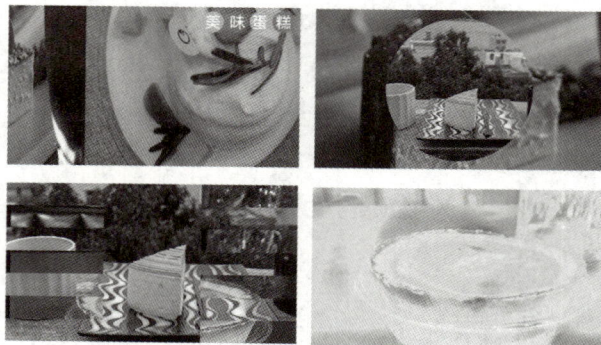

图 3-40　制作美味蛋糕电子相册——最终效果

相 关 知 识

3.2.1 3D 运动

"3D 运动"文件夹中包含两种具有 3D 运动效果的场景切换特效。

1. 立方体旋转

"立方体旋转"特效可以使影片 A 和影片 B 如同立方体的两个面一样切换，效果如图 3-41
和图 3-42 所示。

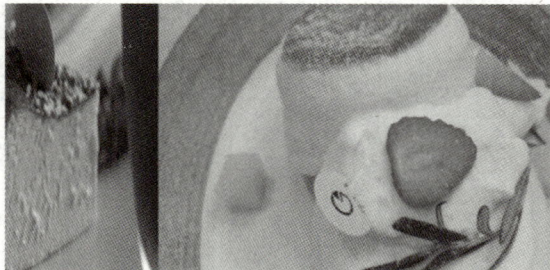

图 3-41 "立方体旋转"切换过程 1

图 3-42 "立方体旋转"切换过程 2

2. 翻转

"翻转"特效可以使影片 A 翻转到影片 B，效果如图 3-43 和图 3-44 所示。在"效果控件"
面板中单击"自定义"按钮，弹出"翻转设置"对话框，如图 3-45 所示。

（1）带：输入翻转的影片数量，最大数值为 8。

（2）填充颜色：设置空白区域的颜色。

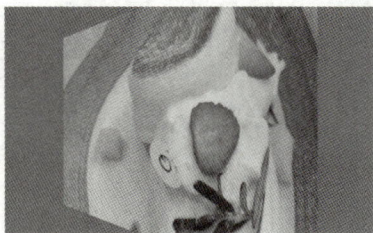

图 3-43 "翻转"切换过程 1

图 3-44 "翻转"切换过程 2

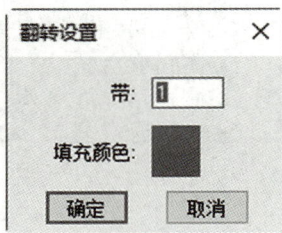

图 3-45 "翻转设置"对话框

3.2.2 划像

"划像"文件夹中包含四种视频切换特效。

1. 交叉划像

"交叉划像"特效使影片 B 呈"+"字形从影片 A 中展开，效果如图 3-46 和图 3-47 所示。

图 3-46 "交叉划像"展开过程 1

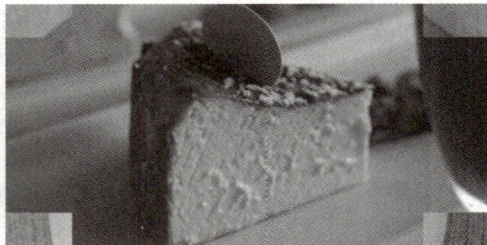

图 3-47 "交叉划像"展开过程 2

2. 圆划像

"圆划像"特效使影片 B 呈圆形从影片 A 中展开，效果如图 3-48 和图 3-49 所示。

图 3-48 "圆划像"展开过程 1

图 3-49 "圆划像"展开过程 2

3. 盒形划像

"盒形划像"特效使影片 B 呈矩形从影片 A 中展开，效果如图 3-50 和图 3-51 所示。

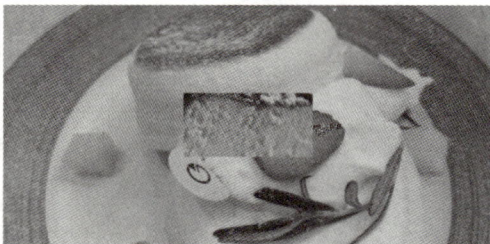

图 3-50 "盒形划像"展开过程 1

图 3-51 "盒形划像"展开过程 2

4. 菱形划像

"菱形划像"特效使影片 B 呈菱形从影片 A 中展开，效果如图 3-52 和图 3-53 所示。

图 3-52 "菱形划像"展开过程 1

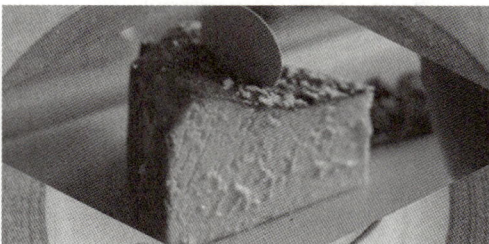

图 3-53 "菱形划像"展开过程 2

3.2.3　擦除

"擦除"文件夹中包含十七种视频切换特效。

（1）划出。"划出"特效使影片 B 逐渐扫过影片 A，效果如图 3-54 和图 3-55 所示。

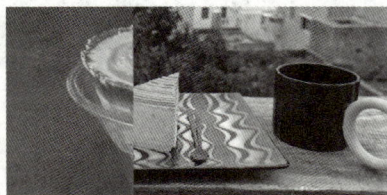

图 3-54　"划出"擦除过程 1　　　　图 3-55　"划出"擦除过程 2

（2）双侧平推门。"双侧平推门"特效使影片 B 在影片 A 上以向两侧展开的方式逐渐显示出来，效果如图 3-56 和图 3-57 所示。

图 3-56　"双侧平推门"擦除过程 1　　图 3-57　"双侧平推门"擦除过程 2

（3）带状擦除。"带状擦除"特效使影片 B 沿水平方向以条形状进入并覆盖影片 A，效果如图 3-58 和图 3-59 所示。

图 3-58　"带状擦除"擦除过程 1　　　图 3-59　"带状擦除"擦除过程 2

（4）径向擦除。"径向擦除"特效使影片 B 从影片 A 的右上角进入并覆盖画面，效果如图 3-60 和图 3-61 所示。

图 3-60　"径向擦除"擦除过程 1　　　图 3-61　"径向擦除"擦除过程 2

（5）插入。"插入"特效使影片 B 从影片 A 的左上角进入并覆盖画面，效果如图 3-62 和图 3-63 所示。

图 3-62 "插入"擦除过程 1

图 3-63 "插入"擦除过程 2

（6）时钟式擦除。"时钟式擦除"特效使影片 A 以时针转动方式过渡到影片 B，效果如图 3-64 和图 3-65 所示。

图 3-64 "时钟式擦除"擦除过程 1

图 3-65 "时钟式擦除"擦除过程 2

（7）棋盘。"棋盘"特效使影片 A 以方格形式消失并逐渐过渡到影片 B，效果如图 3-66 和图 3-67 所示。

图 3-66 "棋盘"擦除过程 1

图 3-67 "棋盘"擦除过程 2

（8）棋盘擦除。"棋盘擦除"特效使影片 B 以方格形式逐渐出现并覆盖影片 A，效果如图 3-68 和图 3-69 所示。

图 3-68 "棋盘擦除"擦除过程 1

图 3-69 "棋盘擦除"擦除过程 2

（9）楔形擦除。"楔形擦除"特效使影片 B 呈扇形出现并覆盖影片 A，效果如图 3-70 和图 3-71 所示。

图 3-70　"楔形擦除"擦除过程 1　　　　　图 3-71　"楔形擦除"擦除过程 2

（10）水波块。"水波块"特效使影片 B 沿"Z"字形交错扫过影片 A，效果如图 3-72 和图 3-73 所示。在"效果控件"面板中单击"自定义"按钮，弹出"水波块设置"对话框，如图 3-74 所示。

水平 / 垂直：输入水平与垂直方向的方格数量。

图 3-72　"水波块"擦除过程 1　　图 3-73　"水波块"擦除过程 2　　图 3-74　"水波块设置"对话框

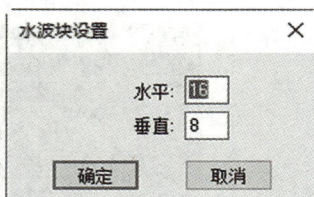

（11）油漆飞溅。"油漆飞溅"特效使影片 B 以墨点状覆盖影片 A，效果如图 3-75 和图 3-76 所示。

图 3-75　"油漆飞溅"擦除过程 1　　　　　图 3-76　"油漆飞溅"擦除过程 2

（12）渐变擦除。"渐变擦除"特效用一张灰度图像制作渐变切换效果。在切换过程中，影片 A 中充满灰度图像的黑色区域，然后根据每一个灰度开始进行切换，直到白色区域完全透明，显示出影片 B，效果如图 3-77 和图 3-78 所示。

图 3-77　"渐变擦除"擦除过程 1　　　　　图 3-78　"渐变擦除"擦除过程 2

在"效果控件"面板中单击"自定义"按钮，弹出"渐变擦除设置"对话框，如图 3-79 所示。

①选择图像：单击此按钮，可以选择灰度图。

②柔和度：设置过渡边缘的羽化程度。

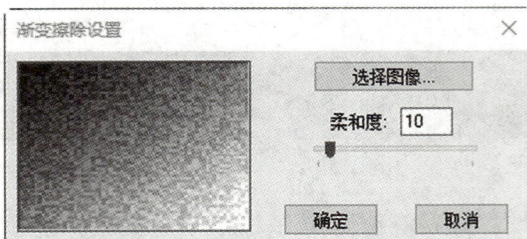

图 3-79　"渐变擦除设置"对话框

（13）百叶窗。"百叶窗"特效使影片 B 在逐渐加粗的线条中逐渐显示出来，类似百叶窗的效果，效果如图 3-80 和图 3-81 所示。

图 3-80　"百叶窗"擦除过程 1　　　　　图 3-81　"百叶窗"擦除过程 2

（14）螺旋框。"螺旋框"特效使影片 B 以螺纹块状旋转出现，效果如图 3-82 和图 3-83 所示。在"效果控件"面板中单击"自定义"按钮，弹出"螺旋框设置"对话框，如图 3-84 所示。

①水平：设置水平方向的方格数量。

②垂直：设置垂直方向的方格数量。

图 3-82　"螺旋框"擦除过程 1　　　图 3-83　"螺旋框"擦除过程 2　　　图 3-84　"螺旋框设置"对话框

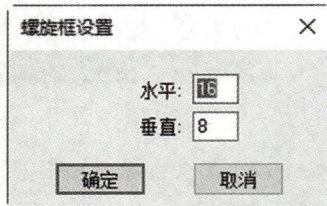

（15）随机块。"随机块"特效使影片 B 以方块形式随意出现并覆盖影片 A，效果如图 3-85 和图 3-86 所示。

图 3-85　"随机块"擦除过程 1　　　　　图 3-86　"随机块"擦除过程 2

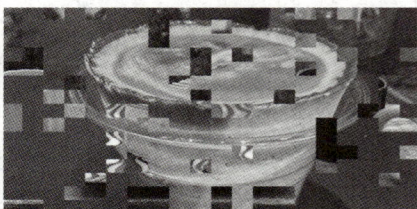

（16）随机擦除。"随机擦除"特效使影片 B 以方块的形式从上到下擦除并覆盖影片 A，效果如图 3-87 和图 3-88 所示。

图 3-87 "随机擦除"擦除过程 1

图 3-88 "随机擦除"擦除过程 2

（17）风车。"风车"特效使影片 B 以风车轮状旋转覆盖影片 A，效果如图 3-89 和图 3-90 所示。

图 3-89 "风车"擦除过程 1

图 3-90 "风车"擦除过程 2

3.2.4 沉浸式视频

"沉浸式视频"文件夹中包含八种视频切换特效。这些特效多用于 VR 环境（即 3D 全景），普通素材也可以应用，但在 3D 全景中的效果更加明显。

（1）VR 光圈擦除。"VR 光圈擦除"特效使影片 A 以光圈擦除的方式显示出影片 B，效果如图 3-91 和图 3-92 所示。

图 3-91 "VR 光圈擦除"显示过程 1

图 3-92 "VR 光圈擦除"显示过程 2

（2）VR 光线。"VR 光线"特效使影片 A 中的光线逐渐变强并显示出影片 B，效果如图 3-93 和图 3-94 所示。

图 3-93 "VR 光线"显示过程 1　　　　　图 3-94 "VR 光线"显示过程 2

（3）VR 渐变擦除。"VR 渐变擦除"特效使影片 A 以渐变擦除的方式显示出影片 B，效果如图 3-95 和图 3-96 所示。

图 3-95 "VR 渐变擦除"显示过程 1　　　　　图 3-96 "VR 渐变擦除"显示过程 2

（4）VR 漏光。"VR 漏光"特效使影片 A 以漏光的方式逐渐显示出影片 B，效果如图 3-97 和图 3-98 所示。

图 3-97 "VR 漏光"显示过程 1　　　　　图 3-98 "VR 漏光"显示过程 2

（5）VR 球形模糊。"VR 球形模糊"特效使影片 A 以球形模糊的方式逐渐淡化并显示出影片 B，效果如图 3-99 和图 3-100 所示。

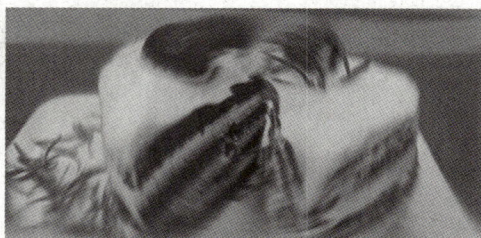

图 3-99 "VR 球形模糊"显示过程 1　　　　　图 3-100 "VR 球形模糊"显示过程 2

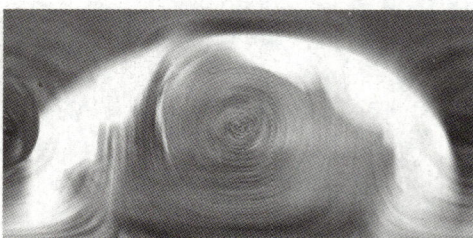

（6）VR 色度泄漏。"VR 色度泄漏"特效使影片 A 以色度泄漏的方式显示出影片 B，效果如图 3-101 和图 3-102 所示。

图 3-101 "VR 色度泄漏"显示过程 1　　　　图 3-102 "VR 色度泄漏"显示过程 2

（7）VR 随机块。"VR 随机块"特效使影片 B 以随机方块的方式出现并覆盖影片 A，效果如图 3-103 和图 3-104 所示。

图 3-103 "VR 随机块"显示过程 1　　　　图 3-104 "VR 随机块"显示过程 2

（8）VR 默比乌斯缩放。"VR 默比乌斯缩放"特效使影片 B 以默比乌斯缩放的方式出现并覆盖影片 A，效果如图 3-105 和图 3-106 所示。

图 3-105 "VR 默比乌斯缩放"显示过程 1　　　　图 3-106 "VR 默比乌斯缩放"显示过程 2

3.2.5　溶解

"溶解"文件夹中包含七种具有溶解效果的视频切换特效。

（1）Morph Cut。"Morph Cut"特效可以对影片 A、B 进行画面分析，在切换过程中产生无缝衔接的效果。该特效多用于特写镜头，对快速运动、变化复杂的影片效果有限。该特效的效果如图 3-107 和图 3-108 所示。

（2）交叉溶解。"交叉溶解"特效使影片 A 渐隐为影片 B，效果如图 3-109 和图 3-110 所示。该特效为标准的淡入淡出特效。

（3）叠加溶解。"叠加溶解"特效使影片 A 以加亮叠加的方式渐隐为影片 B，效果如图 3-111 和图 3-112 所示。

图 3-107 "Morph Cut"显示过程 1

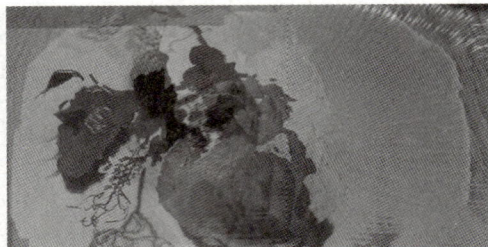

图 3-108 "Morph Cut"显示过程 2

图 3-109 "交叉溶解"显示过程 1

图 3-110 "交叉溶解"显示过程 2

图 3-111 "叠加溶解"显示过程 1

图 3-112 "叠加溶解"显示过程 2

（4）白场过渡。"白场过渡"特效使影片 A 以白场过渡的方式渐隐为影片 B，效果如图 3-113 和图 3-114 所示。

图 3-113 "白场过渡"显示过程 1

图 3-114 "白场过渡"显示过程 2

（5）胶片溶解。"胶片溶解"特效使影片 A 以胶片溶解的方式渐隐为影片 B，效果如图 3-115 和图 3-116 所示。

（6）非叠加溶解。"非叠加溶解"特效使影片 A 与影片 B 的亮度叠加相溶并显示出影片 B，效果如图 3-117 和图 3-118 所示。

（7）黑场过渡。"黑场过渡"特效使影片 A 以黑场过渡的方式淡化为影片 B，效果如图 3-119 和图 3-120 所示。

图 3-115　"胶片溶解"显示过程 1

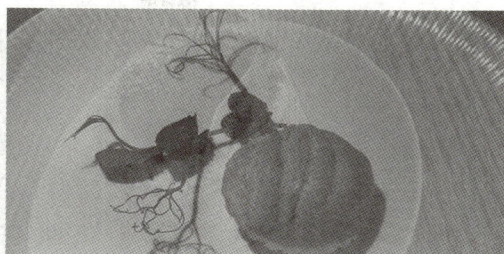

图 3-116　"胶片溶解"显示过程 2

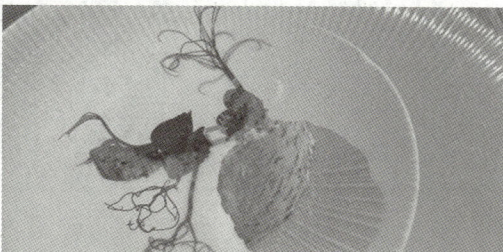

图 3-117　"非叠加溶解"显示过程 1

图 3-118　"非叠加溶解"显示过程 2

图 3-119　"黑场过渡"显示过程 1

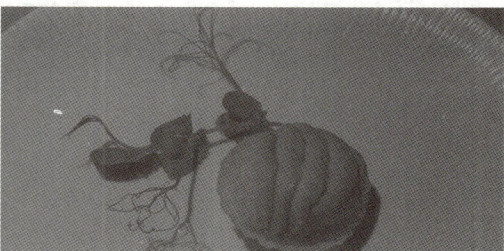

图 3-120　"黑场过渡"显示过程 2

操作步骤

步骤 1　启动 Premiere，执行菜单栏"文件"→"新建"→"项目"命令，弹出"新建项目"对话框，如图 3-121 所示，单击"确定"按钮，新建项目。

执行菜单栏"文件"→"新建"→"序列"命令，弹出"新建序列"对话框，单击"设置"选项卡，具体设置如图 3-122 所示，单击"确定"按钮，新建序列。

步骤 2　执行菜单栏"文件"→"导入"命令，弹出"导入"对话框，选择"01"～"05"文件，如图 3-123 所示。单击"打开"按钮，将素材文件导入"项目"面板中，如图 3-124 所示。

步骤 3　在"项目"面板中选中"01"文件并将其拖曳到"时间轴"面板的"V1"轨道中，弹出"剪辑不匹配警告"对话框。单击"保持现有设置"按钮，在保持现有序列设置的情况下将"01"文件放置在"V1"轨道中，如图 3-125 所示。

步骤 4　将播放指示器放置在 05:00 s 的位置。将鼠标指针放在"01"文件的结束位置并单击，显示出编辑点。按 E 键将所选编辑点移到播放指示器所在的位置，如图 3-126 所示。

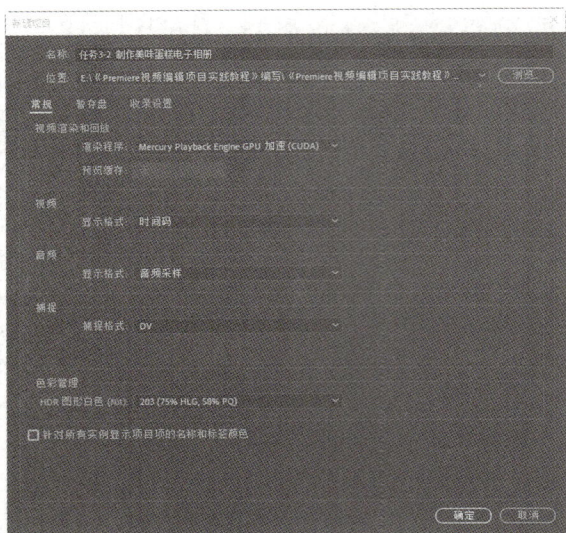

图 3-121　新建项目

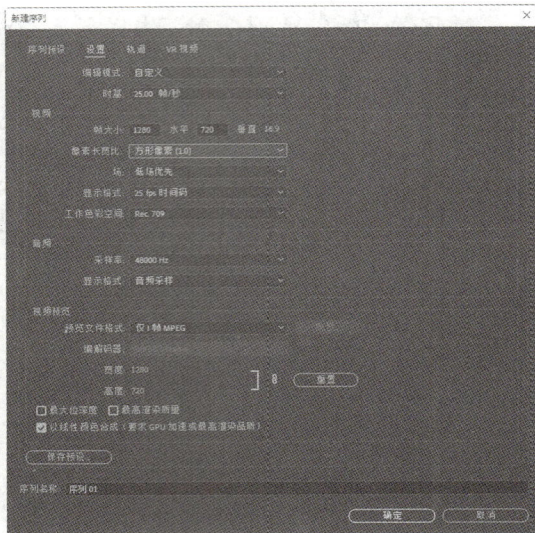

图 3-122　新建序列

图 3-123　"导入"对话框

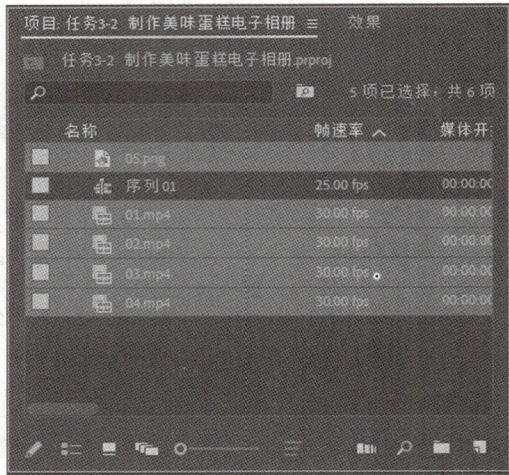

图 3-124　导入文件

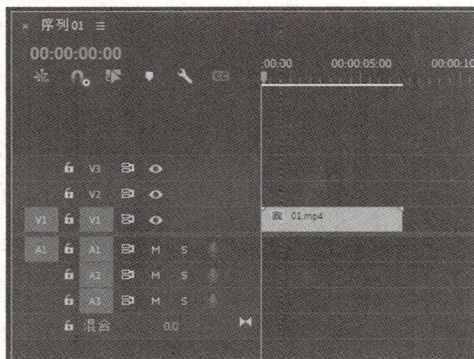

图 3-125　将"01"文件拖曳到"时间轴"面板

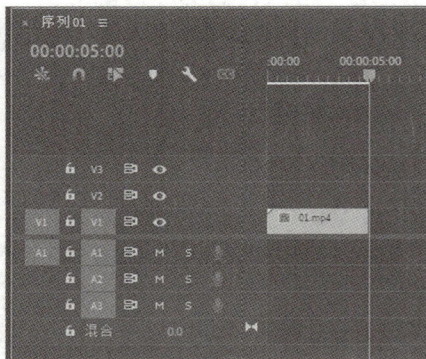

图 3-126　裁剪"01"文件

步骤 5　在"项目"面板中选中"02"文件并将其拖曳到"时间轴"面板的"V1"轨道中,

如图 3-127 所示。将播放指示器放置在 10:00 s 的位置。将鼠标指针放在 "02" 文件的结束位置并单击，显示出编辑点。按 E 键将所选编辑点移到播放指示器所在的位置，如图 3-128 所示。

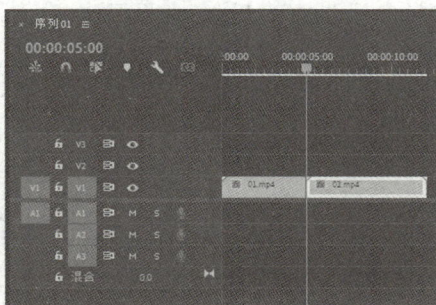

图 3-127 将 "02" 文件拖曳到 "时间轴" 面板　　图 3-128 裁剪 "02" 文件

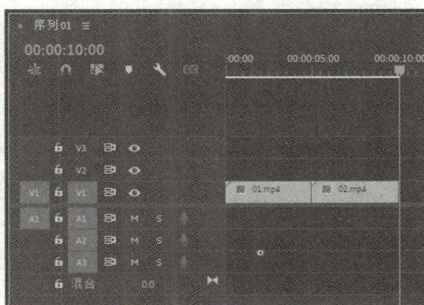

步骤 6　用相同的方法添加 "03" 和 "04" 文件，并对它们进行剪辑操作，如图 3-129 所示。将播放指示器放置在 20:00 s 的位置。在 "效果" 面板中展开 "视频过渡" 特效分类选项，单击 "3D 运动" 文件夹左侧的 ➤ 按钮将其展开，选中 "立方体旋转" 特效，如图 3-130 所示。

图 3-129 对 "03" "04" 文件进行剪辑操作　　图 3-130 选中 "立方体旋转" 特效 1

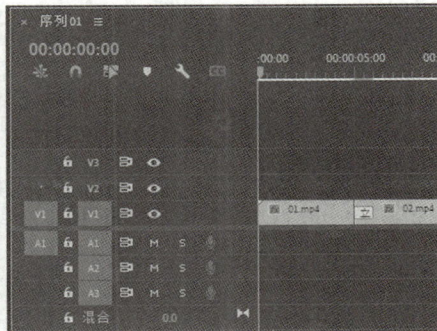

步骤 7　将 "立方体旋转" 特效拖曳到 "时间轴" 面板中的 "02" 文件的开始位置，制作文件的切换效果，如图 3-131 所示。选中 "时间轴" 面板中的 "立方体旋转" 特效，如图 3-132 所示。在 "效果控件" 面板中将 "持续时间" 选项设置为 03:00 s，"对齐" 选项设置为 "中心切入"，如图 3-133 所示。"时间轴" 面板如图 3-134 所示。

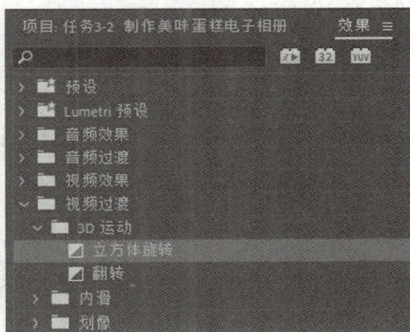

图 3-131 添加 "立方体旋转" 特效　　图 3-132 选中 "立方体旋转" 特效 2

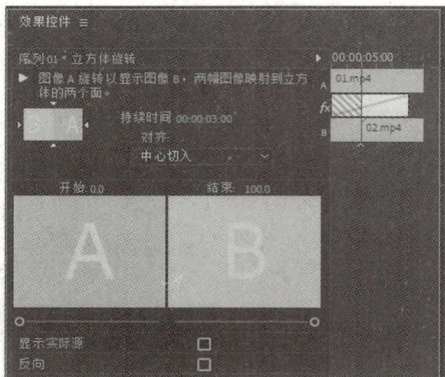

图 3-133　设置参数 1

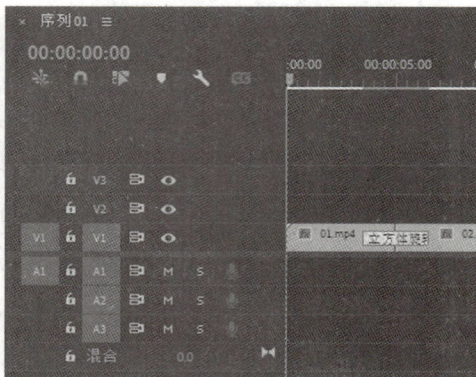

图 3-134　"时间轴"面板 1

步骤 8　在"效果"面板中单击"划像"文件夹左侧的 ▶ 按钮将其展开，选中"圆划像"特效，如图 3-135 所示。将"圆划像"特效拖曳到"时间轴"面板中的"03"文件的开始位置，制作文件的切换效果。"时间轴"面板如图 3-136 所示。

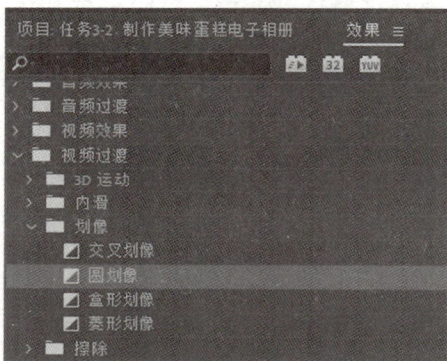

图 3-135　选中"圆划像"特效

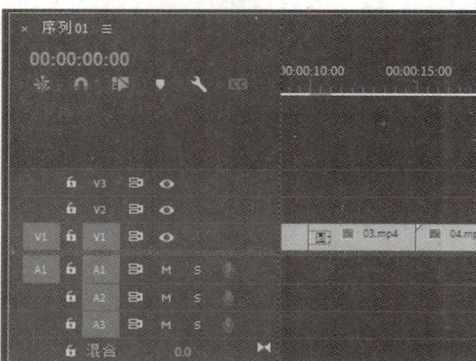

图 3-136　"时间轴"面板 2

步骤 9　在"效果"面板中单击"擦除"文件夹左侧的 ▶ 按钮将其展开，选中"带状擦除"特效，如图 3-137 所示。将"带状擦除"特效拖曳到"时间轴"面板中的"04"文件的开始位置，制作文件的切换效果。选中"时间轴"面板中的"带状擦除"特效。在"效果控件"面板中将"持续时间"选项设置为 03:00 s，"对齐"选项设置为"中心切入"，如图 3-138 所示。

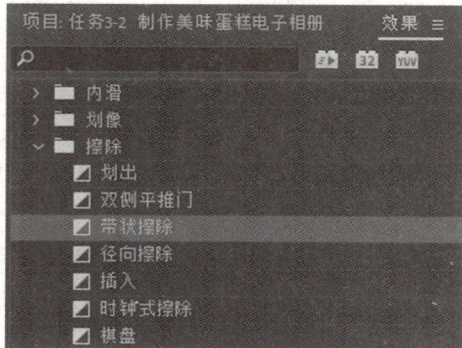

图 3-137　选中"带状擦除"特效

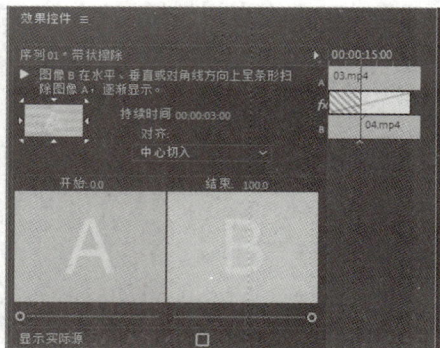

图 3-138　设置参数 2

步骤 10　在"效果"面板中单击"沉浸式视频"文件夹左侧的 ⟩ 按钮将其展开，选中"VR 漏光"特效，如图 3-139 所示。将"VR 漏光"特效拖曳到"时间轴"面板中的"04"文件的结束位置，制作文件的切换效果。"时间轴"面板如图 3-140 所示。

图 3-139　选中"VR 漏光"特效　　　　图 3-140　"时间轴"面板

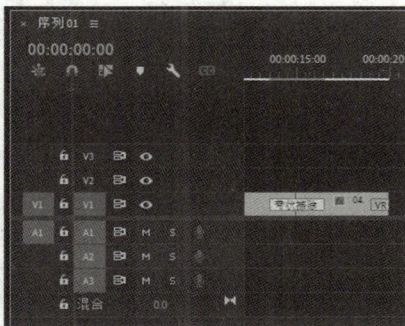

步骤 11　在"项目"面板中选中"05"文件并将其拖曳到"时间轴"面板的"V2"轨道中，如图 3-141 所示。选择"时间轴"面板中的"05"文件。在"效果控件"面板中展开"运动"选项，将"位置"选项设置为 1 045.0 和 70.0，"缩放"选项设置为 200.0，如图 3-142 所示。美味蛋糕电子相册制作完成，最终效果如图 3-40 所示。

图 3-141　添加"05"文件　　　　　　图 3-142　设置参数

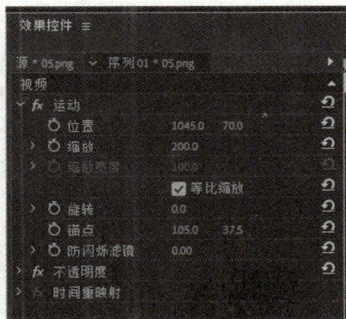

拓展训练 3.2

制作集美大学宣传片

训练要求

1. 学会将导入的素材进行裁切；
2. 学会使用"视频过渡"中的特效制作视频间的过渡效果。

步骤指导

1. 执行"导入"命令导入素材文件，将其依次拖曳到"时间轴"面板，并都裁切为 15 s；
2. 使用"VR 漏光"特效、"叠加溶解"特效、"非叠加溶解"特效、"VR 漏光"特效和"交

制作集美大学
宣传片

叉溶解"特效制作视频之间的过渡效果，最终效果如图 3-143 所示。

图 3-143 制作集美大学宣传片——最终效果

任务 3.3
制作可爱猫咪电子相册

制作可爱猫咪
电子相册

任务目标

执行"导入"命令导入素材文件，使用"带状内滑"特效、"随机块"特效、"翻页"特效和"VR 色度泄漏"特效制作图片之间的转场效果，使用"效果控件"面板调整转场特效。最终效果如图 3-144 所示。

图 3-144 制作可爱猫咪电子相册——最终效果

相关知识

3.3.1 内滑（滑动）

"内滑"文件夹中包含五种视频切换特效。

（1）中心拆分。"中心拆分"特效使影片 A 从中心分裂为 4 块并向四角滑出，显示出影片 B，效果如图 3-145 和图 3-146 所示。

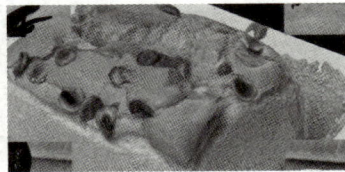

图 3-145 "中心拆分"切换过程 1　　图 3-146 "中心拆分"切换过程 2

（2）带状内滑。"带状内滑"特效使影片 B 以条形状进入并逐渐覆盖影片 A，效果如图 3-147 和图 3-148 所示。在"效果控件"面板中单击"自定义"按钮，弹出"带状内滑设置"对话框，如图 3-149 所示。

带数量：设置切换带的数目。

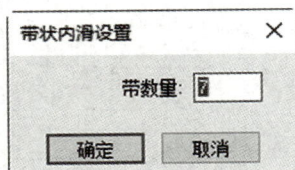

图 3-147 "带状内滑"切换过程 1　图 3-148 "带状内滑"切换过程 2　图 3-149 "带状内滑设置"对话框

（3）拆分。"拆分"特效使影片 B 在影片 A 上像自动门一样展开并显示出来，效果如图 3-150 和图 3-151 所示。

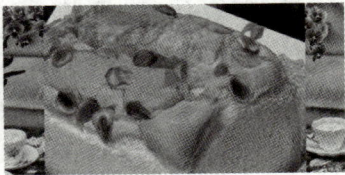

图 3-150 "拆分"切换过程 1　　图 3-151 "拆分"切换过程 2

（4）推。"推"特效使影片 B 将影片 A 推出屏幕，效果如图 3-152 和图 3-153 所示。

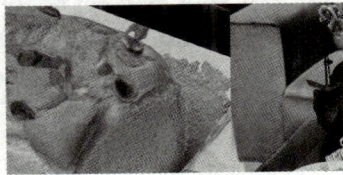

图 3-152 "推"切换过程 1　　图 3-153 "推"切换过程 2

（5）内滑。"内滑"特效使影片 B 滑入并覆盖影片 A，效果如图 3-154 和图 3-155 所示。

图 3-154　"内滑"切换过程 1　　　图 3-155　"内滑"切换过程 2

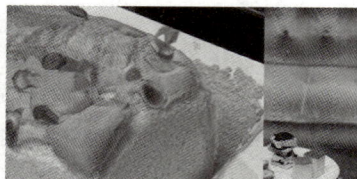

3.3.2　缩放

"缩放"文件夹中包含一种视频切换特效。"交叉缩放"特效使影片 A 放大冲出，影片 B 缩小进入，效果如图 3-156 和图 3-157 所示。

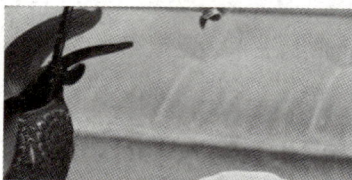

图 3-156　"交叉缩放"切换过程 1　　图 3-157　"交叉缩放"切换过程 2

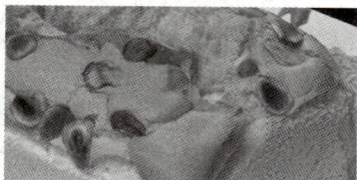

3.3.3　页面剥落

"页面剥落"文件夹中有以下两种视频切换特效。

（1）翻页。"翻页"特效使影片 A 从左上角向右下角翻动，露出影片 B，效果如图 3-158 和图 3-159 所示。

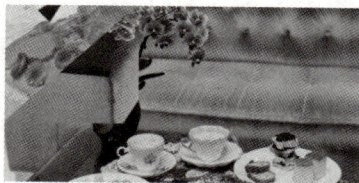

图 3-158　"翻页"切换过程 1　　　图 3-159　"翻页"切换过程 2

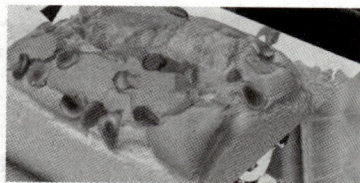

（2）页面剥落。"页面剥落"特效使影片 A 像纸一样卷起，露出影片 B，效果如图 3-160 和图 3-161 所示。

图 3-160　"页面剥落"切换过程 1　　图 3-161　"页面剥落"切换过程 2

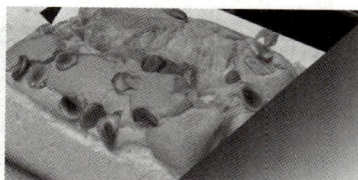

操作步骤

步骤1 启动 Premiere，执行菜单栏"文件"→"新建"→"项目"命令，弹出"新建项目"对话框，如图 3-162 所示，单击"确定"按钮，新建项目。

执行菜单栏"文件"→"新建"→"序列"命令，弹出"新建序列"对话框，单击"设置"选项卡，具体设置如图 3-163 所示，单击"确定"按钮，新建序列。

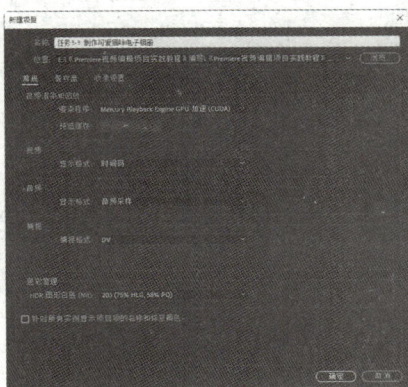

图 3-162 新建项目

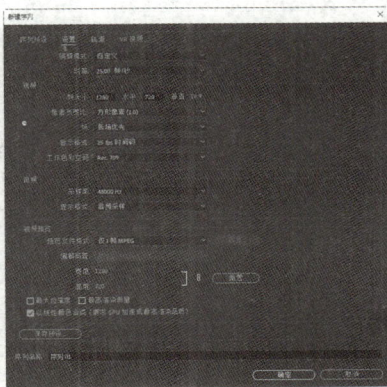

图 3-163 新建序列

步骤2 执行菜单栏"文件"→"导入"命令，弹出"导入"对话框，选择"01"～"05"文件，如图 3-164 所示。单击"打开"按钮，将素材文件导入"项目"面板中，如图 3-165 所示。

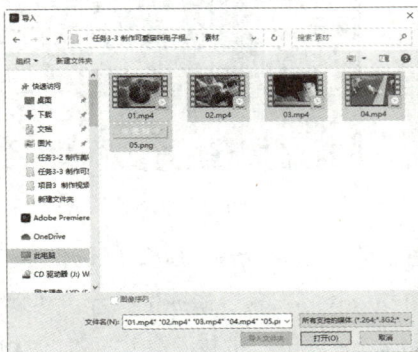

图 3-164 "导入"对话框

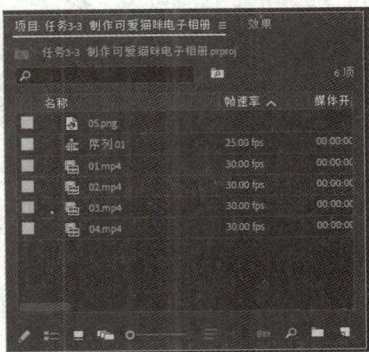

图 3-165 导入文件

步骤3 在"时间轴"面板中，按 M 键创建标记，如图 3-166 所示。用相同的方法分别在 05:00 s、10:00 s、15:00 s 和 20:00 s 处添加标记，如图 3-167 所示。

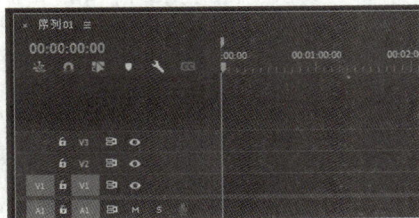

图 3-166 创建标记 1

图 3-167 创建标记 2

步骤4 将播放指示器放置在00:00 s的位置。在"项目"面板中，按顺序选中"01""02""03""04"文件。执行菜单栏"剪辑"→"自动匹配序列"命令，在弹出的对话框中进行设置，如图3-168所示，单击"确定"按钮，系统将自动匹配序列。时间轴面板如图3-169所示。

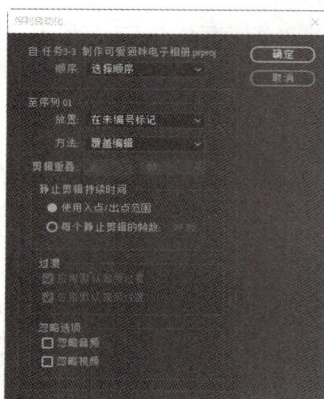

图 3-168　自动匹配序列设置　　　　图 3-169　"时间轴"面板

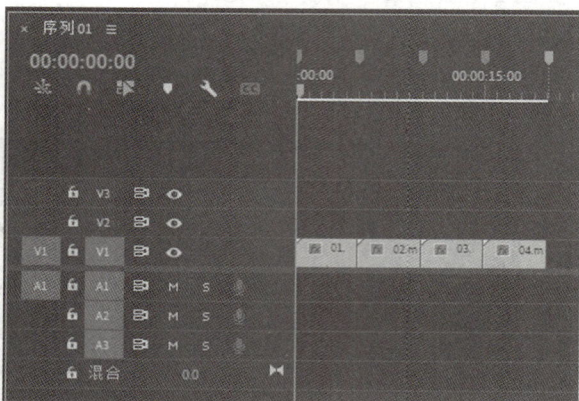

步骤5 在"项目"面板中，选中"05"文件并将其拖曳到"时间轴"面板的"V2"轨道中，如图3-170所示，将鼠标指针放在"05"文件的结束位置并单击，显示出编辑点，将其拖曳到与"04"文件的结束位置齐平的位置，如图3-171所示。

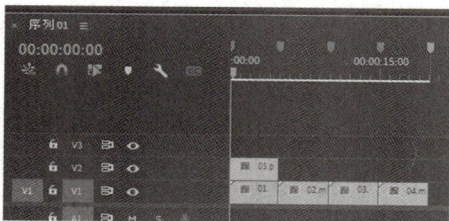

图 3-170　将"05"文件拖曳到"时间轴"面板　　　图 3-171　位置齐平

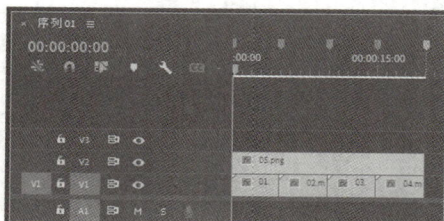

步骤6 选择"时间轴"面板中的"05"文件。在"效果控件"面板中展开"运动"选项，将"位置"选项设置为174.0和630.0，如图3-172所示。在"效果"面板中展开"视频过渡"特效分类选项，单击"内滑"文件夹左侧的 ▇ 按钮将其展开，选中"带状内滑"特效，如图3-173所示。

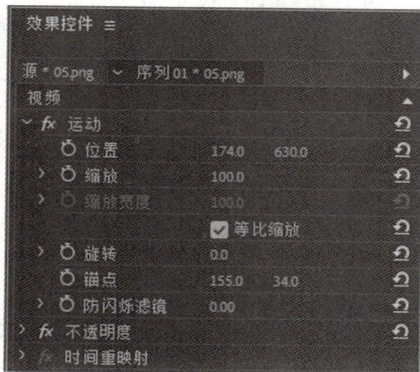

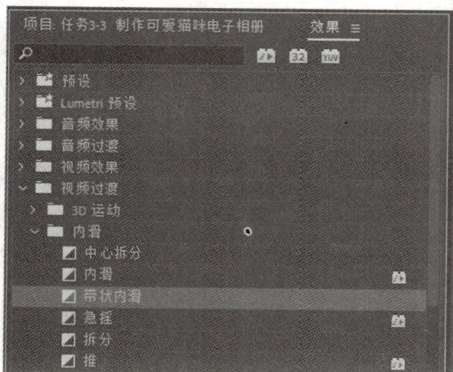

图 3-172　调整位置　　　　图 3-173　选中"带状内滑"特效

步骤7 将"带状内滑"特效拖曳到"时间轴"面板中的"02"文件的开始位置,制作"02"文件的转场效果,如图3-174所示。将播放指示器放置在05:00 s的位置。选中"时间轴"面板中的"带状内滑"特效,在"效果控件"面板中,将"持续时间"选项设置为02:00 s,"对齐"选项设置为"中心切入",如图3-175所示。

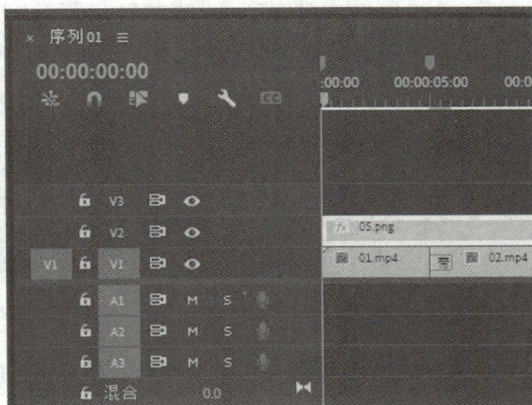

图3-174 添加"带状内滑"特效

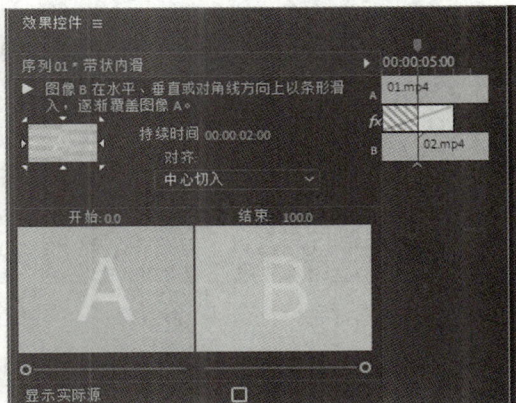

图3-175 设置参数1

步骤8 在"效果"面板中单击"擦除"文件夹左侧的 ▶ 按钮将其展开,选中"随机块"特效,如图3-176所示。将"随机块"特效拖曳到"时间轴"面板中的"03"文件的开始位置,制作"03"文件的转场效果。将播放指示器放置在10:00 s的位置。选中"时间轴"面板中的"随机块"特效。在"效果控件"面板中,将"持续时间"选项设置为03:00 s,"对齐"选项设置为"中心切入",如图3-177所示。

图3-176 添加"随机块"特效

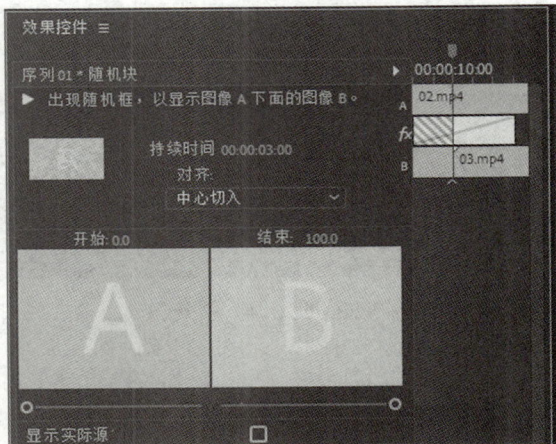

图3-177 设置参数2

步骤9 在"效果"面板中单击"页面剥落"文件夹左侧的 ▶ 按钮将其展开,选中"翻页"特效,如图3-178所示。将"翻页"特效拖曳到"时间轴"面板中的"04"文件的开始位置,制作"04"文件的转场效果。将播放指示器放置在15:00 s的位置。选中"时间轴"面板中的"翻页"特效。在"效果控件"面板中将"持续时间"选项设置为02:00 s,如图3-179所示。

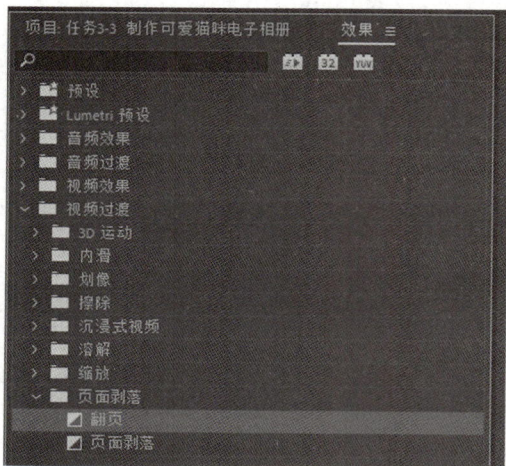

图 3-178　添加"翻页"特效

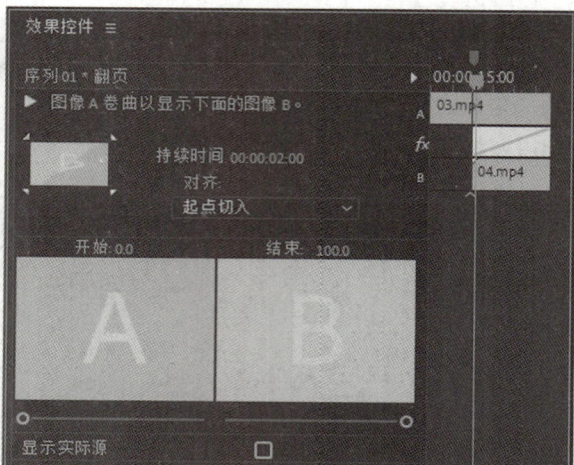

图 3-179　设置参数

步骤 10　在"效果"面板中单击"沉浸式视频"文件夹左侧的 ❚ 按钮将其展开，选中"VR
色度泄漏"特效，如图 3-180 所示。将"VR 色度泄漏"特效分别拖曳到"时间轴"面板中的
"04"文件的结束位置和"05"文件的结束位置，制作"05"文件的转场效果，如图 3-181 所示。
可爱猫咪电子相册制作完成，最终效果如图 3-144 所示。

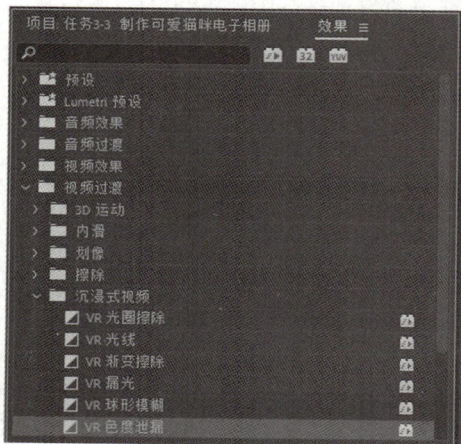

图 3-180　选中"VR 色度泄漏"特效

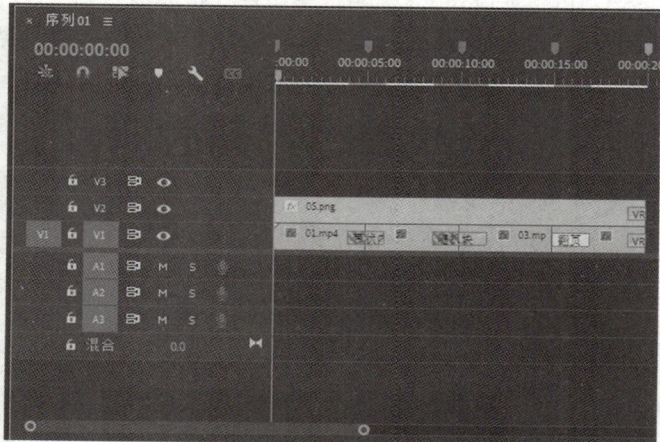

图 3-181　添加"VR 色度泄漏"特效

拓展训练 3.3

制作厦门理工学院宣传片

训练要求

1. 学会将导入的素材进行裁切；
2. 学会使用"视频过渡"里的特效制作视频间的过渡效果。

制作厦门理工
学院宣传片

步骤指导

1. 执行"导入"命令导入素材文件，依次拖曳到"时间轴"面板，并都裁切为 15 s；

2. 使用"带状内滑"特效、"推"特效、"交叉缩放"特效和"翻页"特效制作视频之间的转场效果，使用"效果控件"面板编辑特效。最终效果如图 3-182 所示。

图 3-182　制作厦门理工学院宣传片——最终效果

项目小结

本项目通过完成三个任务和三个拓展训练，可以懂得使用"视频效果"里的大部分特效，对"视频效果"功能有一个较为清晰的认识，为学习以后的项目打好基础。

应用视频特效　项目4

项目导学

　　本项目通过学习"制作枫叶树美景宣传片"和"制作厦门双子塔宣传片"任务，完成"制作三角梅美景宣传片"和"制作厦门鼓浪屿宣传片"拓展训练，对 Premiere 的视频特效功能有一个清晰的认识，为初次踏入影视后期编辑制作这一领域的学生填补这方面的空白。通过本项目的学习，培养良好的艺术修养和人文素养，引导学生选择正确的人生道路，学生获得艺术享受的同时，健全自身的人格。

任务 4.1
制作枫叶树美景宣传片

任 务 目 标

执行"导入"命令导入素材文件,使用"位置""缩放"和"旋转"选项编辑图像并制作动画效果,使用"自动色阶"特效和"颜色平衡"特效调整画面颜色。最终效果如图 4-1 所示。

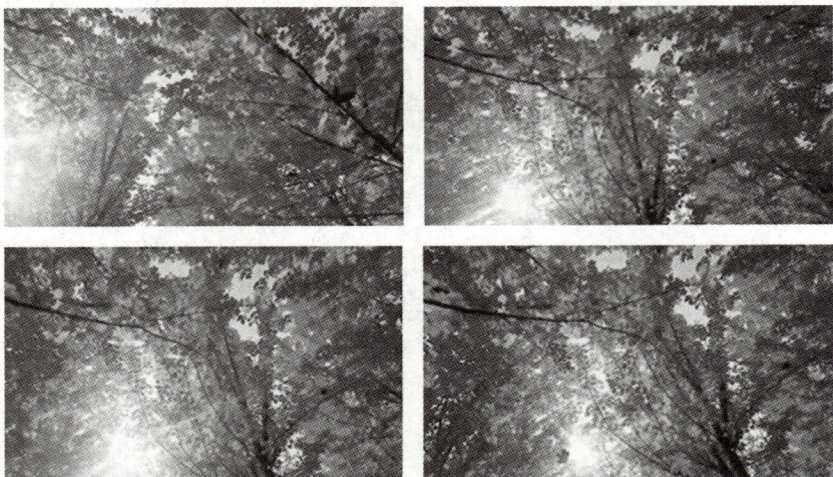

图 4-1　制作枫叶树美景宣传片──最终效果

相 关 知 识

4.1.1　认识"视频特效"

所有 Premiere 版本的"效果"面板中都包含"视频过渡""视频效果""音频效果"和"音频过渡"文件夹,随着软件版本升级还会有所增加。

单击"效果"面板上"视频效果"文件夹左边的 ▶,可以看到一个特效列表,如图 4-2 所示。视频效果名称左边的图标表示每个效果,单击它下一级的一个视频特效并将它拖曳至"时间轴"面板中的一个素材上,就可以将这个视频效果应用到视频轨道。单击文件夹左边的 ▶ 可以关闭文件夹。

4.1.2　认识"效果控件"面板

将素材拖曳到"时间轴"面板后,在没有添加"视频特效"前就有运动、不透明度等属性,其中运动属性包含位置、缩放、旋转和锚点等子属性，改变这些属性值，可以调整素材和做一些简单的动画，如图4-3所示。

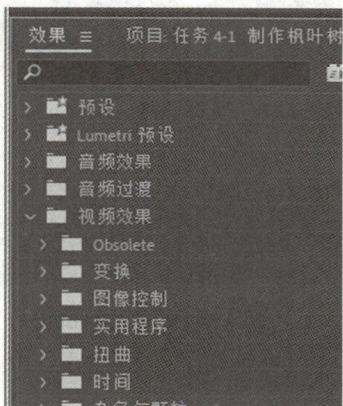

图4-2 视频效果列表   图4-3 原有属性

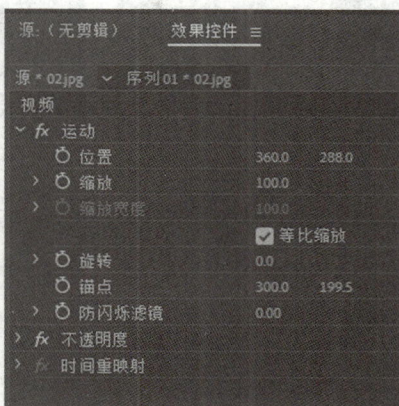

将一个视频特效应用于素材后，可以在"效果控件"面板中对该视频特效进行设置，如图4-4所示为02.jpg应用"垂直翻转"视频效果。

在"效果控件"面板中可以执行以下操作：

（1）选中素材的名称显示在面板的顶部，在素材名称的右边有一个 ▶ 按钮，单击此按钮可以显示或隐藏时间轴视图，如图4-5所示。

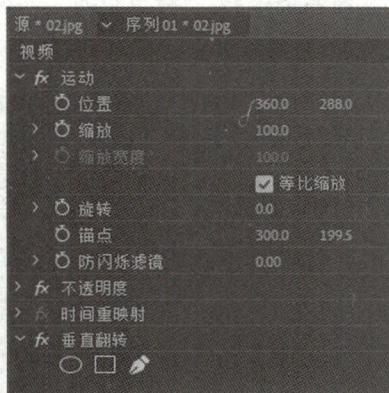

图4-4 应用"垂直翻转"视频效果   图4-5 显示或隐藏时间轴视图

（2）在"效果控件"面板左下方显示某一时间，表示素材出现在时间指示器上的某一点，在此可以对视频的关键帧时间进行设置，如图4-6所示。

（3）在选中的序列名称和素材名称下面是固定效果（运动和透明度）。固定效果下面是标准效果。如果选中的素材应用于一个视频特效，那么"透明度"选项的下面将会显示一个标准效果，选中素材应用的所有视频特效都显示在"视频效果"标题下面，视频特效按应用的先后顺序进行排列。可以通过单击标准视频效果并上下拖动来改变顺序。

（4）固定效果和视频效果的左边有一个"切换动画"按钮 ，通过单击该按钮可以开启动画设置功能，如图4-7所示。

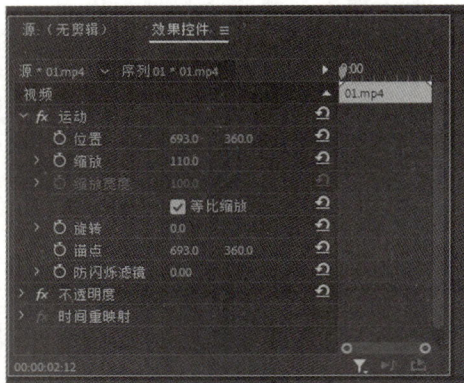

图 4-6 设置关键帧时间

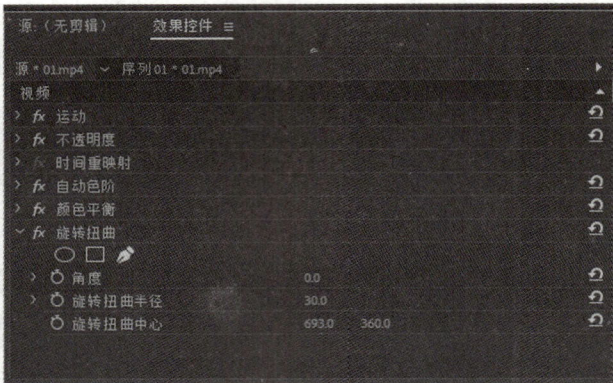

图 4-7 切换动画按钮

（5）在"效果控件"面板中添加关键帧后，可以通过单击特效参数右侧的"添加 / 删除关键帧"按钮，在指定的位置添加和删除关键帧，如图 4-8 所示。

4.1.3 添加视频特效

添加视频特效的具体方法：执行菜单栏"窗口"→"效果"命令，展开"效果"面板，并展开"视频效果"列表框，为素材添加相应的视频特效，当用户完成单个视频特效的添加后，即可在"效果控件"面板中查看到已添加的视频特效。

用户可以继续拖曳其他视频特效来完成多视频特效的添加，执行操作后，"效果控件"面板中即可显示添加的其他视频特效。图 4-9 所示为带多个视频特效的"效果控件"面板。

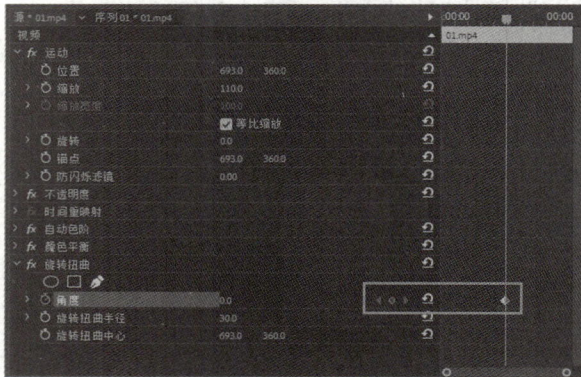

图 4-8 添加和删除关键帧

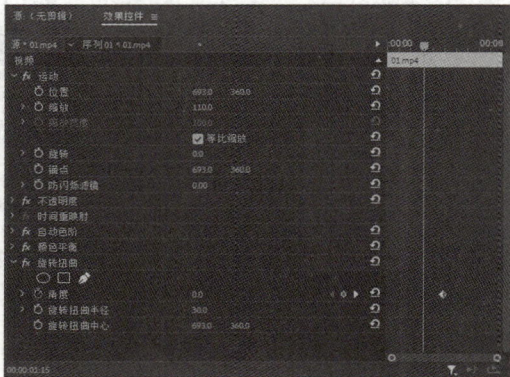

图 4-9 带多个视频特效的"效果控件"面板

4.1.4 视频效果的复制与粘贴

在编辑视频的过程中，往往会需要对多个素材使用同样的视频特效。此时，用户可以使用"复制"和"粘贴"的方法来制作多个相同的视频特效。

（1）复制视频特效。使用"复制"功能可以对重复使用的视频特效进行复制操作。其具体使用方法：用户在执行复制操作时，可以在"时间轴"面板中选择已添加视频特效的源素材，并在"效果控件"面板中选择视频特效，单击鼠标右键，在弹出的快捷菜单中执行"复制"命令即可，如图4-10所示。

（2）粘贴视频特效。在编辑视频的过程中，往往会需要对多个素材使用同样的视频特效。此时，用户可以使用粘贴的方法来制作多个相同的视频特效。其具体使用方法：复制视频特效后，在"效果控件"面板的空白处单击鼠标右键，打开快捷菜单，执行"粘贴"命令，即可粘贴视频特效，如图4-11所示。

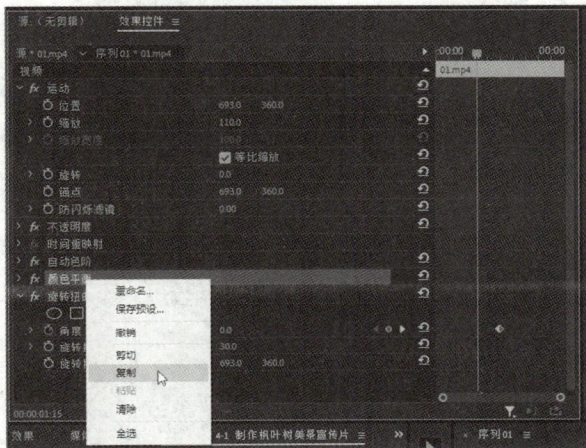

图4-10 执行"复制"命令　　　　图4-11 执行"粘贴"命令

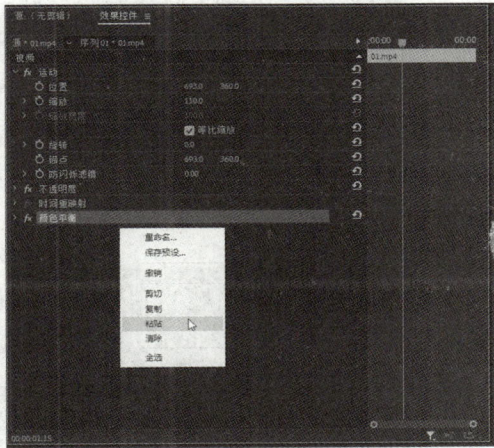

4.1.5 设置视频效果的参数

在为视频轨道中的素材图像添加视频效果后，在"效果控件"面板中单击视频效果项左侧的▶按钮，即可直接展开所有参数，依次对各参数进行修改，如图4-12所示。

4.1.6 视频效果的删除

在进行视频特效添加的过程中，如果对添加的视频特效不满意，可以通过"清除"功能来删除特效。其具体方法：在"效果控件"面板中，选择需要删除的视频效果，单击鼠标右键，在弹出的快捷菜单中执行"清除"命令，或按Delete键也可删除选中的视频效果，如图4-13所示。

4.1.7 关闭和重置视频特效

当对所使用的视频特效暂时不满意时，可以将视频特效关闭或重置。

（1）关闭视频特效。关闭视频特效是指将已添加的视频特效暂时隐藏，如果需要再次显示该特效，用户可以重新启用，而无须再次添加。

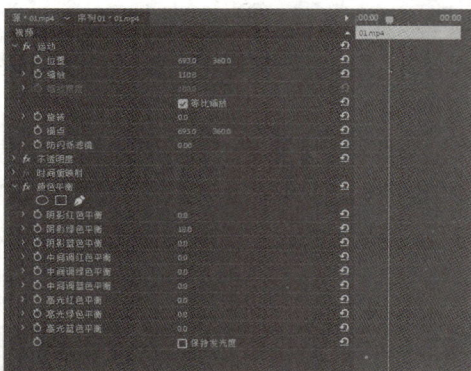

图 4-12　展开所有参数

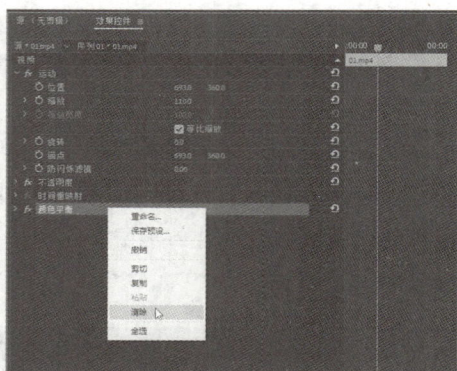

图 4-13　视频效果的删除

在 Premiere 中，用户单击"效果控件"面板中的"切换效果开关"按钮 fx，即可隐藏该素材的视频特效，如图 4-14 所示。用户再次单击"切换效果开关"按钮 fx，即可重新显示视频特效，如图 4-15 所示。

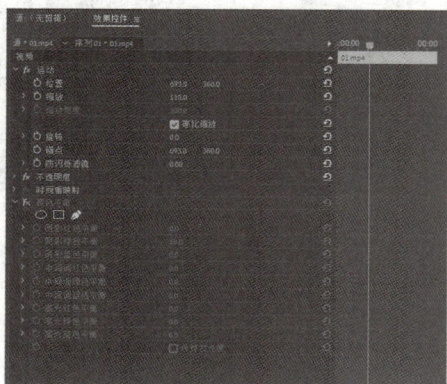

图 4-14　关闭视频特效

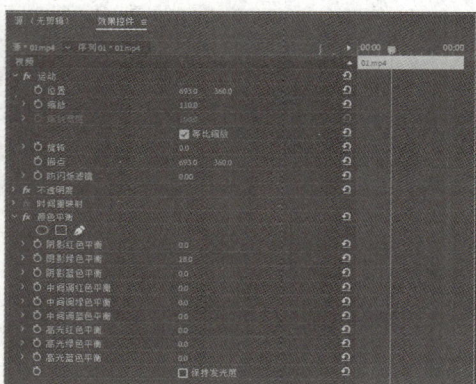

图 4-15　显示视频特效

（2）重置视频特效。使用"重置"功能，可以将"效果控件"面板中设置的参数重新恢复到原始状态。其具体操作方法：在"效果控件"面板的视频效果选项的右侧，单击"重置效果"按钮 ，如图 4-16 所示，即可将视频效果的数据恢复到原始状态。

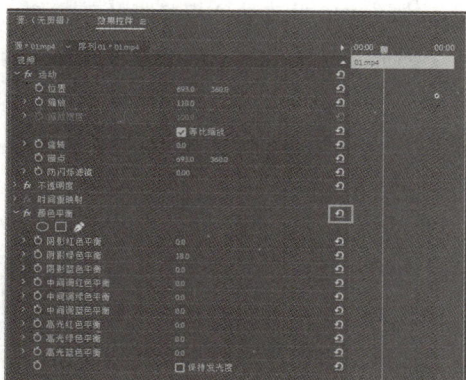

图 4-16　单击"重置效果"按钮

操作步骤

步骤 1　启动 Premiere，执行菜单栏"文件"→"新建"→"项目"命令，如图 4-17 所示，弹出"新建项目"对话框，单击"确定"按钮，新建项目。

执行菜单栏"文件"→"新建"→"序列"命令，弹出"新建序列"对话框，单击"设置"选项卡，"编辑模式"选择"自定义"，"帧大小"为 1 280 水平，720 垂直，其余不变，如图 4-18 所示，单击"确定"按钮，新建序列。

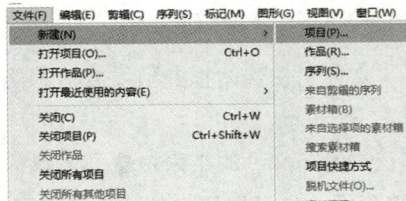

图 4-17　新建项目　　　　　　　　　　　　　　图 4-18　新建序列

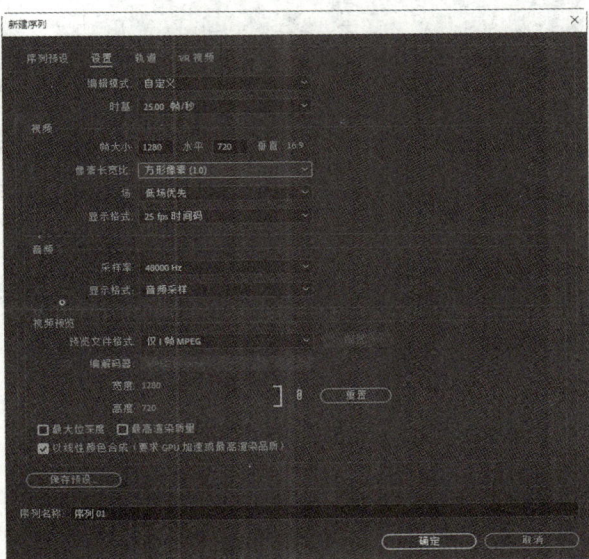

步骤 2　执行菜单栏"文件"→"导入"命令，弹出"导入"对话框，选择素材"01.mp4"和"02.png"文件，如图 4-19 所示。单击"打开"按钮，将素材文件导入"项目"面板中，如图 4-20 所示。

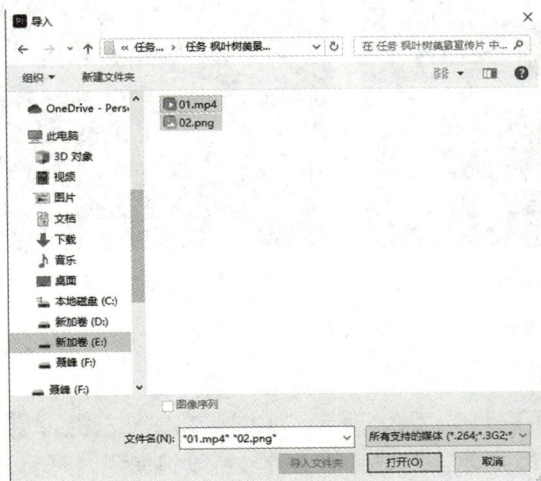

图 4-19　导入素材　　　　　　　　　　　　图 4-20　项目面板

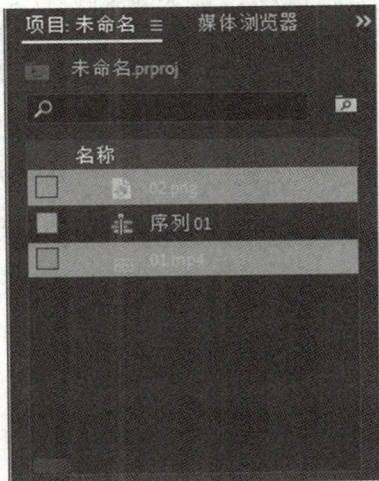

步骤 3　在"项目"面板中，选中"01"文件并将其拖曳到"时间轴"面板的"V1"轨道中，弹出"剪辑不匹配警告"对话框。单击"保持现有设置"按钮，在保持现有序列设置的情况下将"01"文件放置在"V1"轨道中，如图 4-21 所示。

将播放指示器放置在 00:10 s 的位置。将鼠标指针放置在"01"文件的开始位置，当鼠标指针呈 ▶ 形状时单击，显示出编辑点，按 E 键将所选编辑点移到播放指示器所在的位置，如图 4-22 所示。

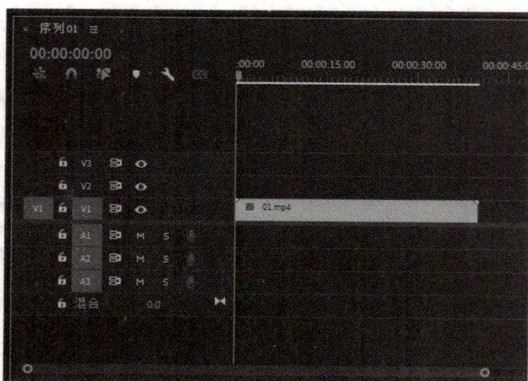

图 4-21　拖曳"01"文件

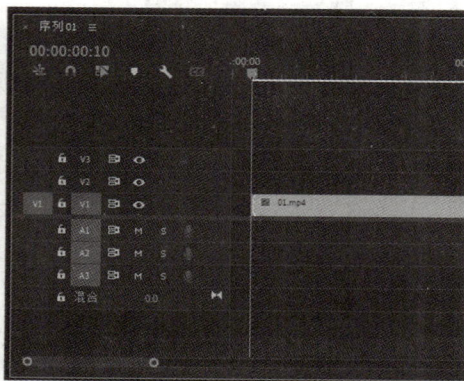

图 4-22　编辑点移动

步骤 4　将播放指示器放置在 00:00 s 的位置，将"01"文件向左整体拖曳到播放指示器所在的位置，如图 4-23 所示。

将播放指示器放置在 05:00 s 的位置，将鼠标指针放置在"01"文件的结束位置，当鼠标指针呈 ◀ 形状时单击，显示出编辑点，按 E 键将所选编辑点移到播放指示器所在的位置，如图 4-24 所示。

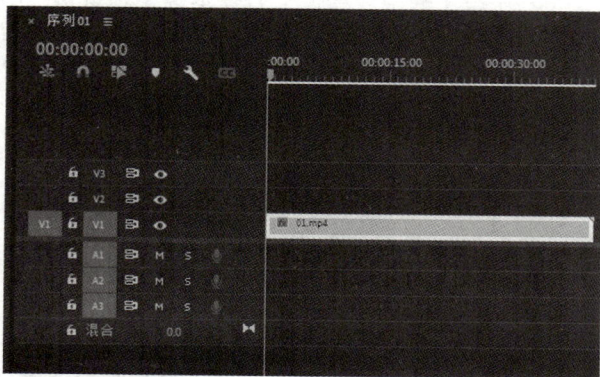

图 4-23　拖曳到 00:00 s 位置

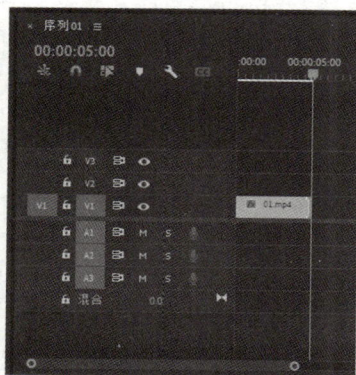

图 4-24　编辑点向左移动

步骤 5　将播放指示器放置在 00:00 s 的位置，在"时间轴"面板中选择"01"文件，在"效果控件"面板中展开"运动"选项，将"缩放"选项设置为 110.0，如图 4-25 所示。

在"效果"面板中展开"视频效果"特效分类选项，单击"过时"文件夹左侧的 ▶ 按钮将其展开，选中"自动色阶"特效，如图 4-26 所示。将"自动色阶"特效拖曳到"时间轴"面板的"V1"轨道中的"01"文件上，调整画面颜色。

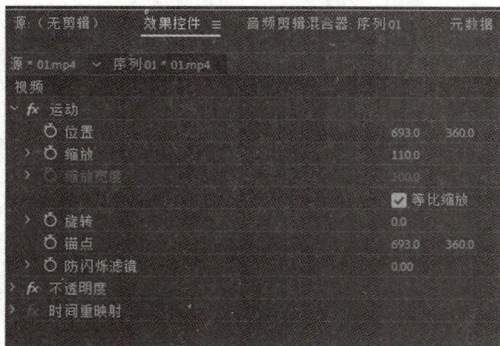

图 4-25　缩放选项

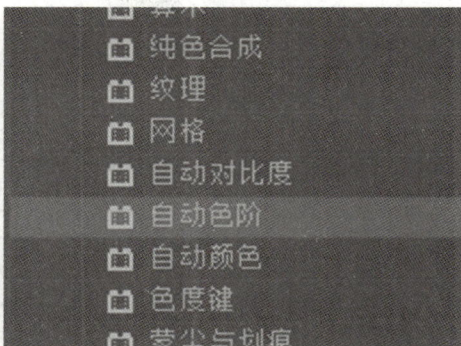

图 4-26　自动色阶

步骤 6　在"效果"面板中展开"视频效果"特效分类选项，单击"颜色校正"文件夹左侧的 ■ 按钮将其展开，选中"颜色平衡"特效，如图 4-27 所示。将"颜色平衡"特效拖曳到"时间轴"面板的"V1"轨道中的"01"文件上，调整画面颜色。在"效果控件"面板中展开"颜色平衡"选项，将"中间调红色平衡"选项设置为 50.0，如图 4-28 所示。

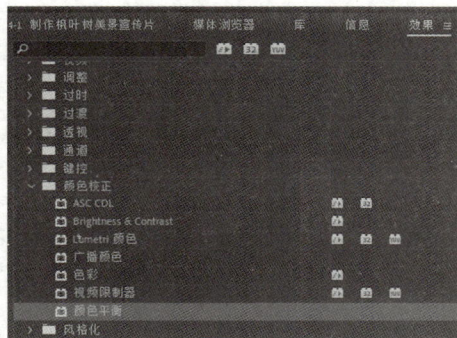

图 4-27　颜色平衡

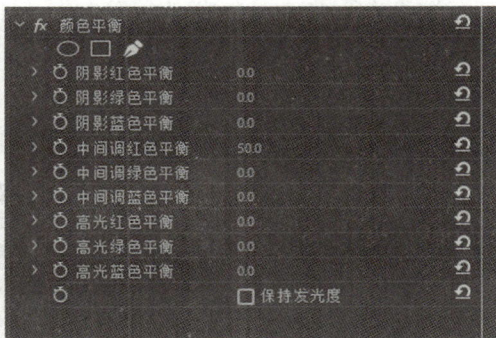

图 4-28　调整中间调红色平衡

步骤 7　将播放指示器放置在 00:10 s 的位置。在"项目"面板中，选中"02"文件并将其拖曳到"时间轴"面板的"V2"轨道中，如图 4-29 所示。将鼠标指针放置在"02"文件的结束位置，当鼠标指针呈 ◀ 形状时单击，显示出编辑点，将其拖曳到与"01"文件的结束位置齐平的位置，如图 4-30 所示。

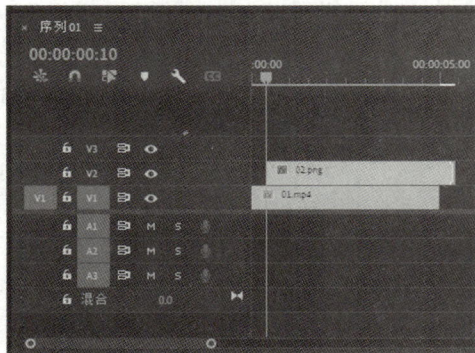

图 4-29　拖曳"02"文件

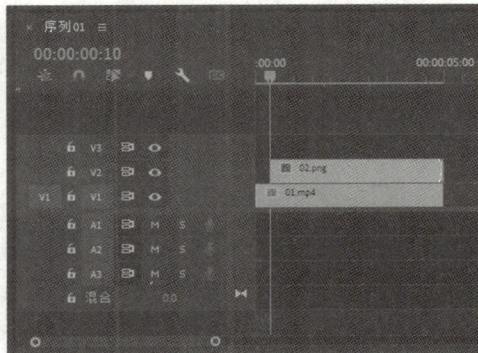

图 4-30　位置齐平

步骤8 在"效果"面板中展开"视频效果"特效分类选项,单击"颜色校正"文件夹左侧的 ▓ 按钮将其展开,选中"颜色平衡"特效,如图4-31所示。

将"颜色平衡"特效拖曳到"时间轴"面板的"V2"轨道中的"02"文件上,在"效果控件"面板中展开"颜色平衡"选项,将"阴影红色平衡"选项设置为-50.0,"阴影绿色平衡"选项设置为30.0,如图4-32所示。

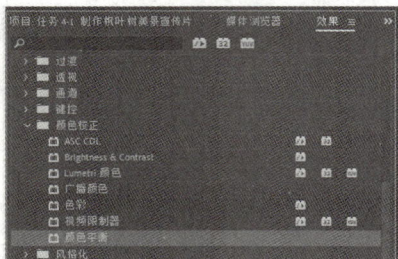

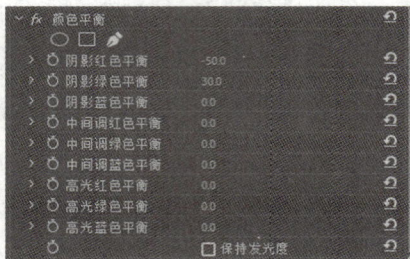

图4-31 颜色平衡　　　　　　　图4-32 阴影平衡设置

步骤9 在"效果控件"面板中展开"运动"选项,将"位置"选项设置为770.5和-39.3,"缩放"选项设置为38.0,"旋转"选项设置为51.0°,单击"位置"和"旋转"选项左侧的"切换动画"按钮 ⏱,如图4-33所示,记录第1个动画关键帧。

将播放指示器放置在01:10 s的位置。在"效果控件"面板中,将"位置"选项设置为649.6和78.7,如图4-34所示,记录第2个动画关键帧。

图4-33 第1个动画关键帧　　　　　图4-34 第2个动画关键帧

步骤10 将播放指示器放置在02:10 s的位置。在"效果控件"面板中,将"位置"选项设置为791.8和220.8,"旋转"选项设置为-51.0°,如图4-35所示,记录第3个动画关键帧。

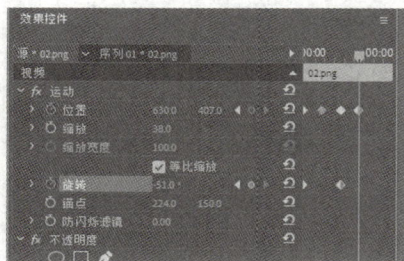

将播放指示器放置在03:07 s的位置。在"效果控件"面板中,将"位置"选项设置为630.0和407.0,如图4-36所示,记录第4个动画关键帧。

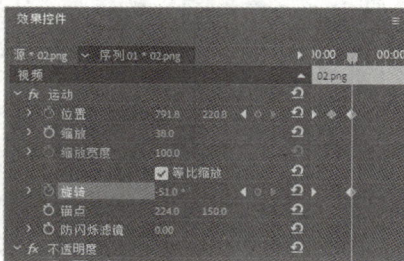

图4-35 第3个动画关键帧　　　　　图4-36 第4个动画关键帧

步骤 11　将播放指示器放置在 04:05 s 的位置。在"效果控件"面板中，将"位置"选项设置为 818.3 和 595.2，"旋转"选项设置为 90.0°，如图 4-37 所示，记录第 5 个动画关键帧。

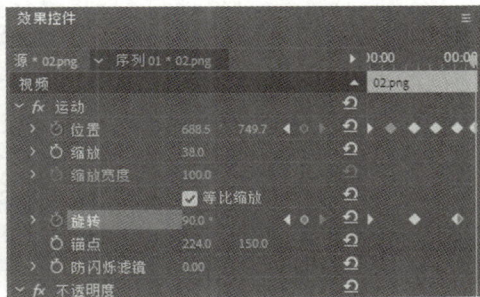

将播放指示器放置在 04:23 s 的位置。在"效果控件"面板中，将"位置"选项设置为 688.5 和 749.7，如图 4-38 所示，记录第 6 个动画关键帧。

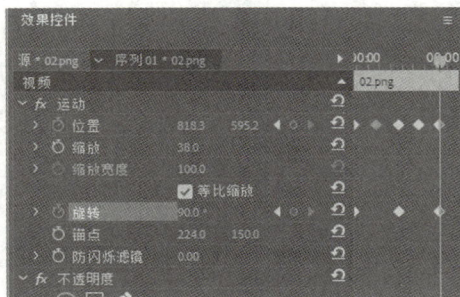

图 4-37　第 5 个动画关键帧　　　　图 4-38　第 6 个动画关键帧

步骤 12　在"效果控件"面板中，用框选的方法选择"位置"选项的所有关键帧，如图 4-39 所示。为了几个关键帧点之间过渡更加平滑，在选中的关键帧上单击鼠标右键，在弹出的快捷菜单中执行"临时插值"→"自动贝塞尔曲线"命令，效果如图 4-40 所示。

图 4-39　框选关键帧　　　　图 4-40　自动贝塞尔曲线

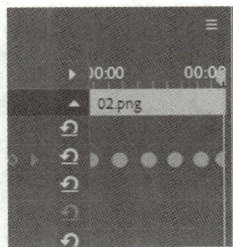

步骤 13　将播放指示器放置在 00:21s 的位置。在"项目"面板中，选中"02"文件并将其拖曳到"时间轴"面板的"V3"轨道中，如图 4-41 所示。将鼠标指针放置在"02"文件的结束位置，当鼠标指针呈 形状时单击，显示出编辑点，将其拖曳到与"01"文件的结束位置齐平的位置，如图 4-42 所示。

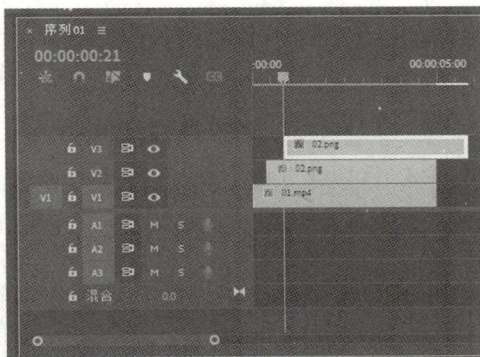

图 4-41　拖曳"02"文件至"V3"轨道　　　　图 4-42　位置齐平

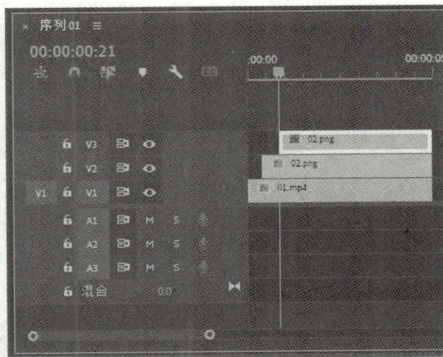

步骤 14　在"时间轴"面板中选择"V2"轨道中的"02"文件。在"效果控件"面板中选择"颜色平衡"选项,如图 4-43 所示,按 Ctrl+C 快捷键进行复制。在"时间轴"面板中选择"V3"轨道中的"02"文件。在"效果控件"面板中下方空白处单击,按 Ctrl+V 快捷键进行粘贴,如图 4-44 所示。

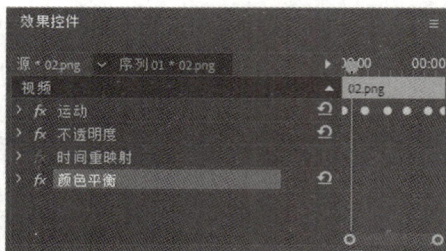

图 4-43　颜色平衡

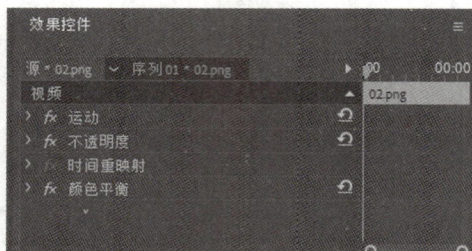

图 4-44　复制粘贴"颜色平衡"

步骤 15　在"效果控件"面板中展开"运动"选项,将"位置"选项设置为 392.1 和 -49.9,"缩放"选项设置为 23.0,"旋转"选项设置为 58.8°,单击"位置"和"旋转"选项左侧的"切换动画"按钮 ⬤ ,记录第 1 个动画关键帧。将播放指示器放置在 01:21 s 的位置。在"效果控件"面板中,将"位置"选项设置为 478.6 和 51.8,记录第 2 个动画关键帧,如图 4-45 所示。

图 4-45　第 2 个动画关键帧

步骤 16　将播放指示器放置在 02:21 s 的位置。在"效果控件"面板中,将"位置"选项设置为 367.1 和 199.7,"旋转"选项设置为 -58.8°,如图 4-46 所示,记录第 3 个动画关键帧。

将播放指示器放置在 03:18 s 的位置。在"效果控件"面板中,将"位置"选项设置为 524.7 和 351.4,如图 4-47 所示,记录第 4 个动画关键帧。

图 4-46　第 3 个动画关键帧

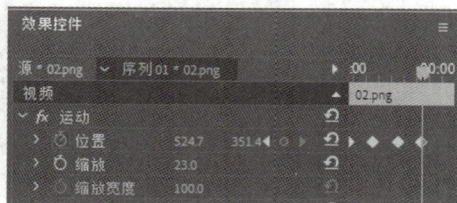

图 4-47　第 4 个动画关键帧

步骤 17　将播放指示器放置在 04:16 s 的位置。在"效果控件"面板中，将"位置"选项设置为 401.7 和 737.3，"旋转"选项设置为 180.0°，如图 4-48 所示，记录第 5 个动画关键帧。

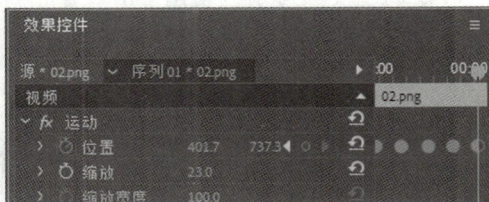

用框选的方法选择"位置"选项的所有关键帧。为了几个关键帧点之间过渡更加平滑，在关键帧上单击鼠标右键，在弹出的快捷菜单中执行"临时插值"→"自动贝塞尔曲线"命令，效果如图 4-49 所示。枫叶树美景宣传片制作完成，效果如图 4-1 所示。

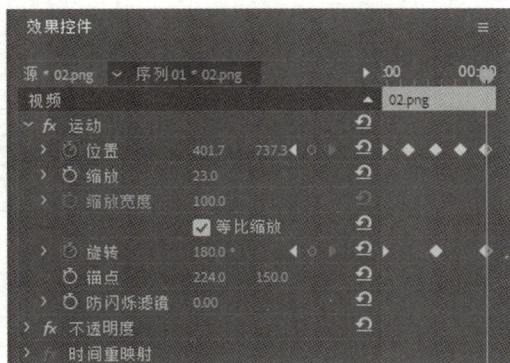

图 4-48　第 5 个动画关键帧　　　　　　　图 4-49　自动贝塞尔曲线

拓展训练 4.1

制作三角梅美景宣传片

训练要求

1. 学会视频的裁切，以及为素材添加视频效果并将效果复制到其他素材；
2. 学会为素材添加位置和旋转关键帧动画。

步骤指导

1. 新建项目和序列，导入两个素材；

2. 选择"效果"面板的"自动色阶"和"颜色平衡"等特效应用于素材 02；

3. 在两个时间节点将素材 02 拖曳到时间轴，对花瓣素材从上到下做位置和旋转关键帧动画，导出为 MP4 格式文件，最终效果如图 4-50 所示。

制作三角梅美景宣传片

图 4-50　制作三角梅美景宣传片——最终效果

任务 4.2
制作厦门双子塔宣传片

任务目标

　　执行"导入"命令导入素材文件，使用"效果控件"面板调整图像大小，执行"速度／持续时间"命令调整视频速度，使用"百叶窗"特效制作视频过渡效果，使用"镜像"特效制作视频的镜像效果，使用"彩色浮雕"特效和"投影"特效制作文字立体效果。最终效果如图 4-51 所示。

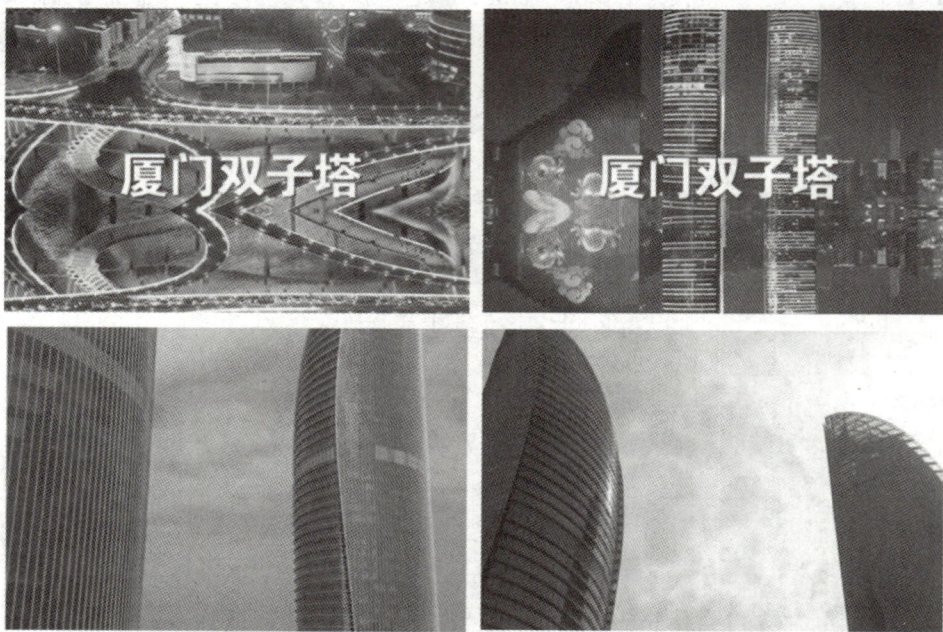

图 4-51　制作厦门双子塔宣传片——最终效果

相关知识

4.2.1　变换

　　"变换"特效主要通过对图像进行变换来制作出翻转、羽化和裁剪等效果，其中包含四种特效。

　　（1）垂直翻转。该特效可以将图像沿水平轴垂直翻转。应用"垂直翻转"特效前、后的效果如图 4-52 和图 4-53 所示。

图 4-52 应用"垂直翻转"特效前

图 4-53 应用"垂直翻转"特效后

（2）水平翻转。该特效可以将图像沿垂直轴水平翻转。应用"水平翻转"特效前、后的效果如图 4-54 和图 4-55 所示。

图 4-54 应用"水平翻转"特效前

图 4-55 应用"水平翻转"特效后

（3）羽化边缘。该特效可以对图像的边缘进行虚化。应用该特效后，其参数面板如图 4-56 所示，数量：用于设置羽化边缘的大小。应用"羽化边缘"特效前、后的效果如图 4-57 和图 4-58 所示。

图 4-56 "羽化边缘"设置

图 4-57 应用"羽化边缘"特效前

图 4-58 应用"羽化边缘"特效后

（4）裁剪。该特效用于裁剪图像。应用该特效后，其参数面板如图 4-59 所示。

①左侧：用于设置左侧的裁剪数值。

②顶部：用于设置顶部的裁剪数值。

③右侧：用于设置右侧的裁剪数值。

④底部：用于设置底部的裁剪数值。

⑤缩放：勾选此复选框，可缩放图像。

⑥羽化边缘：用于设置图像边缘的羽化值。

应用"裁剪"特效前、后的效果如图 4-60 和图 4-61 所示。

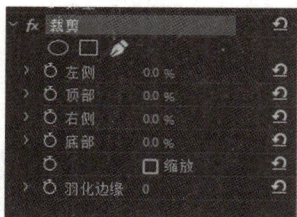

图 4-59 "裁剪"设置　　　图 4-60 应用"裁剪"特效前　　　图 4-61 应用"裁剪"特效后

4.2.2　实用程序

"实用程序"特效只包含"Cineon 转换器"一种特效，该特效主要使用 Cineon 转换器对图像色调进行调整和设置。应用该特效后，其参数面板如图 4-62 所示。应用"Cineon 转换器"特效前、后的效果如图 4-63 和图 4-64 所示。

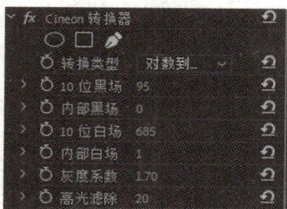

图 4-62 "实用程序"设置　　图 4-63 应用"Cineon 转换器"　　图 4-64 应用"Cineon 转换器"特
　　　　　　　　　　　　　　　　　 特效前　　　　　　　　　　　　　　 效后

4.2.3　扭曲

"扭曲"特效主要通过对图像进行几何扭曲变形来制作出各种画面变形效果，其中包含十一种特效。

（1）偏移。该特效可以根据设置的偏移量对图像进行位移。应用该特效后，其参数面板如图 4-65 所示。

①将中心移位至：设置偏移的中心点坐标值。

②与原始图像混合：设置偏移的程度，数值越大，偏移效果越明显。

应用"偏移"特效前、后的效果如图 4-66 和图 4-67 所示。

图 4-65 "偏移"设置　　　图 4-66 应用"偏移"特效前　　　图 4-67 应用"偏移"特效后

（2）变形稳定器。该特效会对需要稳定的素材自动进行分析，操作简单方便，并且在稳定的同时还能够使图像在剪裁、缩放等方面得到较好的控制。

（3）变换。该特效用于对图像的位置、尺寸、不透明度及倾斜度等进行综合设置。应用该特效后，其参数面板如图4-68所示。

①锚点：用于设置定位点的坐标值。

②位置：用于设置素材在屏幕中的位置。

③等比缩放：勾选此复选框，将只能成比例地缩放素材；不勾选此复选框，将显示"缩放高度"和"缩放宽度"选项，用于设置素材的高度和宽度。

④倾斜：用于设置素材的倾斜度。

⑤倾斜轴：用于设置倾斜轴的角度。

⑥旋转：用于设置素材的放置角度。

⑦不透明度：用于设置素材的不透明度。

⑧快门角度：用于设置素材的遮挡角度。

⑨采样：用于选择采样方式，包含"双线性"和"双立方"。

应用"变换"特效前、后的效果如图4-69和图4-70所示。

| 图4-68 "变换"设置 | 图4-69 应用"变换"特效前 | 图4-70 应用"变换"特效后 |

（4）放大。该特效可以将素材的某一区域放大，并可以调整放大区域的不透明度，羽化放大区域的边缘。应用该特效后，其参数面板如图4-71所示。

①形状：用于设置放大区域的形状。

②中央：用于设置放大区域中心点的坐标值。

③放大率：用于设置放大区域的放大倍数。

④链接：用于选择放大区域的放大模式。

⑤大小：用于设置放大区域的尺寸。

⑥羽化：用于设置放大区域的羽化值。

⑦不透明度：用于设置放大区域的不透明度。

⑧缩放：用于设置放大区域的缩放方式。

⑨混合模式：用于设置放大区域颜色与原图颜色的混合模式。

⑩调整图层大小：只有在"链接"下拉列表框中选择了"无"选项，才能勾选该复选框。

应用"放大"特效前、后的效果如图4-72和图4-73所示。

图 4-71 "放大"设置   图 4-72 应用"放大"特效前   图 4-73 应用"放大"特效后

（5）旋转扭曲。该特效可以使图像产生沿中心点旋转的效果。应用该特效后，其参数面板如图 4-74 所示。

①角度：用于设置旋涡的旋转角度。

②旋转扭曲半径：用于设置旋涡的半径。

③旋转扭曲中心：用于设置旋涡的中心点位置。

应用"旋转扭曲"特效前、后的效果如图 4-75 和图 4-76 所示。

图 4-74 "旋转扭曲"设置   图 4-75 应用"旋转扭曲"特效前   图 4-76 应用"旋转扭曲"特效后

（6）果冻效应修复。该特效可以修复因摄像机或拍摄对象移动而产生的延迟时间形成的扭曲。应用该特效后，其参数面板如图 4-77 所示。

①果冻效应比率：指定帧速率（扫描时间）的百分比。

②扫描方向：指定产生果冻效应扫描的方向。

③方法：指定是否使用光流分析和像素运动重定时来生成变形的帧（像素运动），或者是否使用稀疏点跟踪及变形方法（变形）。

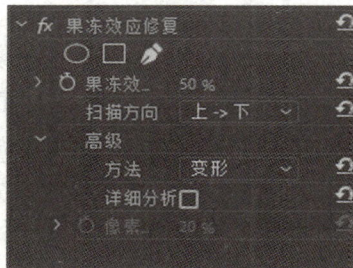

图 4-77 "果冻效应修复"设置

④详细分析：在变形中进行更详细的分析。

⑤像素运动细节：指定光流矢量场计算的详细程度。

（7）波形变形。该特效的效果类似波纹效果。该特效可以对波纹的形状、方向及宽度等进行设置。应用该特效后，其参数面板如图 4-78 所示。

①波形类型：用于选择波形的类型。

②波形高度 / 波形宽度：用于设置波形的高度（振幅）与宽度（波长）。

③方向：用于设置波形旋转的角度。

④波形速度：用于设置波形的运动速度。

⑤固定：用于选择波形的固定区域。

⑥相位：用于设置波形的角度。

⑦消除锯齿（最佳品质）：用于选择"波形变形"特效的质量。

应用"波形变形"特效前、后的效果如图 4-79 和图 4-80 所示。

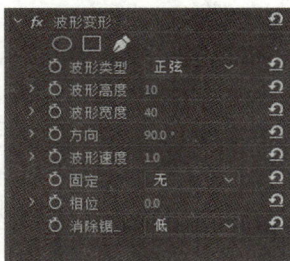

图 4-78 "波形变形"设置　图 4-79 应用"波形变形"特效前　图 4-80 应用"波形变形"特效后

（8）湍流置换。该特效可以使素材产生类似流水、旗帜飘动和"哈哈镜"等的扭曲效果。应用该特效后，其参数面板如图 4-81 所示。

①置换：用于设置湍流的类型，包含湍流、凸出、扭转、湍流较平滑、凸出较平滑、扭转较平滑、垂直置换、水平置换和交叉置换。

②数量：用于设置湍流的数量。

③大小：用于设置湍流区域的大小。

④偏移（湍流）：用于设置湍流的分形部分。

⑤复杂度：用于设置湍流的细节部分。

⑥演化：用于设置随时间变化的湍流效果。

⑦演化选项：用于设置湍流在短周期内的演化效果。

⑧固定：用于设置湍流固定的范围。

⑨消除锯齿（最佳品质）：用于设置"湍流置换"特效的质量。

应用"湍流置换"特效前、后的效果如图 4-82 和图 4-83 所示。

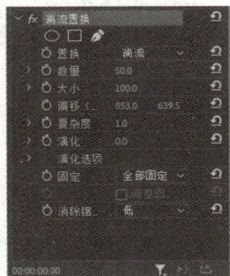

图 4-81 "湍流置换"设置　图 4-82 应用"湍流置换"特效前　图 4-83 应用"湍流置换"特效后

（9）球面化。应用该特效可以在图像中制作出球面效果。应用该特效后，其参数面板如图 4-84 所示。

①半径：用于设置球形的半径值。

②球面中心：用于设置产生的球面效果的中心点位置。

应用"球面化"特效前、后的效果如图 4-85 和图 4-86 所示。

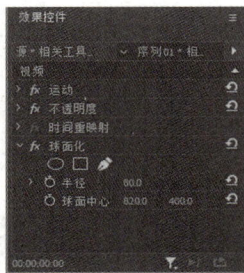

图 4-84 "球面化"设置　　图 4-85 应用"球面化"特效前　　图 4-86 应用"球面化"特效后

（10）边角定位。应用该特效，可以使图像的 4 个顶点发生变化，以达到变形效果。应用该特效后，其参数面板如图 4-87 所示。通过以下四组参数可以改变图像的形状。

①左上：用于调整图像左上角的位置。

②右上：用于调整图像右上角的位置。

③左下：用于调整图像左下角的位置。

④右下：用于调整图像右下角的位置。

应用"边角定位"特效前、后的效果如图 4-88 和图 4-89 所示。

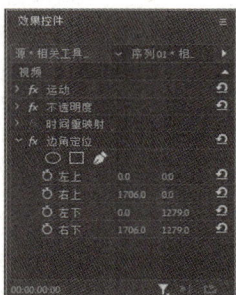

图 4-87 "边角定位"设置　　图 4-88 应用"边角定位"特效前　　图 4-89 应用"边角定位"特效后

（11）镜像。应用该特效可以将图像沿一条直线分割为两个部分，制作出镜像效果。应用该特效后，其参数面板如图 4-90 所示。

①反射中心：用于设置镜像效果中心点的坐标值。

②反射角度：用于设置镜像效果的角度。

应用"镜像"特效前、后的效果如图 4-91 和图 4-92 所示。

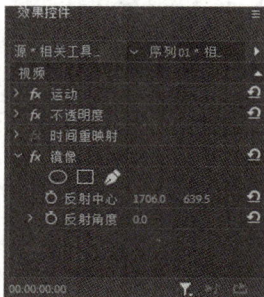

图 4-90 "镜像"设置　　图 4-91 应用"镜像"特效前　　图 4-92 应用"镜像"特效后

4.2.4　时间

"时间"特效用于对素材的时间特性进行控制，其中包含四种特效。

（1）像素运动模糊。该特效可以使素材产生运动模糊的效果。应用该特效后，其参数面板如图4-93所示。

①快门控制：用于设置运动模糊的快门控制方式。

②快门角度：用于设置运动模糊的快门角度。

③快门采样：用于设置运动模糊的快门采样率。

④矢量详细信息：用于设置矢量详细信息的数量。

（2）时间扭曲。该特效可以使素材产生时间扭曲的效果。应用该特效后，其参数面板如图4-94所示。

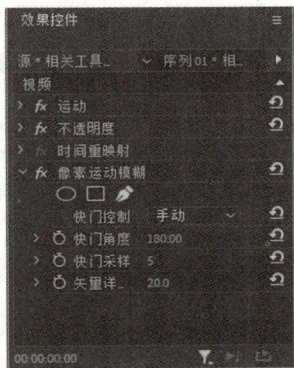

图4-93　"像素运动模糊"设置

①方法：用于设置时间扭曲的方法。

②调整时间方式：用于设置时间扭曲的调整方式。

③速度：用于设置时间扭曲的速度。

④源帧：用于设置时间扭曲的源帧。

⑤调节：用于调整平滑、滤镜、块大小等选项。

⑥运动模糊：用于启用和设置运动模糊效果。

⑦遮罩图层 / 遮罩通道：用于设置遮罩的图层和通道。

⑧变形图层：用于设置扭曲变形的图层。

⑨显示：用于设置时间扭曲的显示方式。

⑩源裁剪：用于设置时间扭曲的裁剪方法。

应用"时间扭曲"特效前、后的效果如图4-95和图4-96所示。

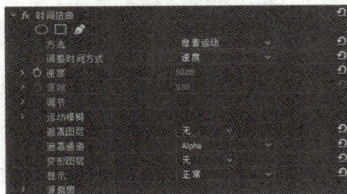

图4-94　"时间扭曲"设置

图4-95　应用"时间扭曲"特效前

图4-96　应用"时间扭曲"特效后

（3）残影。该特效可以使素材中不同时间的多个帧同时播放，从而产生条纹和反射的效果。应用该特效后，其参数面板如图4-97所示。

①残影时间（秒）：用于设置两个混合图像之间的时间间隔。

②残影数量：用于设置重复帧的数量。

③起始强度：用于设置素材的亮度。

④衰减：用于设置组合素材强度减弱的比例。

⑤残影运算符：用于设置回声与素材之间的模式。

应用"残影"特效前、后的效果如图4-98和图4-99所示。

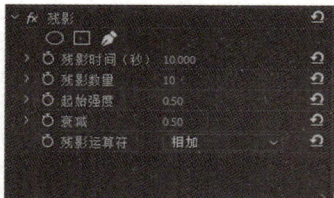

图 4-97 "残影"设置　　　图 4-98 应用"残影"特效前　　　图 4-99 应用"残影"特效后

（4）色调分离时间。该特效可以为素材设定一个帧率进行播放，从而产生跳帧的效果。应用该特效后，其参数面板如图 4-100 所示。

该特效只有"帧速率"一项参数可以设置，当修改素材默认的帧速率后，素材就会按照指定的帧速率进行播放，从而产生跳帧播放的效果。

图 4-100 "色调分离时间"设置

4.2.5 杂色与颗粒

"杂色与颗粒"特效主要用于添加素材画面中的擦痕及噪点，只有一种特效。

应用"杂色"特效后，将在画面中添加模拟的噪点效果。应用"杂色"特效前、后的效果如图 4-101 和图 4-102 所示。

图 4-101 应用"杂色"特效前

图 4-102 应用"杂色"特效后

4.2.6 模糊与锐化

"模糊与锐化"特效主要用于对画面进行模糊或锐化处理，其中包含 6 种特效。

（1）Camera Blur（相机模糊）。该特效可以使图像产生离开摄像机焦点范围时的"虚焦"效果。应用该特效后，其参数面板如图 4-103 所示。应用"Camera Blur"特效前、后的效果如图 4-104 和图 4-105 所示。

（2）减少交错闪烁。该特效主要通过减少交错闪烁来产生模糊效果。应用该特效后，其参数面板如图 4-106 所示。应用"减少交错闪烁"特效前、后的效果如图 4-107 和图 4-108 所示。

图 4-103 "Camera Blur"设置

图 4-104 应用"Camera Blur"特效前

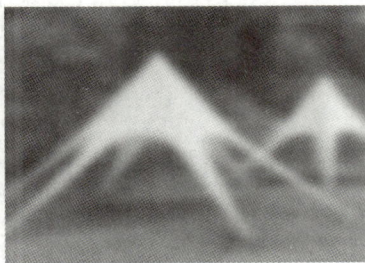

图 4-105 应用"Camera Blur"特效后

图 4-106 "减少交错闪烁"设置

图 4-107 应用"减少交错闪烁"特效前

图 4-108 应用"减少交错闪烁"特效后

（3）方向模糊。该特效可以在图像中产生一个有方向的模糊效果，使图像产生一种运动效果。应用该特效后，其参数面板如图 4-109 所示。

①方向：用于设置模糊方向。

②模糊长度：用于设置图像模糊的程度，拖曳滑块调整数值，其数值范围为 0 ～ 20；当需要用到大于 20 的数值时，可以单击选项右侧带下划线的数值，将参数文本框激活，然后输入需要的数值。

应用"方向模糊"特效前、后的效果如图 4-110 和图 4-111 所示。

图 4-109 "方向模糊"设置

图 4-110 应用"方向模糊"特效前

图 4-111 应用"方向模糊"特效后

（4）钝化蒙版。该特效可以调整图像中色彩的锐化程度。应用该特效后，其参数面板如图 4-112 所示。

①数量：用于设置颜色边缘的差别值。

②半径：用于设置颜色边缘产生差别的范围。

③阈值：用于设置颜色边缘之间允许的差别范围，值越小，锐化效果越明显。

应用"钝化蒙版"特效前、后的效果如图 4-113 和图 4-114 所示。

图 4-112 "钝化蒙版"设置　　图 4-113 应用"钝化蒙版"特效前　　图 4-114 应用"钝化蒙版"特效后

（5）锐化。该特效通过增强相邻像素间的对比度使图像变清晰。应用该特效后，其参数面板如图 4-115 所示。锐化量：用于调整画面的锐化程度。

应用"锐化"特效前、后的效果如图 4-116 和图 4-117 所示。

图 4-115 "锐化"设置　　　图 4-116 应用"锐化"特效前　　图 4-117 应用"锐化"特效后

（6）高斯模糊。该特效可以大幅度地模糊图像，使其产生虚化效果。应用该特效后，其参数面板如图 4-118 所示。

①模糊度：用于调节图像的模糊程度。

②模糊尺寸：用于控制图像的模糊尺寸，包括水平和垂直、水平、垂直三种方式。

应用"高斯模糊"特效前、后的效果如图 4-119 和图 4-120 所示。

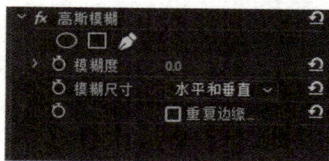

图 4-118 "高斯模糊"设置　　图 4-119 应用"高斯模糊"特效前　　图 4-120 应用"高斯模糊"特效后

4.2.7　沉浸式视频

"沉浸式视频"特效是一种通过虚拟现实技术实现的特效，与"沉浸式过渡"特效相同，其中包含十一种特效。

（1）VR 分形杂色。该特效可以在素材中添加不同类型和不同布局的分形杂色。应用该特效后，其参数面板如图 4-121 所示。

①分形类型：用于设置分形杂色的类型。

②对比度：用于调整分形杂色的对比度。

③亮度：用于调整分形杂色的亮度。

④反转：用于反转分形杂色的颜色通道。

⑤复杂度：用于设置分形杂色的复杂程度。

⑥演化：用于设置分形杂色的演化效果。

⑦变换：用于设置分形杂色的缩放、倾斜、平移和滚动的值。

⑧子设置：用于设置分形杂色的子影响、子缩放、子倾斜、子平移和子滚动的值。

⑨随机植入：用于设置分形杂色的随机速度。

⑩不透明度：用于调整效果的不透明度。

⑪混合模式：用于设置分形杂色与原始图像的混合模式。

应用"VR 分形杂色"特效前、后的效果如图 4-122 和图 4-123 所示。

图 4-121 "VR 分形杂色"设置

图 4-122 应用"VR 分形杂色"特效前

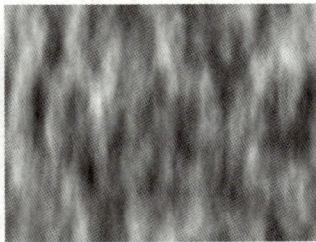

图 4-123 应用"VR 分形杂色"特效后

（2）VR 发光。该特效可以在素材中添加发光效果。其发光颜色可以和色调颜色混合。应用该特效后，其参数面板如图 4-124 所示。

①亮度阈值：用于设置图像中的发光区域。

②发光半径：用于设置光晕的半径。

③发光亮度：用于设置发光的亮度。

④发光饱和度：设置发光的饱和度。

⑤使用色调颜色：勾选此复选框，可以混合色调颜色与生成的发光颜色。

⑥色调颜色：用于设置色调的颜色。

应用"VR 发光"特效前、后的效果如图 4-125 和图 4-126 所示。

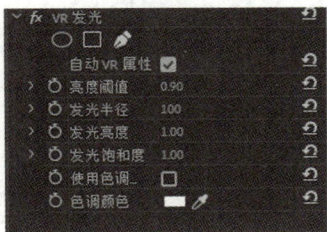

图 4-124 "VR 发光"设置

图 4-125 应用"VR 发光"特效前

图 4-126 应用"VR 发光"特效后

（3）VR 平面到球面。该特效可以让素材产生由平面到球面的变化效果，多用于文本、徽标、图形和其他 2D 元素。应用"VR 平面到球面"特效前、后的效果如图 4-127 和图 4-128 所示。

图 4-127　应用"VR 平面到球面"特效前　　图 4-128　应用"VR 平面到球面"特效后

（4）VR 投影。该特效可以调整素材的布局、倾斜、平移和滚动参数以产生投影效果。应用"VR 投影"特效前、后的效果如图 4-129 和图 4-130 所示。

图 4-129　应用"VR 投影"特效前　　图 4-130　应用"VR 投影"特效后

（5）VR 数字故障。该特效可以让素材产生被数字信号故障干扰的效果。应用"VR 数字故障"特效前、后的效果如图 4-131 和图 4-132 所示。

图 4-131　应用"VR 数字故障"特效前　　图 4-132　应用"VR 数字故障"特效后

（6）VR 旋转球面。该特效可以调整素材的倾斜、平移和滚动参数以产生旋转球面效果。应用"VR 旋转球面"特效前、后的效果如图 4-133 和图 4-134 所示。

图 4-133　应用 "VR 旋转球面" 特效前　图 4-134　应用 "VR 旋转球面" 特效后

（7）VR 模糊。该特效可以让素材产生无缝、精确的模糊效果。应用 "VR 模糊" 特效前、后的效果如图 4-135 和图 4-136 所示。

图 4-135　应用 "VR 模糊" 特效前　图 4-136　应用 "VR 模糊" 特效后

（8）VR 色差。该特效可以调整素材中通道的色差以产生色相分离的效果。应用 "VR 色差" 特效前、后的效果如图 4-137 和图 4-138 所示。

图 4-137　应用 "VR 色差" 特效前　图 4-138　应用 "VR 色差" 特效后

（9）VR 锐化。该特效可以调整素材的锐化程度。应用 "VR 锐化" 特效前、后的效果如图 4-139 和图 4-140 所示。

图 4-139　应用 "VR 锐化" 特效前　图 4-140　应用 "VR 锐化" 特效后

（10）VR降噪。该特效可以减少素材的噪点。应用"VR降噪"特效前、后的效果如图4-141和图4-142所示。

图 4-141　应用"VR 降噪"特效前　图 4-142　应用"VR 降噪"特效后

（11）VR 颜色渐变。该特效可以为素材添加渐变色点。应用"VR 颜色渐变"特效前、后的效果如图 4-143 和图 4-144 所示。

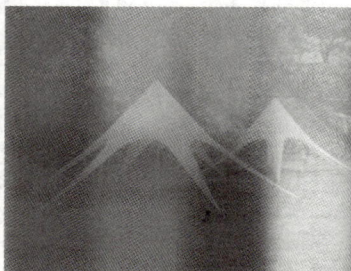

图 4-143　应用"VR 颜色渐变"特效前　图 4-144　应用"VR 颜色渐变"特效后

4.2.8　生成

"生成"特效主要用来生成一些特殊效果，其中包含四种特效。

（1）四色渐变。该特效可以使用四种颜色填充整个图像。应用"四色渐变"特效前、后的效果如图 4-145 和图 4-146 所示。

图 4-145　应用"四色渐变"特效前　　图 4-146　应用"四色渐变"特效后

（2）渐变。该特效可以在图像中创建渐变效果。应用"渐变"特效前、后的效果如图 4-147和图 4-148 所示。

图 4-147　应用"渐变"特效前　　图 4-148　应用"渐变"特效后

（3）镜头光晕。该特效可以模拟用镜头拍摄到发光物体时，光线经过多片镜头而产生很多个光环的效果。它是后期制作中经常使用的特效，用于改善画面效果。应用该特效后，其参数面板如图 4-149 所示。

①光晕中心：设置发光点的中心位置。

②光晕亮度：设置光晕的亮度。

③镜头类型：选择镜头的类型，包含"50-300 毫米变焦""35 毫米定焦""105 毫米定焦"。

④与原始图像混合：设置光环和原图像的混合程度。

应用"镜头光晕"特效前、后的效果如图 4-150 和图 4-151 所示。

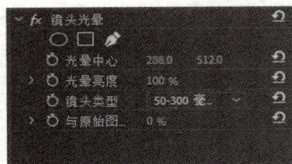

图 4-149　"镜头光晕"设置　　图 4-150　应用"镜头光晕"特效前　　图 4-151　应用"镜头光晕"特效后

（4）闪电。该特效可以用来模拟真实的闪电和放电效果。应用该特效后，其参数面板如图 4-152 所示。

①起始点：用于设置闪电的起始位置。

②结束点：用于设置闪电的结束位置。

③分段：用于设置闪电的线条数量。

④振幅：用于设置闪电的波动幅度。

⑤细节级别 / 细节振幅：用于设置添加到闪电主干和闪电任意分支的细节。

⑥分支：设置闪电的分支数量。

⑦再分支：设置闪电分支的分支数量。

⑧分支角度：用于设置闪电分支和闪电主干之间的角度。

⑨分支段长度：用于设置每个分支段的平均长度。

⑩分支段：用于设置每个分支的最大分段数。

⑪分支宽度：用于设置每个分支的宽度。

图 4-152　"闪电"设置

⑫速度：用于设置闪电的变化速度。

⑬稳定性：用于设置闪电的起始点和结束点之间的接近程度。

⑭固定端点：用于设置闪电的结束点是否保持在固定位置。

⑮宽度：用于设置闪电主干的宽度。

⑯宽度变化：用于设置闪电主干的宽度变化。

⑰核心宽度：用于设置闪电的内发光的宽度。

⑱外部颜色：用于设置闪电的外发光颜色。

⑲内部颜色：用于设置闪电的内发光颜色。

⑳拉力：用于设置拉动闪电的力的大小。

㉑拖拉方向：用于设置拖拉闪电的方向。

㉒随机植入：用于设置闪电随机生成杂色的级别。

㉓混合模式：用于设置闪电和原图像的混合模式。

㉔在每一帧处重新运行：用于设置在每一帧处重新生成闪电。

应用"闪电"特效前、后的效果如图 4-153 和图 4-154 所示。

图 4-153　应用"闪电"特效前　　图 4-154　应用"闪电"特效后

4.2.9　视频

"视频"特效用于对视频特性进行控制，其中包含两种特效。

（1）SDR 遵从情况。该特效可以调整素材的亮度、对比度和软阈值。应用"SDR 遵从情况"特效前、后的效果如图 4-155 和图 4-156 所示。

图 4-155　应用"SDR 遵从情况"特效前　　图 4-156　应用"SDR 遵从情况"特效后

（2）简单文本。该特效可以在素材画面中插入介绍性文字。应用"简单文本"特效前、后的效果如图4-157和图4-158所示。

图4-157　应用"简单文本"特效前　　图4-158　应用"简单文本"特效后

4.2.10　过渡

"过渡"特效主要用于进行两个图像之间的切换，其中包含三种特效。

（1）块溶解。该特效通过随机产生的板块对图像进行溶解。应用该特效后，其参数面板如图4-159所示。

图4-159　"块溶解"设置

①过渡完成：用于设置切换完成的百分比，数值为100%时完全显示切换后的图像。

②块宽度/块高度：用于设置板块的宽度与高度。

③羽化：用于设置板块边缘的羽化程度。

④柔化边缘：勾选此复选框，将对板块边缘进行柔化处理。

应用"块溶解"特效前、后的效果如图4-160和图4-161所示。

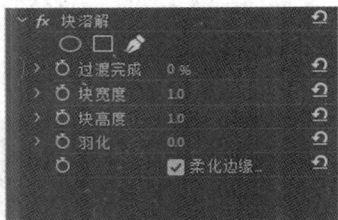

图4-160　应用"块溶解"特效前　　图4-161　应用"块溶解"特效后

（2）渐变擦除。该特效可以根据两个图层（指定图层和原图层）的亮度值建立一个渐变图层，在指定图层和原图层之间进行渐变切换。应用该特效后，其参数面板如图4-162所示。

①过渡完成：用于设置切换完成的百分比。

②过渡柔和度：用于设置切换边缘的柔和程度。

③渐变图层：用于选择作为参考的渐变图层。

④渐变放置：用于设置放置渐变图层的位置。

⑤反转渐变：勾选此复选框，将对渐变图层进行反转。

应用"渐变擦除"特效前、后的效果如图 4-163 和图 4-164 所示。

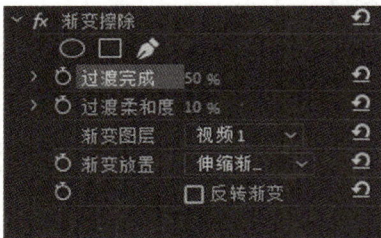

图 4-162 "渐变擦除"设置　　　　图 4-163 应用"渐变擦除"　　图 4-164 应用"渐变擦除"
　　　　　　　　　　　　　　　　　　　　　　特效前　　　　　　　　　　　特效后

（3）线性擦除。该特效以线条划过的方式形成擦除效果。应用该特效后，其参数面板如图 4-165 所示。

①过渡完成：用于设置切换完成的百分比。

②擦除角度：用于设置图像被擦除的角度。

③羽化：用于设置擦除边缘的羽化程度。

应用"线性擦除"特效前、后的效果如图 4-166 和图 4-167 所示。

图 4-165 "线性擦除"设置　　　　图 4-166 应用"线性擦除"　　图 4-167 应用"线性擦除"
　　　　　　　　　　　　　　　　　　　　　　特效前　　　　　　　　　　　特效后

4.2.11 透视

"透视"特效主要用于制作三维透视效果，使素材产生立体感或空间感，其中包含两种特效。

（1）基本 3D。该特效可以模拟平面素材在三维空间中的运动效果，能够使素材绕水平和垂直的轴旋转，或者沿着虚拟的 z 轴移动，以靠近或远离屏幕。另外，使用该特效可以为旋转的素材表面添加反光效果。应用该特效后，其参数面板如图 4-168 所示。

①旋转：设置素材水平旋转的角度，当旋转角度大于 90° 时，可以看到素材的背面。

②倾斜：设置素材垂直旋转的角度。

③与图像的距离：设置素材与屏幕的距离，数值越大，素材距离屏幕越远，看起来越小；数值越小，素材距离屏幕越近，看起来就越大；当数值为负时，素材会被放大并超出屏幕。

④镜面高光：用于为素材添加反光效果。

⑤预览：用于设置素材以线框的形式显示。

应用"基本 3D"特效前、后的效果如图 4-169 和图 4-170 所示。

图 4-168 "基本 3D"设置　　　图 4-169 "基本 3D"特效前　　　图 4-170 "基本 3D"特效后

（2）投影。该特效可以为素材添加阴影。应用该特效后，其参数面板如图 4-171 所示。

①阴影颜色：用于设置阴影的颜色。

②不透明度：用于设置阴影的不透明度。

③方向：用于设置阴影的角度。

④距离：用于设置阴影与原素材之间的距离。

⑤柔和度：用于设置阴影边缘的柔和程度。

⑥仅阴影：勾选此复选框，"节目"面板中将只显示素材的阴影。

应用"投影"特效前、后的效果如图 4-172 和图 4-173 所示。

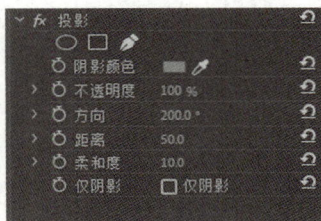

图 4-171 "投影"设置　　　图 4-172 应用"投影"特效前　　　图 4-173 应用"投影"特效后

4.2.12　通道

"通道"特效可以对素材的通道进行处理，仅包含一种特效，即"反转"。该特效将素材进行反色显示，使处理后的素材看起来像照片的底片。应用该特效前、后的效果如图 4-174 和图 4-175 所示。

图 4-174 应用"反转"特效前　　　　　图 4-175 应用"反转"特效后

4.2.13　风格化

"风格化"特效主要用来模拟一些美术风格，实现丰富的画面效果，其中包含九种特效。

（1）Alpha发光。该特效对含有通道的素材起作用，会在通道的边缘处产生一圈渐变的辉光效果，可以在单色的边缘处或在边缘运动时产生两种颜色。应用该特效后，其参数面板如图4-176所示。

①发光：用于设置光晕从素材的Alpha通道边缘扩散的距离。

②亮度：用于设置辉光的强度。

③起始颜色/结束颜色：用于设置辉光内部与外部的颜色。

应用"Alpha发光"特效前、后的效果如图4-177和图4-178所示。

图4-176　"Alpha发光"设置　　图4-177　应用"Alpha发光"特效前　　图4-178　应用"Alpha发光"特效后

（2）Replicate（复制）。该特效可以将素材复制指定的数量，并同时在每一个单元中显示出来。在"效果控件"面板中拖曳"计数"选项的滑块，可以设置每行或每列的分块数目。应用"复制"特效前、后的效果如图4-179和图4-180所示。

图4-179　应用"复制"特效前　　图4-180　应用"复制"特效后

（3）彩色浮雕。该特效可锐化素材中物体的轮廓，使其产生彩色的浮雕效果。应用该特效后，其参数面板如图4-181所示。

①方向：设置浮雕的方向。

②起伏：设置浮雕压制的明显高度，实际上是设置浮雕边缘的最大加亮宽度。

③对比度：设置素材中物体的边缘锐利程度，如果增加参数值，加亮区域就会变得更明显。

④与原始图像混合：该参数值越小，上述设置的效果越明显。

应用"彩色浮雕"特效前、后的效果如图4-182和图4-183所示。

图4-181　"彩色浮雕"设置　　图4-182　应用"彩色浮雕"特效前　　图4-183　应用"彩色浮雕"特效后

（4）查找边缘。该特效可强化素材中物体的边缘，使其产生类似素描或底片的效果，而且构图越简单、明暗对比越强烈的素材，描出的线条越清楚。应用该特效后，其参数面板如图4-184所示。

①反转：取消勾选此复选框，素材边缘会出现如在白色背景上的黑色线；勾选此复选框，素材边缘会出现如在黑色背景上的明亮线。

②与原始图像混合：用于设置效果与原素材混合的程度。

应用"查找边缘"特效前、后的效果如图4-185和图4-186所示。

图4-184 "查找边缘"设置

图4-185 应用"查找边缘"特效前

图4-186 应用"查找边缘"特效后

（5）画笔描边。该特效会使素材产生一种用美术画笔描绘的效果。应用"画笔描边"特效前、后的效果如图4-187和图4-188所示。

图4-187 应用"画笔描边"特效前

图4-188 应用"画笔描边"特效后

（6）粗糙边缘。该特效可以使素材Alpha通道的边缘粗糙化，从而使素材或栅格化文本产生一种自然的粗糙效果。应用"粗糙边缘"特效前、后的效果如图4-189和图4-190所示。

图4-189 应用"粗糙边缘"特效前

图4-190 应用"粗糙边缘"特效后

（7）色调分离。该特效可以将素材的色调进行分离，以制作特殊效果。应用"色调分离"特效前、后的效果如图4-191和图4-192所示。

图 4-191　应用"色调分离"特效前　　图 4-192　应用"色调分离"特效后

（8）闪光灯。该特效能以一定的周期或随机地对一个素材进行算术运算，例如，每隔 5 s 就将素材变成白色并显示 0.1 s，或将素材颜色以随机的时间间隔进行反转。此特效常用来模拟摄像机的瞬间强烈闪光效果。应用该特效后，其参数面板如图 4-193 所示。

①闪光色：设置频闪瞬间屏幕上呈现的颜色。

②与原始图像混合：设置效果与原素材混合的程度。

③闪光持续时间（秒）：设置频闪持续的时间。

④闪光周期（秒）：以 s 为单位，设置频闪效果出现的间隔时间；它是从相邻两个频闪效果的开始时间算起的，因此，该选项的数值大于"闪光持续时间（秒）"选项的数值时，才会出现频闪效果。

⑤随机闪光机率：设置素材中每一帧产生频闪效果的概率。

⑥闪光：设置频闪效果的不同类型。

⑦闪光运算符：设置频闪时使用的运算方法。

⑧随机植入：设置闪光植入特定帧的概率。

应用"闪光灯"特效前、后的效果如图 4-194 和图 4-195 所示。

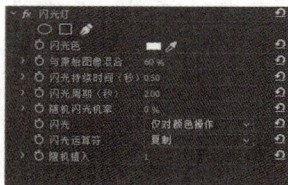

图 4-193　"闪光灯"设置　　图 4-194　应用"闪光灯"特效前　　图 4-195　应用"闪光灯"特效后

（9）马赛克。该特效用若干方形色块填充素材，使素材产生马赛克效果。应用该特效后，其参数面板如图 4-196 所示。

①水平块 / 垂直块：用于设置水平与垂直方向上的分割色块的数量。

②锐化颜色：勾选此复选框，可以锐化素材。

应用"马赛克"特效前、后的效果如图 4-197 和图 4-198 所示。

图 4-196　"马赛克"设置　　图 4-197　应用"马赛克"特效前　　图 4-198　应用"马赛克"特效后

操作步骤

步骤 1 启动 Premiere，执行菜单栏"文件"→"新建"→"项目"命令，如图 4-17 所示，弹出"新建项目"对话框，设置项目名称和位置，单击"确定"按钮，新建项目。

执行菜单栏"文件"→"新建"→"序列"命令，弹出"新建序列"对话框，单击"设置"选项卡，"编辑模式"选择"自定义"，"帧大小"为 1 920 水平，1 080 垂直，其余不变，如图 4-199 所示，单击"确定"按钮，新建序列。

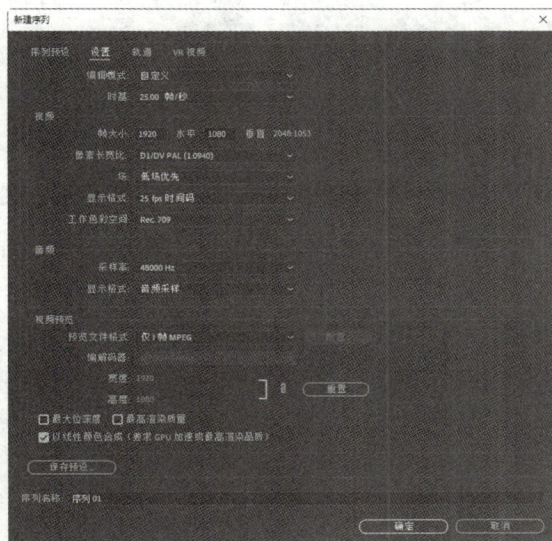

图 4-199 新建序列

步骤 2 执行菜单栏"文件"→"导入"命令，弹出"导入"对话框，选择"01"～"03"素材文件，如图 4-200 所示。单击"打开"按钮，将素材文件导入"项目"面板中，如图 4-201 所示。

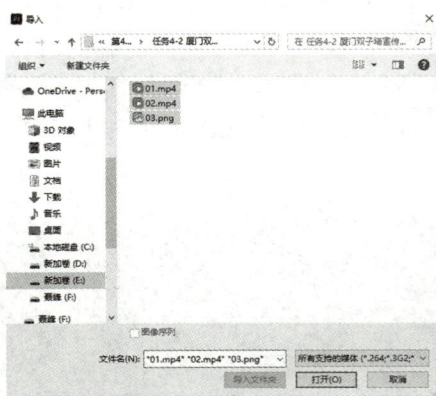

图 4-200 导入素材

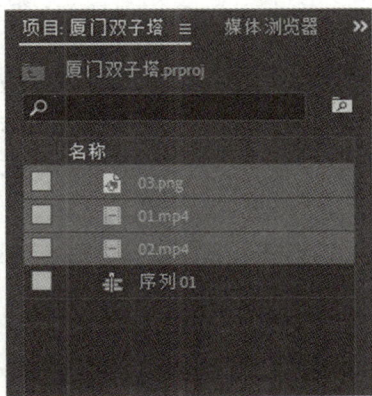

图 4-201 导入"项目"面板

步骤 3 在"项目"面板中，选中"01"文件并将其拖曳到"时间轴"面板的"V2"轨道中，弹出"剪辑不匹配警告"对话框。单击"保持现有设置"按钮，在保持现有序列设置的情况下拖曳"01"文件放置在"V2"轨道中，如图 4-202 所示。

选择"时间轴"面板中的"01"文件。在"效果控件"面板中展开"运动"选项，将"缩放"选项设置为 110.0，调整图像大小，如图 4-203 所示。

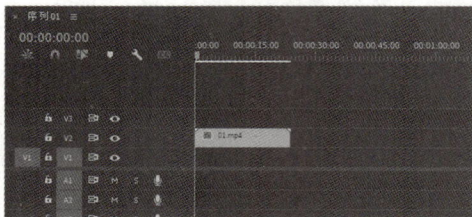

图 4-202　拖曳"01"文件至"V2"轨道中　　　　图 4-203　设置缩放

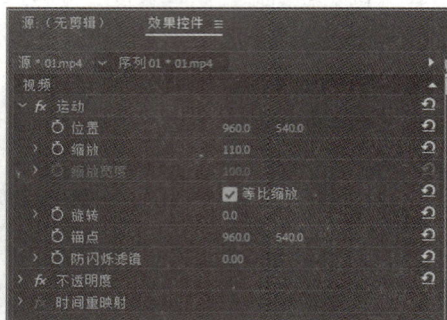

步骤 4　执行菜单栏"剪辑"→"速度/持续时间"命令，在弹出的对话框中进行设置，调整视频速度为 299%，如图 4-204 所示。单击"确定"按钮，效果如图 4-205 所示。

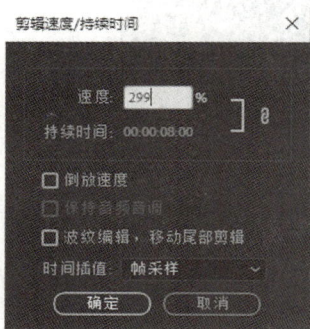

图 4-204　调整视频速度　　　　图 4-205　调整速度后的视频

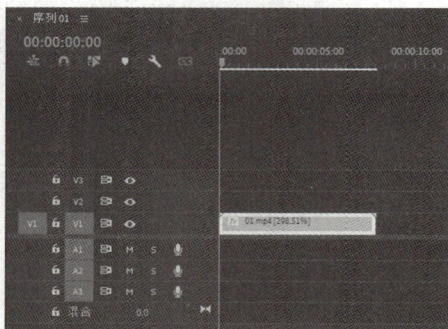

步骤 5　在"效果"面板中展开"视频效果"特效分类选项，单击"扭曲"文件夹左侧的 ▶ 按钮将其展开，选中"镜像"特效，如图 4-206 所示。

将"镜像"特效拖曳到"时间轴"面板的"V2"轨道中的"01"文件上，设置"镜像"效果。在"效果控件"面板中展开"镜像"选项，将"反射中心"选项设置为 1 920.0 和 640.0，"反射角度"选项设置为 90.0°，如图 4-207 所示。

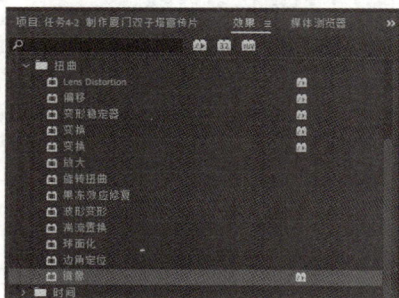

图 4-206　选中"镜像"特效　　　　图 4-207　镜像设置

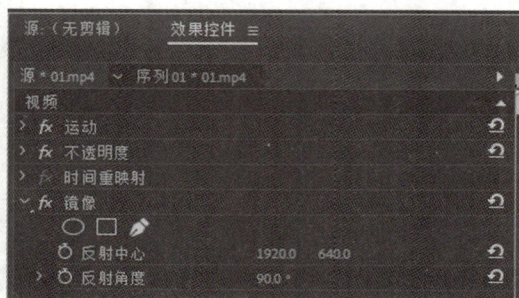

步骤 6 将播放指示器放置在 06:04 s 的位置。在"项目"面板中，选中"02"文件并将其拖曳到"时间轴"面板的"V1"轨道中，如图 4-208 所示。

选择"时间轴"面板中的"02"文件。在"效果控件"面板中展开"运动"选项，将"缩放"选项设置为 110.0，调整图像大小，如图 4-209 所示。

图 4-208 拖曳"02"文件至"V1"轨道　　　图 4-209 缩放设置

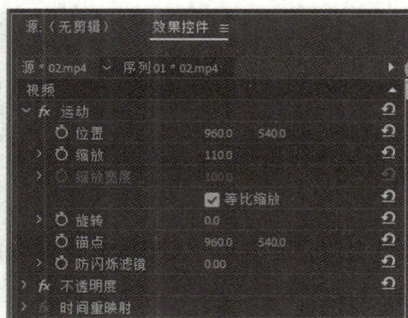

步骤 7 执行菜单栏"剪辑"→"速度 / 持续时间"命令，在弹出的对话框中进行设置，调整视频速度为 199，如图 4-210 所示。单击"确定"按钮，效果如图 4-211 所示。

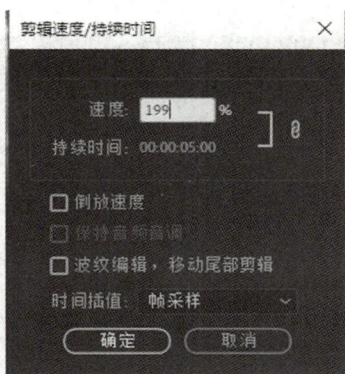

图 4-210 视频速度设置　　　图 4-211 调整速度后的视频

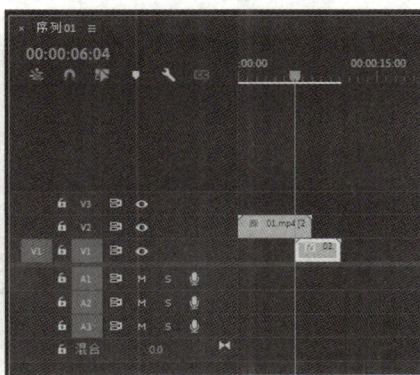

步骤 8 在"效果"面板中的搜索框搜索"百叶窗"特效，如图 4-212 所示。

将"百叶窗"特效拖曳到"时间轴"面板的"V2"轨道中的"01"文件上，制作视频过渡效果。将播放指示器放置在 06:13 s 的位置。在"效果控件"面板中展开"百叶窗"选项，单击"过渡完成"选项左侧的"切换动画"按钮 ⬛，如图 4-213 所示，记录第 1 个动画关键帧。

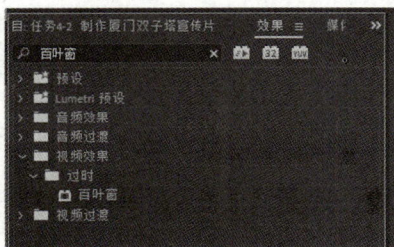

图 4-212 搜索"百叶窗"效果　　　图 4-213 第 1 个动画关键帧

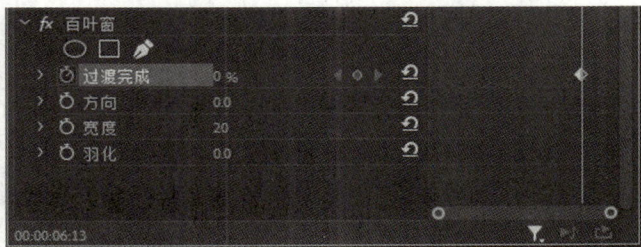

步骤9　将播放指示器放置在07:24 s的位置。在"效果控件"面板中将"过渡完成"选项设置为100%，如图4-214所示，记录第2个动画关键帧。

将播放指示器放置在00:00 s的位置。在"项目"面板中，选中"03"文件并将其拖曳到"时间轴"面板的"V3"轨道中，如图4-215所示。

图4-214　第2个动画关键帧1

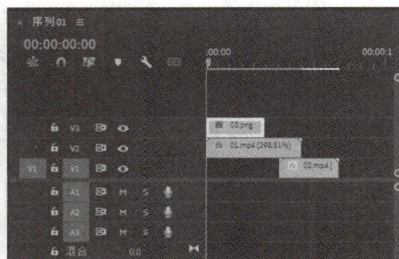

图4-215　拖曳"03"文件至"V3"轨道

步骤10　选择"时间轴"面板中的"03"文件，在"效果控件"面板中展开"不透明度"选项，将"不透明度"选项设置为0.0%，如图4-216所示，记录第1个动画关键帧。

将播放指示器放置在00:19 s的位置。在"效果控件"面板中将"不透明度"选项设置为100.0%，如图4-217所示，记录第2个动画关键帧。

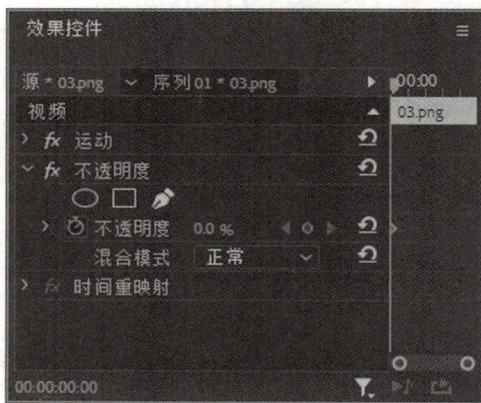

图4-216　第1个动画关键帧

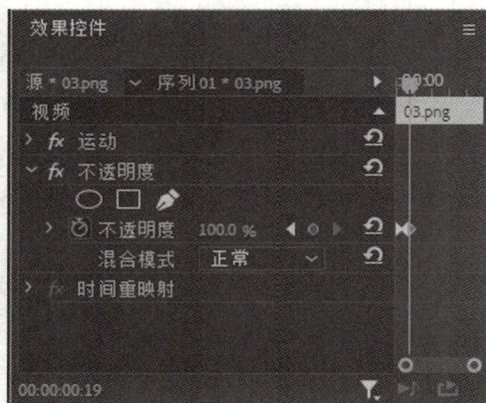

图4-217　第2个动画关键帧2

步骤11　在"效果"面板中单击"风格化"文件夹左侧的 ▶ 按钮将其展开，选中"彩色浮雕"特效，如图4-218所示。

将"彩色浮雕"特效拖曳到"时间轴"面板的"V3"轨道中的"03"文件上，制作文字立体效果。在"效果控件"面板中展开"彩色浮雕"选项，将"与原始图像混合"选项设置为50%，如图4-219所示。

步骤12　在"效果"面板中单击"透视"文件夹左侧的 ▶ 按钮将其展开，选中"投影"特效，如图4-220所示。

将"投影"特效拖曳到"时间轴"面板的"V3"轨道中的"03"文件上，制作文字立体效果，如图4-221所示。厦门双子塔宣传片制作完成，最终效果如图4-51所示。

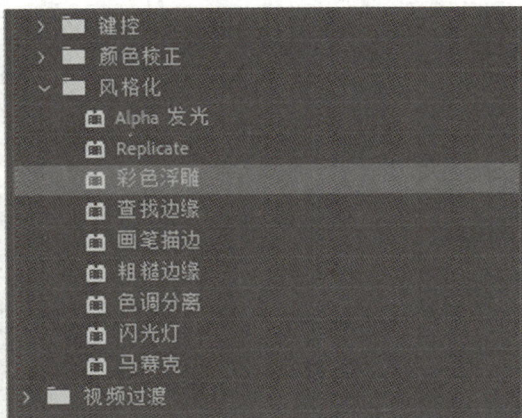

图 4-218　彩色浮雕

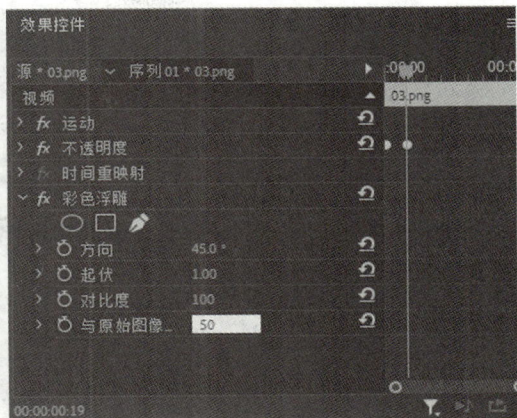

图 4-219　设置"彩色浮雕"

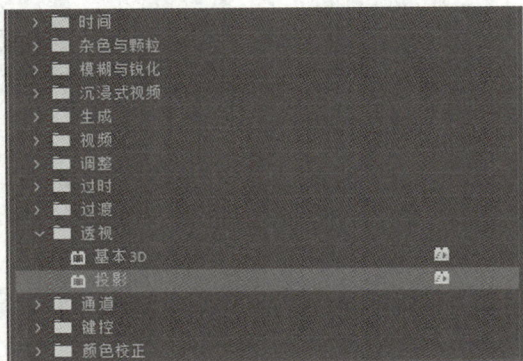

图 4-220　选中"投影"特效

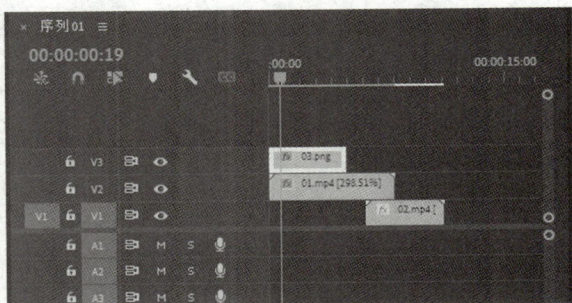

图 4-221　添加投影效果

拓展训练 4.2

制作厦门鼓浪屿宣传片

训练要求

1. 学会调整视频的播放速度；

2. 学会为视频素材添加"镜头光晕""百叶窗"等各种效果；

3. 学会为文字素材添加"描边""投影"等各种效果。

步骤指导

1. 新建项目和序列，导入三个素材；

2. 将"02"素材拖曳到"V2"轨道中，添加"镜头光晕"效果，将"01"素材拖曳到"V1"轨道中，添加"百叶窗"效果；

3. 将"03"素材拖曳到"V3"轨道中，为其添加不透明度关键帧动画，添加"描边""投影"等各种效果。最终效果如图 4-222 所示。

制作厦门鼓浪屿宣传片

图 4-222　制作厦门鼓浪屿宣传片——最终效果

📋 项目小结

　　本项目通过完成两个任务和两个拓展训练，可以掌握并使用"视频效果"里的大部分特效，对"视频效果"功能有较为清晰的认识，为完成以后的项目打好基础。

视频色彩的校正　项目5

项目导学

　　本项目通过学习"制作古诗欣赏片""制作怀旧风格的老电影"和"厦门鼓浪屿航拍"任务，完成"制作唐诗欣赏片""制作怀旧古树林片段"和"厦门曾厝垵写真"拓展训练，对 After Effects 的"视频效果"之下"图像控制""调整""过时"和"颜色校正"等的功能有一个清晰的认识，为初次踏入影视后期编辑制作这一领域的学生填补这方面的空白。通过本项目的学习，培养良好的艺术修养和人文素养，引导学生选择正确的人生道路，学生获得艺术享受的同时，健全自身的人格。

任务 5.1
制作古诗欣赏片

任 务 目 标

　　使用"黑白"特效将彩色图像转换为灰度图像，使用"查找边缘"特效制作图像的边缘，使用"色阶"特效调整图像的亮度和对比度，使用"高斯模糊"特效制作图像的模糊效果，使用"旧版标题"命令添加与编辑文字，使用"擦除"特效制作文字过渡。使用多个特效编辑图像之间的叠加效果。最终效果如图 5-1 所示。

图 5-1　制作古诗欣赏片——最终效果

相 关 知 识

　　"图像控制"位于 Premiere "效果"面板"视频效果"中，该特效的主要用途是对素材进行色彩的特殊处理，广泛运用于视频编辑中，用于处理一些前期拍摄过程中遗留下的缺陷或使素材达到某种预想的效果。"图像控制"特效是一组重要的视频特效，包含了以下五种特效。

5.1.1　灰度系数校正

　　该特效通过改变素材中间色调的亮度实现在不改变素材整体亮度和阴影的情况下，使素材变得更明亮或更灰暗。应用"灰度系数校正"特效前、后的效果如图 5-2 和图 5-3 所示。

图 5-2 应用"灰度系数校正"特效前　图 5-3 应用"灰度系数校正"特效后

5.1.2　颜色平衡（RGB）

"颜色平衡（RGB）"特效通过对素材的红色、绿色和蓝色进行调整，来达到改变图像色彩效果的目的。应用该特效后，其参数面板如图 5-4 所示。应用"颜色平衡（RGB）"特效前、后的效果如图 5-5 和图 5-6 所示。

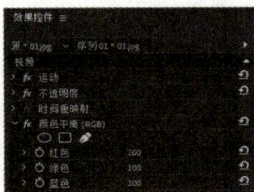

图 5-4　"颜色平衡
（RGB）"参数面板

图 5-5　应用"颜色平衡
（RGB）"特效前

图 5-6　应用"颜色平衡
（RGB）"特效后

5.1.3　颜色替换

该特效可以指定某种颜色，然后使用一种新的颜色来替换指定的颜色。应用该特效后，其参数面板如图 5-7 所示。

应用"颜色替换"特效前、后的效果如图 5-8 和图 5-9 所示。

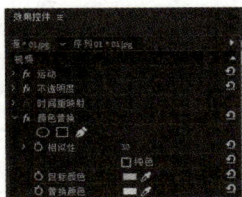

图 5-7　"颜色替换"参数面板　图 5-8　应用"颜色替换"特效前　图 5-9　应用"颜色替换"特效后

5.1.4　颜色过滤

该特效可以将素材中除指定颜色外的其他颜色转化成灰度（黑、白）颜色，即保留指定的颜色。应用该特效后，其参数面板如图 5-10 所示。应用"颜色过滤"特效前、后的效果如图 5-11 和图 5-12 所示。

图 5-10 "颜色过滤"参数面板　　图 5-11 应用"颜色过滤"特效前　　图 5-12 应用"颜色过滤"特效后

5.1.5 黑白

该特效用于将彩色影像直接转换成灰度影像，它没有参数选项。应用"黑白"特效前、后的效果如图 5-13 和图 5-14 所示。

图 5-13 应用"黑白"特效前　　　　　　图 5-14 应用"黑白"特效后

操作步骤

步骤 1　启动 Premiere，执行菜单栏"文件"→"新建"→"项目"命令，弹出"新建项目"对话框，如图 5-15 所示，单击"确定"按钮，新建项目。

执行菜单栏"文件"→"新建"→"序列"命令，弹出"新建序列"对话框，单击"设置"选项卡，具体参数设置如图 5-16 所示，单击"确定"按钮，新建序列。

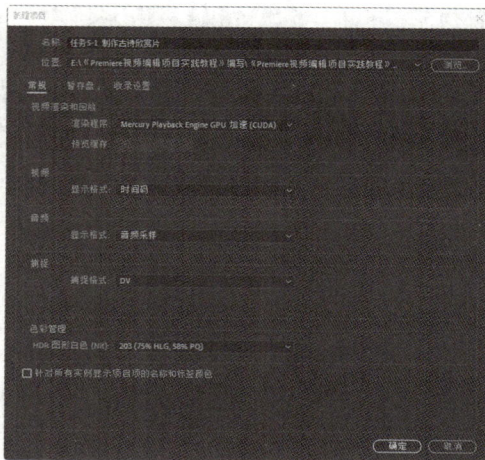

图 5-15 新建项目　　　　　　　　　　图 5-16 新建序列

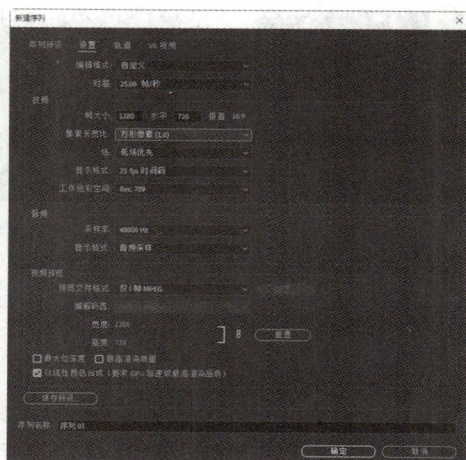

步骤2　执行菜单栏"文件"→"导入"命令，弹出"导入"对话框，选择"01"文件，如图5-17所示。单击"打开"按钮，将素材文件导入"项目"面板中，如图5-18所示。

图5-17　选择"01"文件

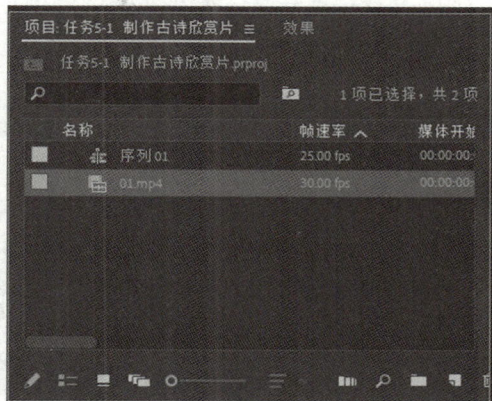

图5-18　导入"项目"面板

步骤3　在"项目"面板中选中"01"文件并将其拖曳到"时间轴"面板的"V1"轨道中。弹出"剪辑不匹配警告"对话框，单击"保持现有设置"按钮，在保持现有序列设置的情况下将文件放置在"V1"轨道中，如图5-19所示。

步骤4　将时间指示器移动到10:00 s的位置，将鼠标指针放在"01"文件的结束位置并单击，显示编辑点。当鼠标指针呈🔧形状时，向左拖曳直到10:00 s的位置，如图5-20所示。

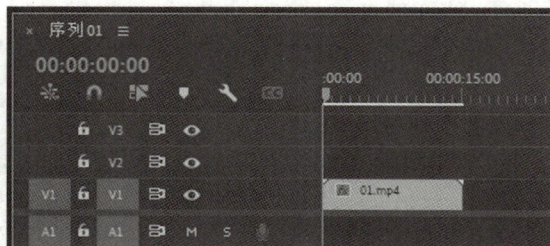

图5-19　拖曳到"时间轴"面板

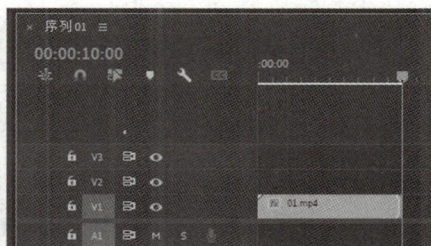

图5-20　向左拖曳

步骤5　将时间指示器移动到0 s的位置。打开"效果"面板，展开"视频效果"特效分类选项，单击"图像控制"文件夹左侧的 按钮将其展开，选中"黑白"特效，如图5-21所示。将"黑白"特效拖曳到"时间轴"面板中的"01"文件上，如图5-22所示。

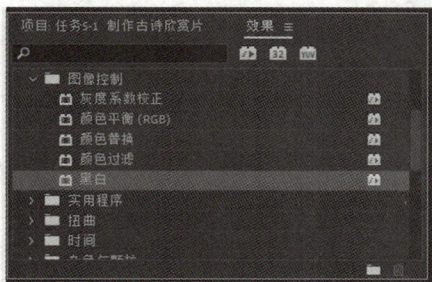

图5-21　选中"黑白"特效

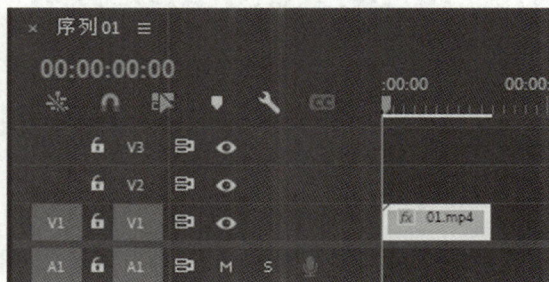

图5-22　添加"黑白"特效

步骤 6　选择"效果"面板，单击"风格化"文件夹左侧的 ▶ 按钮将其展开，选中"查找边缘"特效，如图 5-23 所示。将"查找边缘"特效拖曳到"时间轴"面板中的"01"文件上。在"效果控件"面板中展开"查找边缘"特效，将"与原始图像混合"选项设置为 12%，如图 5-24 所示。

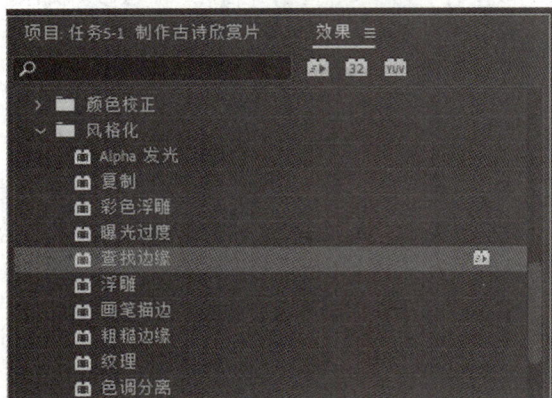

图 5-23　选中"查找边缘"特效

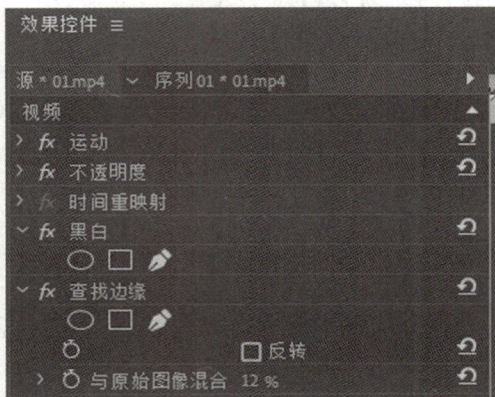

图 5-24　设置"查找边缘"特效

步骤 7　选择"效果"面板，单击"调整"文件夹左侧的 ▶ 按钮将其展开，选中"色阶"特效，如图 5-25 所示，将"色阶"特效拖曳到"时间轴"面板中的"01"文件上。在"效果控件"面板中展开"色阶"特效并进行参数设置（"输入黑色阶"为 42，"灰度系数"为 86），如图 5-26 所示。

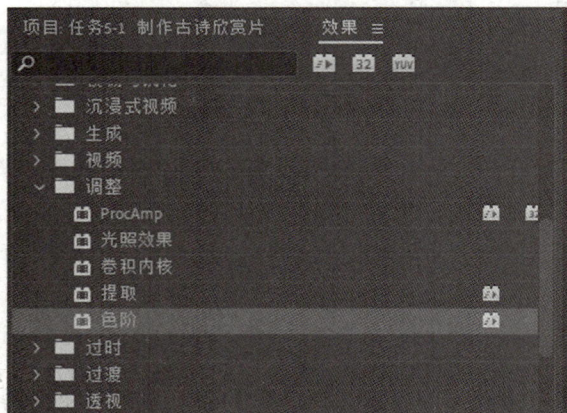

图 5-25　选中"色阶"特效

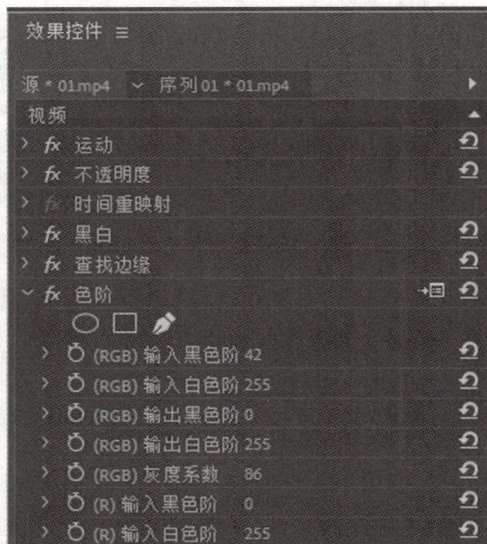

图 5-26　设置"色阶"特效

步骤 8　选择"效果"面板，单击"模糊与锐化"文件夹左侧的 ▶ 按钮将其展开，选中"高斯模糊"特效，如图 5-27 所示。将"高斯模糊"特效拖曳到"时间轴"面板中的"01"文件上。在"效果控件"面板中展开"高斯模糊"特效，将"模糊度"选项设置为 3.2，如图 5-28 所示。

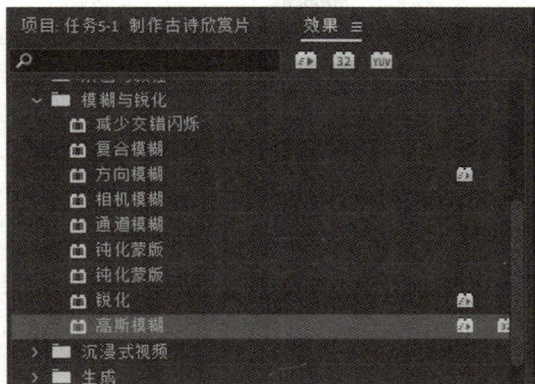

图5-27 选中"高斯模糊"特效

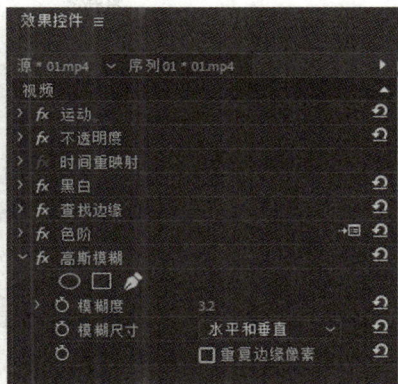

图5-28 设置"高斯模糊"特效

步骤9 执行菜单栏"文件"→"新建"→"旧版标题"命令，弹出"新建字幕"对话框，如图5-29所示，单击"确定"按钮。单击"工具"面板中的"垂直文字"按钮 ⅠＴ，在"字幕"面板中单击输入需要的文字。

步骤10 在"旧版标题属性"面板中展开"变换"选项，具体参数设置如图5-30所示。展开"属性"选项，具体参数设置如图5-31所示。"字幕"面板如图5-32所示，新建的字幕文件将自动保存到"项目"面板中。

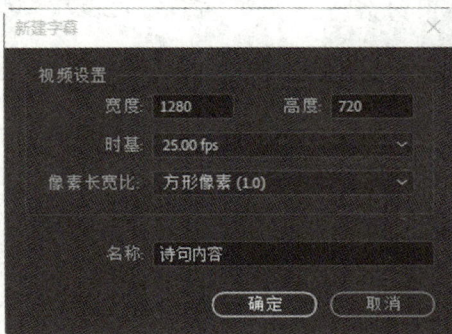

图5-29 "新建字幕"对话框

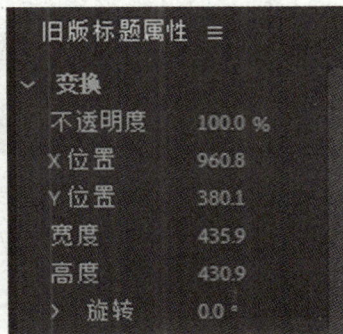

图5-30 "变换"选项具体参数

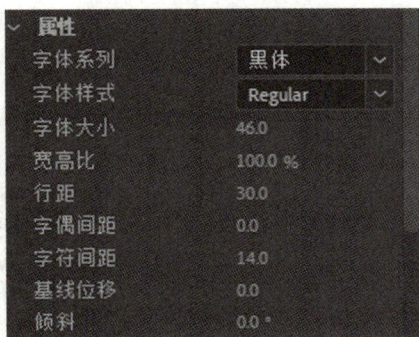

图5-31 "属性"选项具体参数

图5-32 "字幕"面板

步骤11 在"项目"面板中选中"诗句内容"文件并将其拖曳到"时间轴"面板的"V2"轨道中，如图5-33所示。选择"效果"面板，单击"擦除"文件夹左侧的 ▶ 按钮将其展开，选中"划出"特效，如图 5-34 所示。

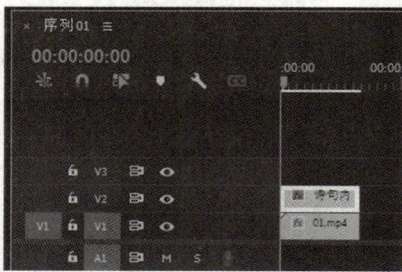

图 5-33　将字幕文件拖曳到"时间轴"面板　　　图 5-34　选中"划出"特效

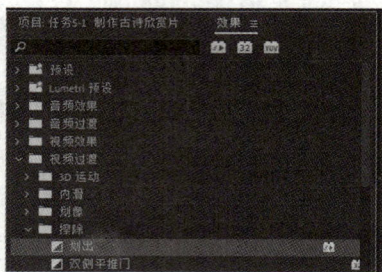

步骤 12　将"划出"特效拖曳到"时间轴"面板中的"诗句内容"文件的开始位置，如图 5-35 所示。选中"时间轴"面板中的"划出"特效，选择"效果控件"面板，将"持续时间"选项设置为 04:00 s，单击小视窗右侧的"自东向西"按钮 ◀，如图 5-36 所示。古诗欣赏片制作完成，最终效果如图 5-1 所示。

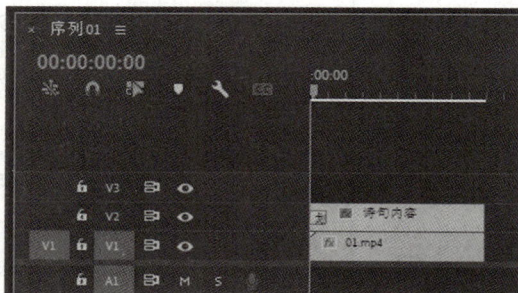

图 5-35　添加"划出"特效　　　　　图 5-36　设置"划出"特效

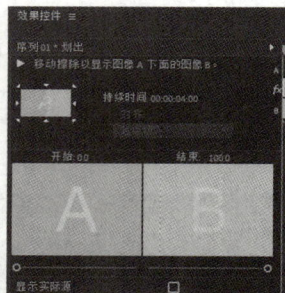

拓展训练 5.1

制作唐诗欣赏片

训练要求

1. 学会使用"视频效果"之下的"黑白""查找边缘""色阶"和"高斯模糊"等效果；
2. 学会执行"旧版标题"命令添加与编辑文字；
3. 学会使用"视频过渡"之下的"擦除"特效制作文字过渡效果。

步骤指导

1. 使用"黑白"特效将彩色视频转换为灰度视频，使用"查找边缘"特效制作视频的边缘，使用"色阶"特效调整视频的亮度和对比度，使用"高斯模糊"特效制作视频的模糊效果；

制作唐诗
欣赏片

2. 执行"旧版标题"命令添加与编辑唐诗；

3. 使用"擦除"特效制作文字自北向南的擦除效果。唐诗欣赏片最终效果如图 5-37 所示。

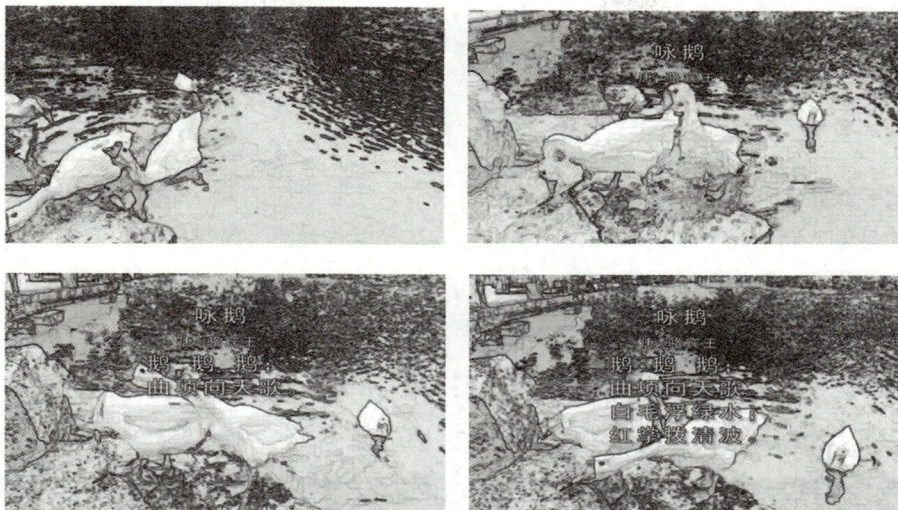

图5-37　制作唐诗欣赏片——最终效果

任务 5.2
制作怀旧风格的老电影

制作怀旧风格
的老电影

任务目标

执行"导入"命令导入视频文件，使用"ProcAmp"特效调整图像的亮度、饱和度和对比度，使用"颜色平衡"特效调整图像中的部分颜色，使用"DE_AgedFilm"外部特效制作老电影效果。怀旧风格的老电影最终效果如图5-38所示。

图5-38　制作怀旧风格的老电影——最终效果

相 关 知 识

5.2.1　调整

如果需要调整素材的亮度、对比度、色彩及通道，修复素材的偏色或曝光不足等缺陷，提高素材画面的亮度，制作特殊的色彩效果等，最好的选择就是使用"调整"特效。该类特效是使用频繁的一类特效，共包含五种视频特效。

1. ProcAmp

该特效可以用于调整素材的亮度、对比度、色相和饱和度，是一个较常用的视频特效。应用"ProcAmp"特效前、后的效果如图 5-39 和图 5-40 所示。

图 5-39　应用"ProcAmp"特效前

图 5-40　应用"ProcAmp"特效后

2. 光照效果

该特效最多可以为素材添加 5 个灯光照明，以模拟舞台追光灯的效果。用户在该特效对应的"效果控件"面板中可以设置灯光的类型、方向、强度、颜色和中心点的位置等。应用"光照效果"特效前、后的效果如图 5-41 和图 5-42 所示。

图 5-41　应用"光照效果"特效前

图 5-42　应用"光照效果"特效后

3. 卷积内核

该特效通过运算改变素材中每个像素的颜色和亮度值，从而改变图像的质感。应用该特效后，其参数面板如图 5-43 所示。

（1）"M11"～"M33"：表示像素亮度增效的矩阵，其参数值可在 −30 ～ 30 范围内调整。

（2）偏移：用于调整素材的色彩明暗偏移量。

（3）缩放：用于调整素材中像素亮度的缩放量。

应用"卷积内核"特效前、后的效果如图5-44和图5-45所示。

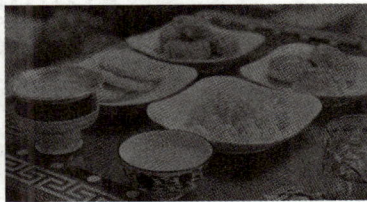

图5-43 "卷积内核"参数面板　　图5-44 应用"卷积内核"特效前　　图5-45 应用"卷积内核"特效后

4. 提取

该特效可以从视频片段中提取颜色，然后通过设置灰度的范围控制画面的显示。应用该特效后其参数面板如图5-46所示。

（1）输入黑色阶：表示画面中黑色的提取情况。

（2）输入白色阶：表示画面中白色的提取情况。

（3）柔和度：用于调整画面的灰度，数值越大，灰度越高。

（4）反转：勾选此复选框，将对黑色像素范围和白色像素范围进行反转。

应用"提取"特效前、后的效果如图5-47和图5-48所示。

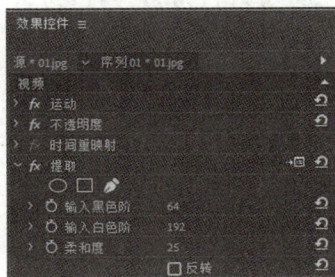

图5-46 "提取"参数面板　　图5-47 应用"提取"特效前　　图5-48 应用"提取"特效后

5. 色阶

该特效的作用是调整素材的亮度和对比度。应用该特效后，其参数面板如图5-49所示。单击右上角的"设置"按钮 ，弹出"色阶设置"对话框，如图5-50所示，左边显示了当前画面的柱状图，水平方向代表亮度值，垂直方向代表对应亮度值的像素总数。在该对话框上方的下拉列表框中可以选择需要调整的颜色通道。

图 5-49　"色阶"参数面板

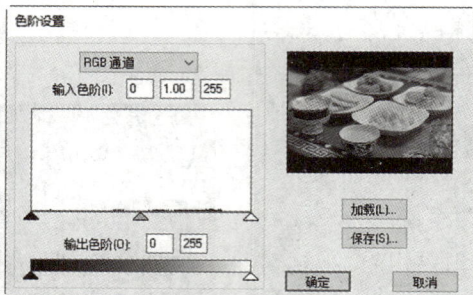

图 5-50　"色阶设置"对话框

（1）通道：在该下拉列表框中可以选择需要调整的通道。

（2）输入色阶：用于颜色的调整，拖曳下方的三角形滑块可以改变颜色的对比度。

（3）输出色阶：用于调整输出的级别，在该文本框中输入有效数值，可以对素材的输出亮度进行修改。

（4）加载：单击该按钮，可以载入以前存储的效果。

（5）保存：单击该按钮，可以保存当前的设置。

应用"色阶"特效前、后的效果如图 5-51 和图 5-52 所示。

图 5-51　应用"色阶"特效前

图 5-52　应用"色阶"特效后

5.2.2　过时

"过时"视频特效主要用于对图像的亮度和对比度进行修复，其中共包含十种特效。

1. RGB 曲线

该特效通过曲线调整红色、绿色和蓝色通道中的数值，以达到改变图像色彩的目的。应用"RGB 曲线"特效前、后的效果如图 5-53 和图 5-54 所示。

图 5-53 应用"RGB 曲线"特效前　　　　图 5-54 应用"RGB 曲线"特效后

2. RGB 颜色校正器

该特效通过修改 R、G、B 三个通道中的参数实现图像色彩的改变。应用"RGB 颜色校正器"特效前、后的效果如图 5-55 和图 5-56 所示。

图 5-55 应用"RGB 颜色校正器"特效前　　图 5-56 应用"RGB 颜色校正器"特效后

3. 三向颜色校正器

该特效通过旋转三个色盘来调整颜色的平衡。应用"三向颜色校正器"特效前、后的效果如图 5-57 和图 5-58 所示。

图 5-57 应用"三向颜色校正器"特效前　　图 5-58 应用"三向颜色校正器"特效后

4. 亮度曲线

该特效通过亮度曲线图实现对图像亮度的调整。应用"亮度曲线"特效前、后的效果如图 5-59 和图 5-60 所示。

图 5-59 应用"亮度曲线"特效前　　　　图 5-60 应用"亮度曲线"特效后

5. 亮度校正器

该特效通过亮度进行图像颜色的校正。应用该特效后，其参数面板如图5-61所示。

（1）输出：用于设置输出的选项，包括"复合""亮度""色调范围"三个选项；如果勾选"显示拆分视图"复选框，就可以对图像进行分屏预览。

（2）布局：用于设置分屏预览的布局，分为"水平"和"垂直"两个选项。

（3）拆分视图百分比：用于对分屏比例进行设置。

（4）色调范围定义：用于选择调整的区域；"色调范围"下拉列表框中包含了"主""高光""中间调""阴影"四个选项。

（5）亮度：对图像的亮度进行设置。

（6）对比度：用于改变图像的对比度。

（7）对比度级别：用于设置对比度的级别。

（8）灰度系数：在不影响黑白色阶的情况下调整图像的中间调值。

（9）基值：通过将固定偏移添加到图像的像素值中来调整图像。

（10）增益：通过乘法调整亮度值，从而影响图像的总体对比度。

（11）辅助颜色校正：用于设置二级色彩修正。

应用"亮度校正器"特效前、后的效果如图5-62和图5-63所示。

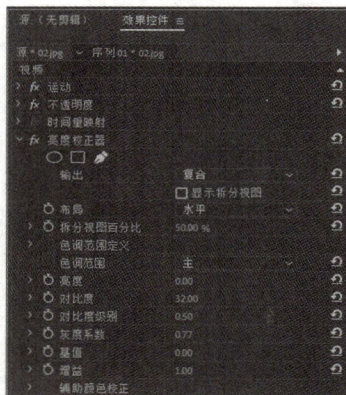

图5-61　"亮度校正器"　　　图5-62　应用"亮度校正器"　　　图5-63　应用"亮度校正器"
　　　　参数面板　　　　　　　　　　　特效前　　　　　　　　　　　　特效后

6. 快速模糊

该特效可以指定画面的模糊程度，同时可以指定水平、垂直或两个方向的模糊程度，该特效在模糊图像时比"高斯模糊"特效的处理速度快。应用该特效后，其参数面板如图5-64所示。

（1）模糊度：用于调节图像的模糊程度。

（2）模糊维度：用于控制图像的模糊尺寸，包括"水平和垂直""水平"和"垂直"三种方式。

应用"快速模糊"特效前、后的效果如图5-65和图5-66所示。

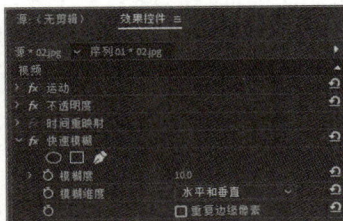

图 5-64　"快速模糊"参数面板　　**图 5-65　应用"快速模糊"特效前**　　**图 5-66　应用"快速模糊"特效后**

7. 快速颜色校正器

该特效能够快速地进行图像颜色修正。应用该特效后，其参数面板如图 5-67 所示。

（1）输出：用于设置输出的选项，包括"合成"和"亮度"两个选项，如果勾选"显示拆分视图"复选框，就可对图像进行分屏预览。

（2）布局：用于设置分屏预览的布局，包括"水平"和"垂直"两个选项。

（3）拆分视图百分比：用于设置分屏比例。

（4）白平衡：用于设置白色平衡，数值越大，画面中的白色越多。

（5）色相平衡和角度：用于调整色调平衡和角度，可以直接使用色盘改变画面的色调。

（6）色相角度：用于设置色调的补色在色盘上的位置。

（7）平衡数量级：用于设置平衡的数量。

（8）平衡增益：用于增强白色平衡。

（9）平衡角度：用于设置白色平衡的角度。

（10）饱和度：用于设置画面颜色的饱和度。

（11）自动黑色阶 [自动黑色阶]：单击该按钮，将自动进行黑色级别调整。

（12）自动对比度 [自动对比度]：单击该按钮，将自动进行对比度调整。

（13）自动白色阶 [自动白色阶]：单击该按钮，将自动进行白色级别调整。

（14）黑色阶：用于设置黑色级别的颜色。

（15）灰色阶：用于设置灰色级别的颜色。

（16）白色阶：用于设置白色级别的颜色。

（17）输入色阶：用于对输入的颜色进行级别调整，拖曳该选项颜色条下的三个滑块，将对"输入黑色阶""输入灰色阶""输入白色阶"三个参数产生影响。

①输入黑色阶：用于调节黑色输入时的级别。

②输入灰色阶：用于调节灰色输入时的级别。

③输入白色阶：用于调节白色输入时的级别。

（18）输出色阶：用于对输出的颜色进行级别调整，拖曳该选项颜色条下的两个滑块，将对"输出黑色阶"和"输出白色阶"两个参数产生影响。

①输出黑色阶：用于调节黑色输出时的级别。

②输出白色阶：用于调节白色输出时的级别。

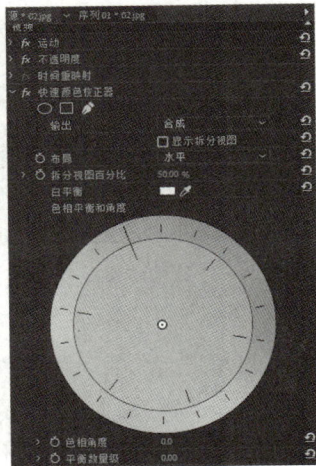

图 5-67　"快速颜色校正器"参数面板

应用"快速颜色校正器"特效前、后的效果如图 5-68 和图 5-69 所示。

图 5-68　应用"快速颜色校正器"特效前　　图 5-69　应用"快速颜色校正器"特效后

8. 自动颜色、自动对比度和自动色阶

"自动颜色""自动对比度""自动色阶"三个特效用于快速、全面地调整素材，可以调整素材的中间色调、暗调和高亮区域的颜色。"自动颜色"特效主要用于调整素材的颜色；"自动对比度"特效主要用于调整所有颜色的亮度和对比度；"自动色阶"特效主要用于调整暗部和高亮区域。

应用"自动颜色"特效后，其参数面板如图 5-70 所示。应用"自动颜色"特效前、后的效果如图 5-71 和图 5-72 所示。

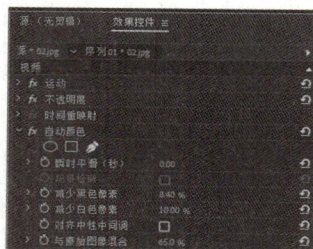

图 5-70　"自动颜色"参数面板　　　图 5-71　应用"自动颜色"　　　图 5-72　应用"自动颜色"
　　　　　　　　　　　　　　　　　　　　　特效前　　　　　　　　　　　　特效后

应用"自动对比度"特效后，其参数面板如图 5-73 所示。应用"自动对比度"特效前、后的效果如图 5-74 和图 5-75 所示。

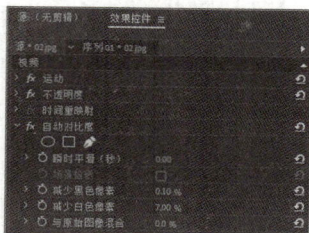

图 5-73　"自动对比度"参数面板　　　图 5-74　应用"自动对比度"　　　图 5-75　应用"自动对比度"
　　　　　　　　　　　　　　　　　　　　　特效前　　　　　　　　　　　　特效后

应用"自动色阶"特效后，其参数面板如图 5-76 所示。应用"自动色阶"特效前、后的效果如图 5-77 和图 5-78 所示。

以上三种特效均提供了五个相同的选项，各选项的具体含义如下：

（1）瞬时平滑（秒）：此选项用来设置平滑处理帧的时间间隔。当该选项的值为 0 时，Premiere 将独立地平滑处理每一帧；当该选项的值大于 1 时，Premiere 会在帧显示前以 1 s 的时间间隔平滑处理帧。

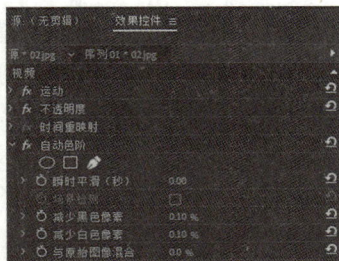

图 5-76　"自动色阶"参数面板

图 5-77　应用"自动色阶"
特效前

图 5-78　应用"自动色阶"
特效后

（2）场景检测：在设置了"瞬时平滑（秒）"选项值后，该复选框才被激活。勾选此复选框后，Premiere 将忽略场景变化。

（3）减少黑色像素 / 减少白色像素：用于增加或减少图像的黑色或白色。

（4）与原始图像混合：用于改变素材应用特效的程度。当该选项的值为 0 时，在素材上可以看到 100% 的特效；当该选项的值为 100% 时，在素材上可以看到 0% 的特效。

"自动颜色"特效还提供了"对齐中性中间调"复选框。勾选此复选框后，可以调整颜色的灰阶数值。

9. 视频限幅器（旧版）

该特效利用视频限幅器对图像的颜色进行调整。应用"视频限幅器"特效前、后的效果如图 5-79 和图 5-80 所示。

图 5-79　应用"视频限幅器"特效前

图 5-80　应用"视频限幅器"特效后

10. 阴影 / 高光

该特效用于调整素材的阴影和高光区域，应用"阴影 / 高光"特效前、后的效果如图 5-81 和图 5-82 所示。该特效不应用于调亮或增亮整个图像，但可以基于图像周围的像素单独调整图像高光区域。

图 5-81　应用"阴影 / 高光"特效前

图 5-82　应用"阴影 / 高光"特效后

操 作 步 骤

步骤1　启动Premiere，执行菜单栏"文件"→"新建"→"项目"命令，弹出"新建项目"对话框，如图5-83所示，单击"确定"按钮，新建项目。执行菜单栏"文件"→"新建"→"序列"命令，弹出"新建序列"对话框，单击"设置"选项卡，具体参数设置如图5-84所示，单击"确定"按钮，新建序列。

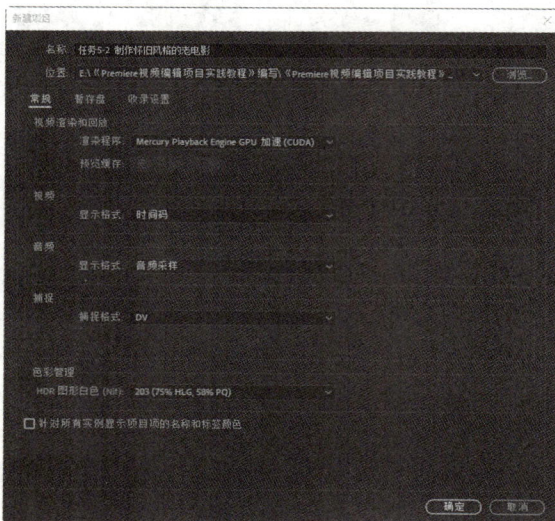

图 5-83　新建项目

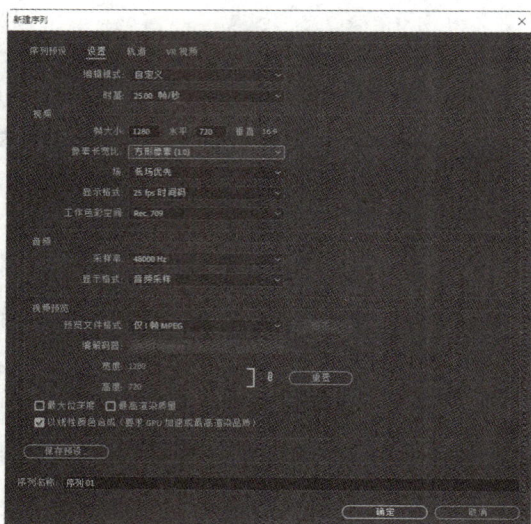

图 5-84　新建序列

步骤2　执行菜单栏"文件"→"导入"命令，弹出"导入"对话框，如图5-85所示。单击"打开"按钮，将素材文件导入"项目"面板中，如图5-86所示。

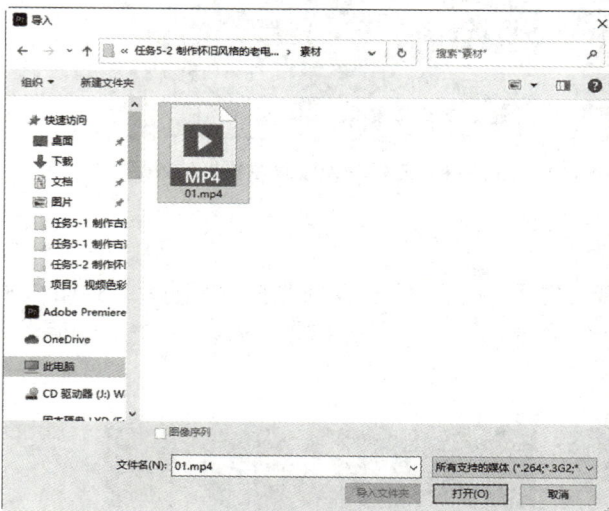

图 5-85　选择"01"文件

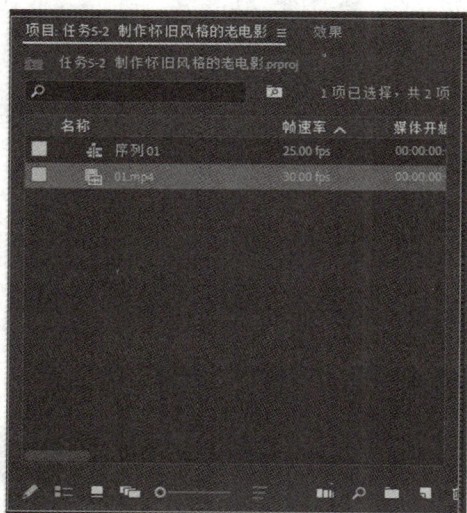

图 5-86　导入"项目"面板

步骤3　在"项目"面板中选中"01"文件并将其拖曳到"时间轴"面板的"V1"轨道中。弹出"剪辑不匹配警告"对话框，单击"保持现有设置"按钮，在保持现有序列设置的情况下将文件放置在"V1"轨道中，如图5-87所示。选择"效果控件"面板，展开"运动"选项，设置"缩放"选项为110.0，如图5-88所示。

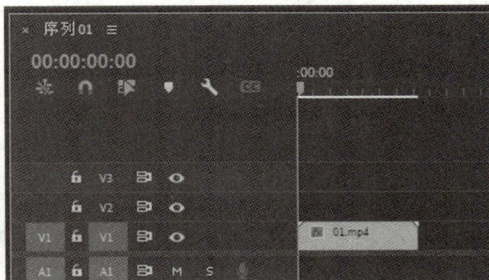

图5-87 拖曳到"时间轴"面板

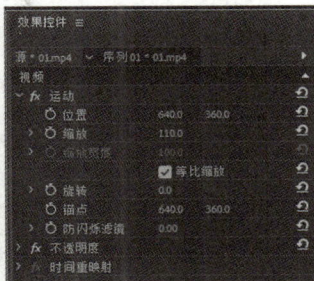

图5-88 设置"缩放"参数

步骤4 打开"效果"面板，展开"视频效果"特效分类选项，单击"调整"文件夹左侧的
■按钮将其展开，选中"ProcAmp"特效，如图5-89所示。

步骤5 将"ProcAmp"特效拖曳到"时间轴"面板中的"01"文件上，如图5-90所示。在"效果控件"面板中展开"ProcAmp"特效，将"对比度"选项设置为115.0、"饱和度"选项设置为50.0，如图5-91所示。

图5-89 选中"ProcAmp"特效

图5-90 添加"ProcAmp"特效

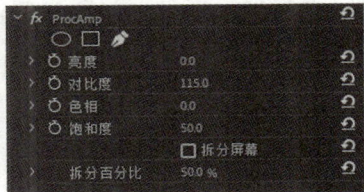

图5-91 设置"ProcAmp"参数

步骤6 打开"效果"面板，单击"颜色校正"文件夹左侧的■按钮将其展开，选中"颜色平衡"特效，如图5-92所示。将"颜色平衡"特效拖曳到"时间轴"面板中的"01"文件上。打开"效果控件"面板，展开"颜色平衡"特效并进行参数设置，如图5-93所示。

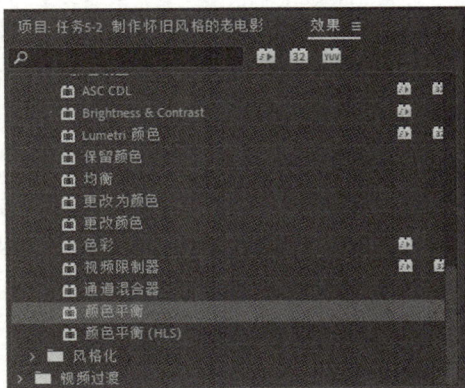

图5-92 选中"颜色平衡"特效

图5-93 设置"颜色平衡"参数

步骤7 打开"效果"面板，单击"Digieffects Damage V2.5"文件夹左侧的 ▓ 按钮将其展开，选中"DE_AgedFilm"特效，如图 5-94 所示。将"DE_AgedFilm"特效拖曳到"时间轴"面板中的"01"文件上。

步骤8 在"效果控件"面板中展开"DE_AgedFilm"特效并进行参数设置，如图 5-95 所示。怀旧风格的老电影制作完成，如图 5-38 所示。

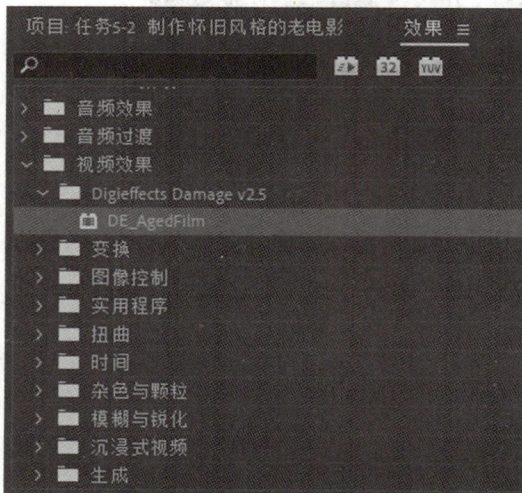

图 5-94 选中"DE_AgedFilm"特效

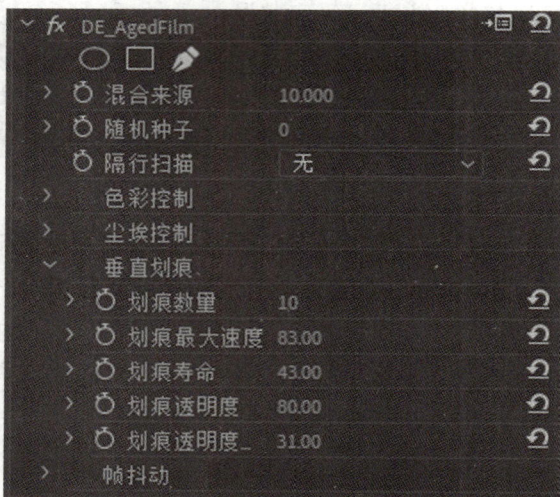

图 5-95 "DE_AgedFilm"设置参数

拓展训练 5.2

制作怀旧古树林片段

训练要求

1. 学会安装外部特效插件；

2. 学会使用 ProcAmp 和 DE_AgedFilm 特效制作老电影效果。

步骤指导

1. 按步骤提示安装 DE_AgedFilm 插件，之后启动 Premiere；

2. 执行"导入"命令导入"01"视频文件；

3. 使用"ProcAmp"特效调整图像的亮度、饱和度和对比度，使用"颜色平衡"特效调整图像中的部分颜色；

制作怀旧古树林片段

4. 使用"DE_AgedFilm"外部特效制作出老电影效果。怀旧古树林片段最终效果如图 5-96 所示。

图 5-96 制作怀旧古树林片段——最终效果

任务 5.3
厦门鼓浪屿航拍

厦门鼓浪屿
航拍

任务目标

使用"亮度与对比度"特效调整图像的亮度与对比度，使用"均衡"特效均衡图像颜色，使用"颜色平衡"特效调整图像的颜色，使用"颜色校正"特效制作航拍写真。厦门鼓浪屿航拍如图 5-97 所示。

图 5-97 厦门鼓浪屿航拍——最终效果

相 关 知 识

"颜色校正"视频特效主要用于对视频素材进行颜色校正，该特效组包括以下十二种特效。

5.3.1　ASC CDL

该特效用于调整素材的红、绿、蓝颜色和饱和度。应用该特效后，其参数面板如图 5-98 所示。应用"ASC CDL"特效前、后的效果如图 5-99 和图 5-100 所示。

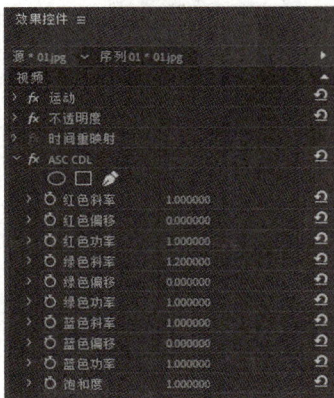

图 5-98　"ASC CDL"参数面板　　　图 5-99　应用"ASC CDL"　　　图 5-100　应用"ASC CDL"
　　　　　　　　　　　　　　　　　　　　　　特效前　　　　　　　　　　　　　　特效后

5.3.2　Lumetri 颜色

该特效可以快速完成素材的白平衡、颜色分级等高级调整。应用"Lumetri"特效前、后的效果如图 5-101 和图 5-102 所示。

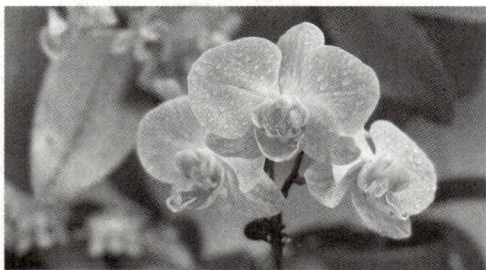

图 5-101　应用"Lumetri"特效前　　　　　　　图 5-102　应用"Lumetri"特效后

5.3.3　亮度与对比度（Brightness&Contrast）

该特效用于调整素材的亮度和对比度，并会同时调节所有素材的亮部、暗部和中间色。应用该特效后，其参数面板如图 5-103 所示。

（1）亮度：用于调整素材画面的亮度。

（2）对比度：用于调整素材画面的对比度。

应用"亮度与对比度"特效前、后的效果如图 5-104 和图 5-105 所示。

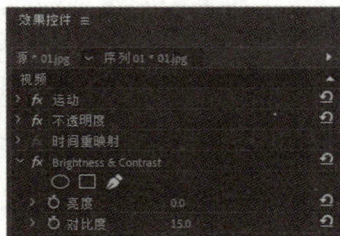

图 5-103 "亮度与对比度"参数面板　　图 5-104 应用"亮度与对比度"特效前　　图 5-105 应用"亮度与对比度"特效后

5.3.4 保留颜色

该特效可以准确地指定颜色或删除图层中的颜色。应用该特效后，其参数面板如图 5-106 所示。

（1）脱色量：用于设置指定层中需要删除的颜色数量。

（2）要保留的颜色：用于设置图像中需要分离的颜色。

（3）容差：用于设置颜色的容差度。

（4）边缘柔和度：用于设置颜色分界线的柔化程度。

（5）匹配颜色：用于设置颜色的对应模式。

应用"保留颜色"特效前、后的效果如图 5-107 和图 5-108 所示。

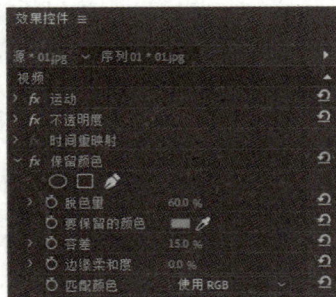

图 5-106 "保留颜色"参数面板　　图 5-107 应用"保留颜色"特效前　　图 5-108 应用"保留颜色"特效后

5.3.5 均衡

该特效可以修改图像的像素值，并对其颜色值进行平均化处理。应用该特效后，其参数面板如图 5-109 所示。

（1）均衡：用于设置平均化的方式，包括"RGB""亮度"和"Photoshop 样式"三个选项。

（2）均衡量：用于设置重新分布亮度值的程度。

应用"均衡"特效前、后的效果如图 5-110 和图 5-111 所示。

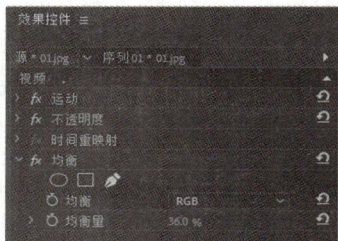

图 5-109 "均衡"参数面板　　图 5-110 应用"均衡"特效前　　图 5-111 应用"均衡"特效后

5.3.6 更改为颜色

该特效可以在图像中选择一种颜色并将其转换为另一种颜色的色相、亮度和饱和度。应用该特效后，其参数面板如图 5-112 所示。

（1）自：设置当前图像中需要转换的颜色，可以利用其右侧的"吸管工具" ![吸管] 在"节目"监视器窗口中吸取颜色。

（2）至：用于设置转换后的颜色。

（3）更改：用于设置在 HLS 颜色模式下产生影响的通道。

（4）更改方式：用于设置颜色转换方式，包括"设置为颜色"和"变换为颜色"两个选项。

（5）容差：用于设置色相、亮度和饱和度的值。

（6）柔和度：通过百分比的值控制柔和度。

（7）查看校正遮罩：通过遮罩控制发生改变的部分。

应用"更改为颜色"特效前、后的效果如图 5-113 和图 5-114 所示。

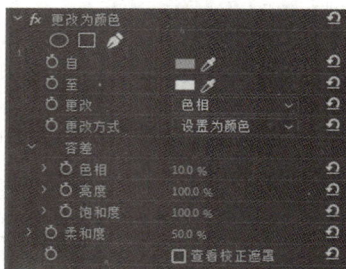

图 5-112 "更改为颜色"　　图 5-113 应用"更改为颜色"　　图 5-114 应用"更改为颜色"
　　　　　参数面板　　　　　　　　　特效前　　　　　　　　　　　特效后

5.3.7 更改颜色

该特效用于改变图像中某种颜色区域的色调。应用该特效后，其参数面板如图 5-115 所示。

（1）视图：用于设置在合成图像中观看的效果，包含了两个选项，分别为"校正的图层"和

"颜色校正蒙版"。

（2）色相变换：用于调整色相，以"度"为单位改变所选区域的颜色。

（3）亮度变换：用于设置所选颜色的明暗度。

（4）饱和度变换：用于设置所选颜色的饱和度。

（5）要更改的颜色：用于设置图像中要改变颜色的区域。

（6）匹配容差：用于设置颜色匹配的相似程度。

（7）匹配柔和度：用于设置颜色的柔和度。

（8）匹配颜色：用于设置颜色空间，包括"使用RGB""使用色相"和"使用色度"三个选项。

（9）反转颜色校正蒙版：勾选此复选框后，可以对颜色进行反向校正。

应用"更改颜色"特效前、后的效果如图5-116和图5-117所示。

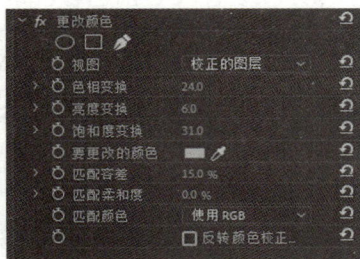

图 5-115 "更改颜色"参数面板

图 5-116 应用"更改颜色"
特效前

图 5-117 应用"更改颜色"
特效后

5.3.8 色彩

该特效用于调整图像中包含的颜色信息，并在最亮和最暗之间确定融合度。应用"色彩"特效前、后的效果如图5-118和图5-119所示。

图 5-118 应用"色彩"特效前

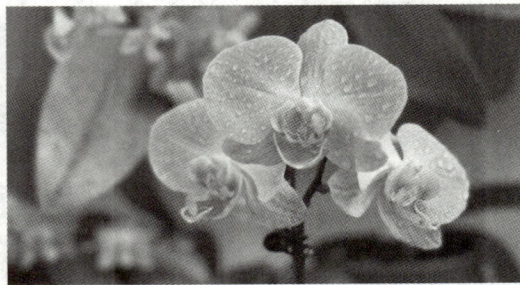

图 5-119 应用"色彩"特效后

5.3.9 视频限制器

该特效利用视频限制器对图像的颜色进行调整。应用"视频限制器"特效前、后的效果如

图 5-120 和图 5-121 所示。

图 5-120　应用"视频限制器"特效前　　　　图 5-121　应用"视频限制器"特效后

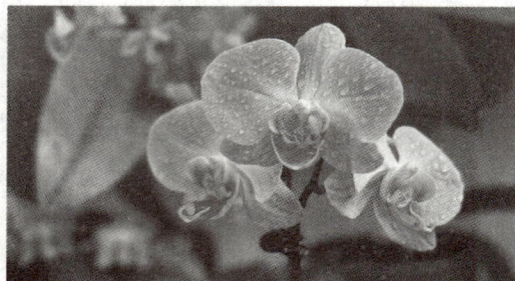

5.3.10　通道混合器

该特效用于调整通道之间的颜色数值，实现图像颜色的调整。用户通过选择每一个颜色通道的百分比组成可以创建高质量的灰度图像，还可以创建高质量的棕色或其他色调的图像，而且可以对通道进行交换和复制。应用"通道混合器"特效前、后的效果如图 5-122 和图 5-123 所示。

图 5-122　应用"通道混合器"特效前　　　　图 5-123　应用"通道混合器"特效后

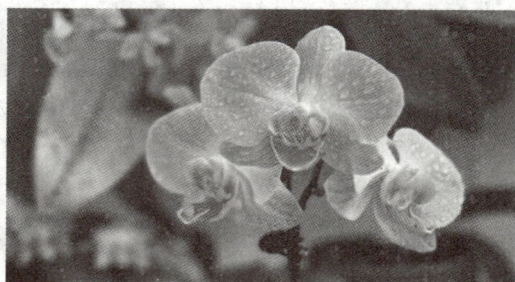

5.3.11　颜色平衡

该特效可以按照 R、G、B 颜色调节影片的颜色，以达到校色的目的。应用"颜色平衡"特效前、后的效果如图 5-124 和图 5-125 所示。

图 5-124　应用"颜色平衡"特效前　　　　图 5-125　应用"颜色平衡"特效后

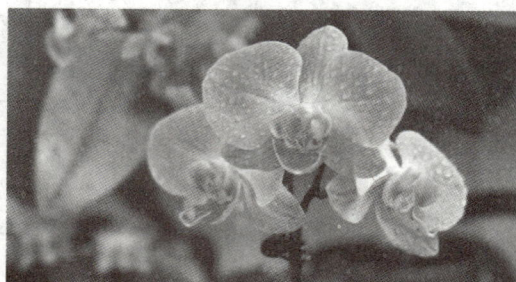

5.3.12 颜色平衡（HLS）

该特效通过对图像色相、亮度和饱和度的精确调整，实现对图像颜色的调整。应用该特效后，其参数面板如图 5-126 所示。

（1）色相：用于设置图像的色相。

（2）亮度：用于设置图像的亮度。

（3）饱和度：用于设置图像的饱和度。

应用"颜色平衡（HLS）"特效前、后的效果如图 5-127 和图 5-128 所示。

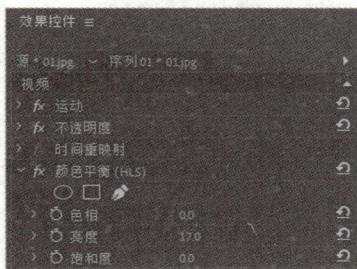

图 5-126 "颜色平衡（HLS）"参数面板

图 5-127 应用"颜色平衡（HLS）"特效前

图 5-128 应用"颜色平衡（HLS）"特效后

操 作 步 骤

步骤 1 启动 Premiere，执行菜单栏"文件"→"新建"→"项目"命令，弹出"新建项目"对话框，如图 5-129 所示，单击"确定"按钮，新建项目。执行菜单栏"文件"→"新建"→"序列"命令，弹出"新建序列"对话框，单击"设置"选项卡，具体参数设置如图 5-130 所示，单击"确定"按钮，新建序列。

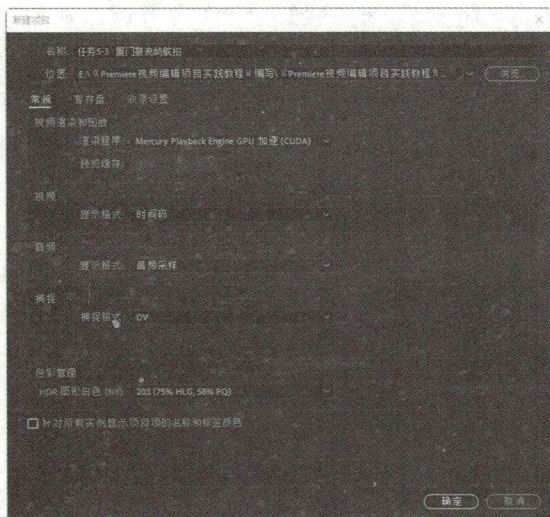

图 5-129 新建项目

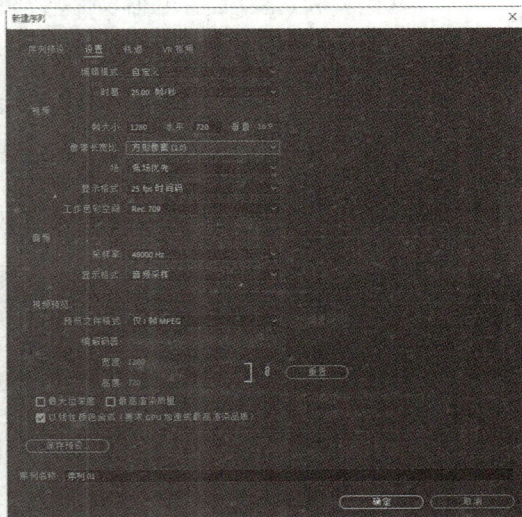

图 5-130 新建序列

步骤 2 执行菜单栏"文件"→"导入"命令，弹出"导入"对话框，选择"01"和"02"文件，如图5-131所示。单击"打开"按钮，将素材文件导入"项目"面板中，如图5-132所示。

步骤 3 在"项目"面板中选中"01"文件并将它拖曳到"时间轴"面板的"V1"轨道中。弹出"剪辑不匹配警告"对话框，单击"保持现有设置"按钮，在保持现有序列设置的情况下将文件放置在"V1"轨道中，如图5-133所示。

图 5-131　选择"01"和"02"文件

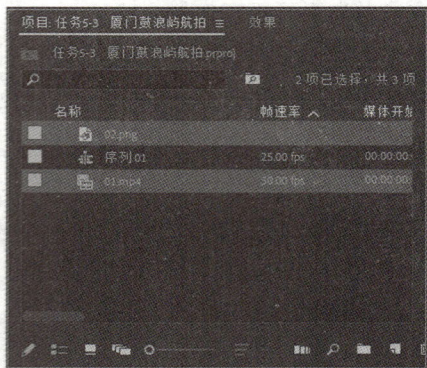

图 5-132　导入"项目"面板

步骤 4 将时间指示器移动到05:00 s的位置，将鼠标指针放在"01"文件的结束位置单击，显示编辑点。当鼠标指针呈 ▓ 形状时，向左拖曳直到05:00 s的位置，如图5-134所示。

图 5-133　拖曳到"时间轴"面板

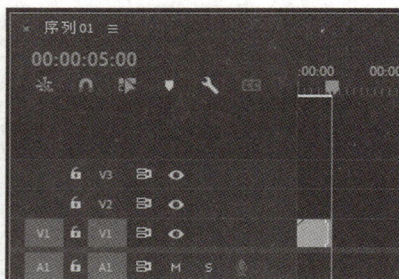

图 5-134　裁剪"01"文件

步骤 5 将时间指示器移动到0 s的位置，选中"时间轴"面板中的"01"文件，如图5-135所示。选择"效果控件"面板，展开"运动"选项，将"缩放"选项设置为105.0，如图5-136所示。

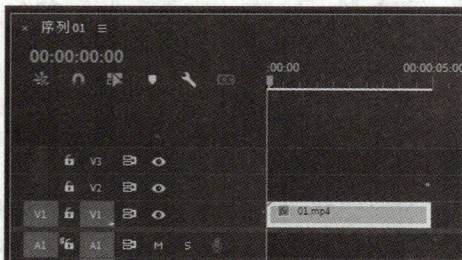

图 5-135　选中"01"文件

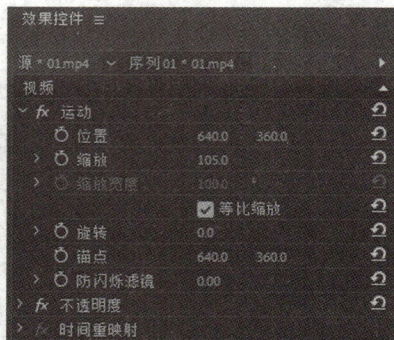

图 5-136　设置"缩放"参数

步骤6 打开"效果"面板，展开"视频效果"特效分类选项，单击"颜色校正"文件夹左侧的 ▶ 按钮将其展开，选中"Brightness&Contrast"特效，如图5-137所示。将"Brightness&Contrast"特效拖曳到"时间轴"面板"V1"轨道中的"01"文件上，如图5-138所示。

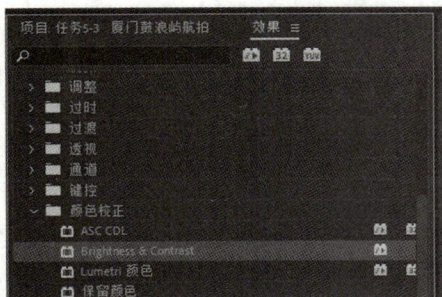

图5-137 选中"Brightness&Contrast"特效　　图5-138 添加"Brightness&Contrast"特效

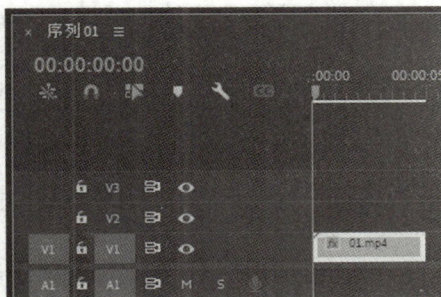

步骤7 打开"效果控件"面板，展开"Brightness&Contrast"选项，在00:00 s的位置，单击"亮度"和"对比度"选项左侧的"切换动画"按钮 ⏱，如图5-139所示，记录第1个动画关键帧。将时间指示器移动到02:00 s的位置，将"亮度"选项设置为5.0、"对比度"选项设置为22.0，如图5-140所示，记录第2个动画关键帧。

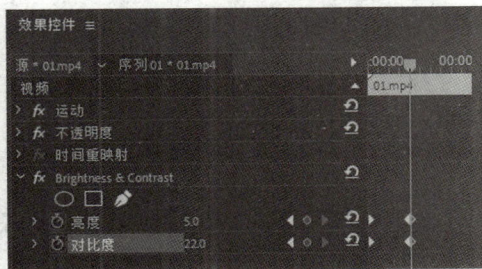

图5-139 记录第1个动画关键帧　　　　图5-140 记录第2个动画关键帧

步骤8 将时间指示器移动到0 s的位置。打开"效果"面板，单击"颜色校正"文件夹左侧的 ▶ 按钮将其展开，选中"均衡"特效，如图5-141所示。将"均衡"特效拖曳到"时间轴"面板"V1"轨道中的"01"文件上，如图5-142所示。

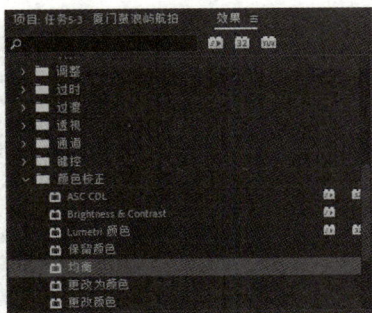

图5-141 选中"均衡"特效　　　　　　图5-142 添加"均衡"特效

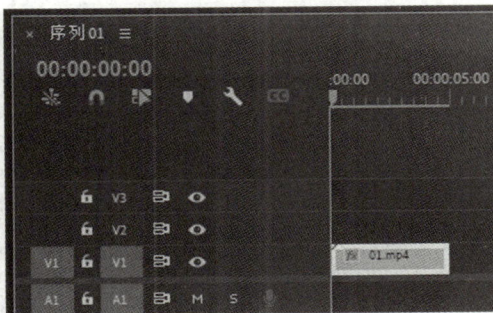

步骤9　打开"效果控件"面板,展开"均衡"选项,将"均衡量"选项设置为20.0%,单击"均衡量"选项左侧的"切换动画"按钮 ⏱,如图5-143所示,记录第1个动画关键帧。将时间指示器移动到02:00 s的位置,将"均衡量"选项设置为100.0%,如图5-144所示,记录第2个动画关键帧。

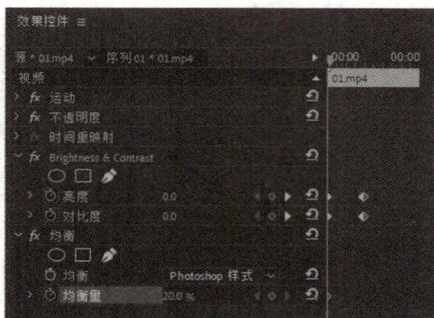

图5-143　记录第1个动画关键帧1　　　　图5-144　记录第2个动画关键帧1

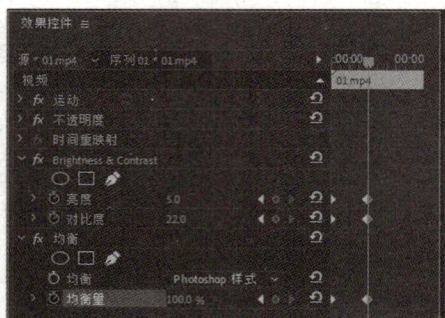

步骤10　将时间指示器移动到0 s的位置,打开"效果"面板,选中"颜色校正"文件夹中的"颜色平衡"特效,如图5-145所示。将"颜色平衡"特效拖曳到"时间轴"面板"V1"轨道中的"01"文件上,如图5-146所示。

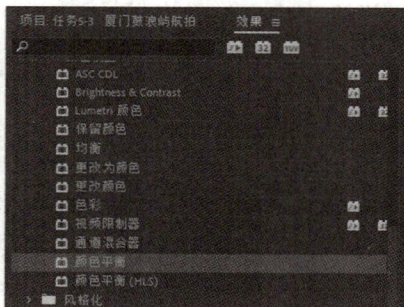

图5-145　选中"颜色平衡"特效　　　　图5-146　添加"颜色平衡"特效

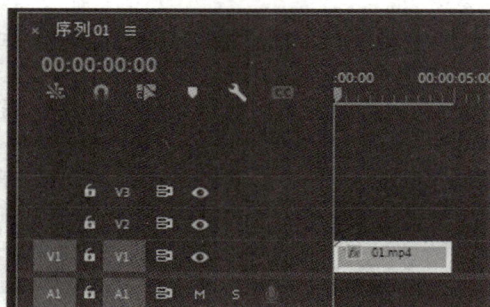

步骤11　打开"效果控件"面板,展开"颜色平衡"选项,单击"阴影红色平衡"选项左侧的"切换动画"按钮 ⏱,如图5-147所示,记录第1个动画关键帧。将时间指示器移动到02:00 s的位置,将"阴影红色平衡"选项设置为100.0,如图5-148所示,记录第2个动画关键帧。

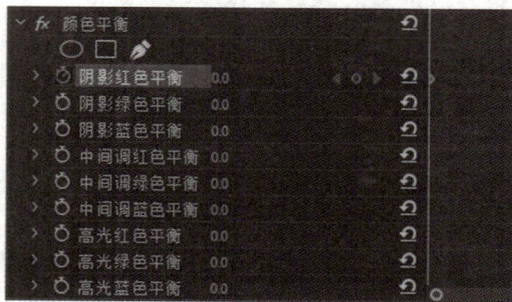

图5-147　记录第1个动画关键帧2　　　　图5-148　记录第2个动画关键帧2

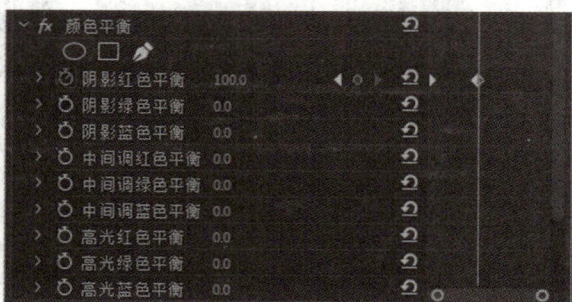

步骤 12　单击"阴影蓝色平衡"选项左侧的"切换动画"按钮 ，如图 5-149 所示，记录第 1 个动画关键帧。将时间指示器移动到 04:00 s 的位置，将"阴影蓝色平衡"选项设置为 -50.0，如图 5-150 所示，记录第 2 个动画关键帧。

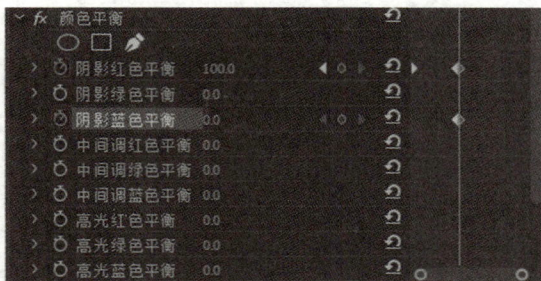

图 5-149　记录第 1 个动画关键帧　　　　图 5-150　记录第 2 个动画关键帧

步骤 13　在"项目"面板中选中"02"文件并将其拖曳到"时间轴"面板中的"V2"轨道中，如图 5-151 所示。选择"时间轴"面板中的"02"文件。打开"效果控件"面板，展开"运动"选项，将"位置"选项设置为 1 110.0 和 660.0、"缩放"选项设置为 110.0，如图 5-152 所示。厦门鼓浪屿航拍制作完成，最终效果如图 5-97 所示。

图 5-151　拖曳到"时间轴"面板　　　　图 5-152　设置参数

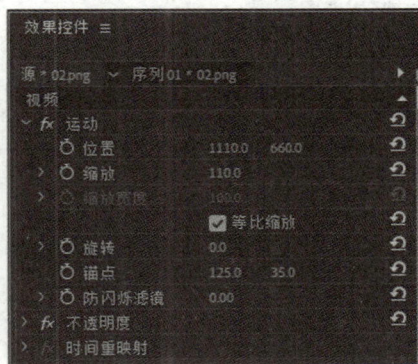

拓展训练 5.3

厦门曾厝垵写真

训练要求

1. 学会使用"亮度与对比度"特效；
2. 学会使用"均衡"特效；
3. 学会使用"颜色平衡"特效。

步骤指导

1. 导入"01"和"02"文件，使用"亮度与对比度"特效，添加两个关键帧

厦门曾厝垵写真

以调整"01"图像文件的亮度与对比度；

　2. 使用"均衡"特效，添加两个关键帧以调整图像颜色；

　3. 使用"颜色平衡"特效，添加两个关键帧以调整图像的颜色，最后添加"02"文字文件，厦门曾厝垵写真最终效果如图5-153所示。

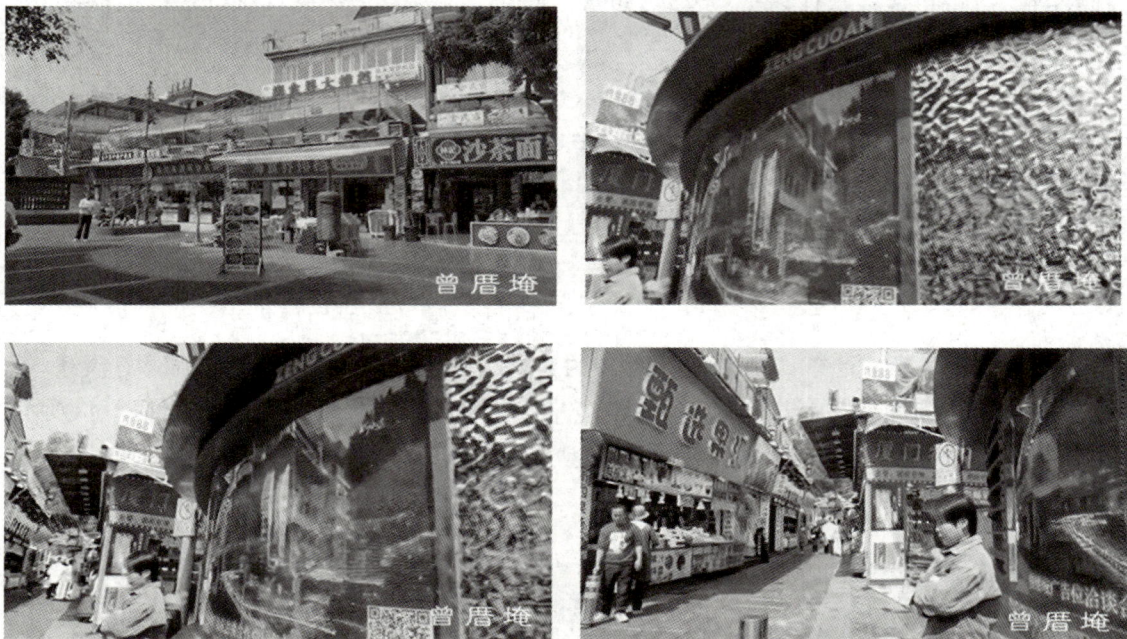

图 5-153　厦门曾厝垵写真——最终效果

📝 项目小结

　本项目通过完成三个任务和三个拓展训练，可以懂得使用"视频效果"之下"图像控制""调整""过时"和"颜色校正"等关于色彩校正的功能，对视频色彩校正功能有一个较为清晰的认识，为完成以后的项目打好基础。

字幕的添加和编辑 项目6

项目导学

　　本项目通过学习"制作'美丽校园'静态字幕""美化'厦门大学'字幕效果""制作'可爱小花'动态字幕"和"制作'古典建筑'字幕特效"任务，完成"制作'校园风光'静态字幕""美化'百年厦大'字幕效果""制作'可爱蝴蝶'动态字幕"和"制作'厦门妙高山赏樱'字幕效果"拓展训练，对 After Effects 的字幕添加与编辑功能有一个清晰的认识，为初学 After Effects 的学生在视频文字创作学习方面填补空白。通过本项目的学习，培养良好的艺术修养和人文素养，引导学生选择正确的人生道路，学生获得艺术享受的同时，健全自身的人格。

任务 6.1
制作"美丽校园"静态字幕

任 务 目 标

　　认识水平字幕和垂直字幕，添加各种字幕，并为字幕设置字幕样式、字幕间距、变换效果、旋转角度及字幕的大小等参数，从而学会"美丽校园"项目中字幕的添加与编辑。其视频效果如图 6-1 所示。

图 6-1　制作"美丽校园"静态字幕——视频效果

相 关 知 识

6.1.1　水平字幕

　　使用"文字工具"可以创建出沿水平方向分布的字幕类型。在创建水平字幕之前，首先需要打开字幕窗口。打开字幕窗口的方法有以下三种。

　　（1）第一种方法：执行菜单栏"文件"→"新建"→"旧版标题"命令，如图 6-2 所示。

　　（温馨提示：Premiere 2022 最后保留这个位置进入文字编辑，之后的 2023 版和 2024 版不再保留）

　　（2）第二种方法：单击工具面板中的"文字工具"按钮，如图 6-3 所示。

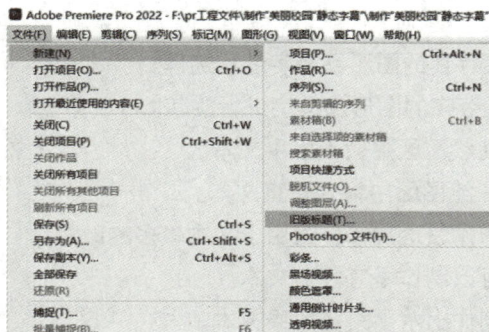

图6-2 执行"旧版标题"命令

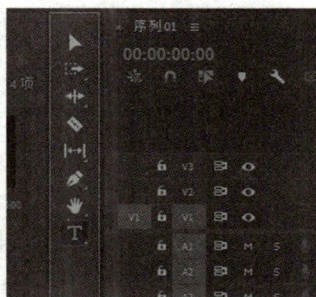

图6-3 工具面板中的"文字工具"按钮

（3）第三种方法：按 Ctrl+T 快捷键。

只有执行第一种方法，才可以打开"新建字幕"对话框，如图6-4所示，在对话框中修改宽度、高度和名称，单击"确定"按钮，打开字幕窗口，如图6-5所示。

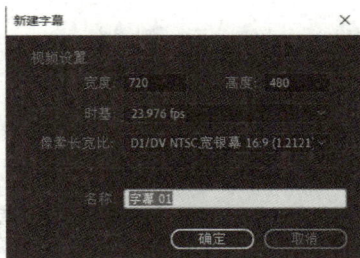

图6-4 "新建字幕"对话框

图6-5 字幕窗口

在字幕窗口的字幕工具面板中单击"文字工具"按钮 T，在"字幕"面板中输入水平文字即可，如图6-6所示。

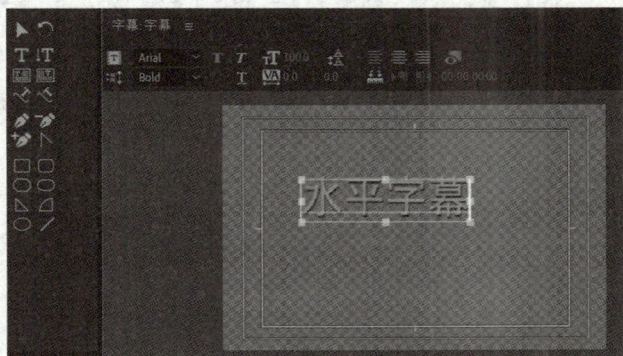

图6-6 创建水平字幕

在字幕工具面板中，各工具的含义如下：

（1）选择工具 ▶：单击该按钮，可以对已经存在的图形及文字进行选择。

（2）旋转工具 ↰：单击该按钮，可以对已经存在的图形及文字进行旋转。

（3）水平文字工具 **T**：单击该按钮，可以在绘图区中输入水平文本。

（4）垂直文字工具 **iT**：单击该按钮，可以在绘图区中输入垂直文本。

（5）区域文字工具 ▤：单击该按钮，可以制作段落文本，适用于文本较多的时候。

（6）垂直区域文字工具 ▥：单击该按钮，可以制作垂直段落文本。

（7）路径文字工具 ⌇：单击该按钮，可以制作出水平路径效果文本。

（8）垂直路径文字工具 ⌇：单击该按钮，可以制作出垂直路径效果文本。

（9）钢笔工具 ✎：单击该按钮，可以勾画复杂的轮廓和定义多个锚点。

（10）删除锚点工具 ✎：单击该按钮，可以在轮廓线上删除锚点。

（11）添加锚点工具 ✎：单击该按钮，可以在轮廓线上添加锚点。

（12）转换锚点工具 ⌐：单击该按钮，可以调整轮廓线上锚点的位置和角度。

（13）矩形工具 ▢：单击该按钮，可以创建矩形。

（14）圆角矩形工具 ▢：单击该按钮，可以绘制出圆角的矩形。

（15）切角矩形工具 ▢：单击该按钮，可以绘制出切角的矩形。

（16）楔形工具 ◺：单击该按钮，可以绘制出楔形的图形。

（17）弧形工具 ◁：单击该按钮，可以绘制出弧形。

（18）椭圆工具 ◯：单击该按钮，可以绘制出椭圆图形。

（19）直线工具 ╱：单击该按钮，可以绘制出直线图形。

6.1.2 垂直字幕

使用"垂直文字工具"可以创建出沿垂直方向分布的字幕类型，在字幕窗口的字幕工具面板中，单击"垂直文字工具"按钮 **iT**，在"字幕"面板中输入垂直文字即可，如图 6-7 所示。

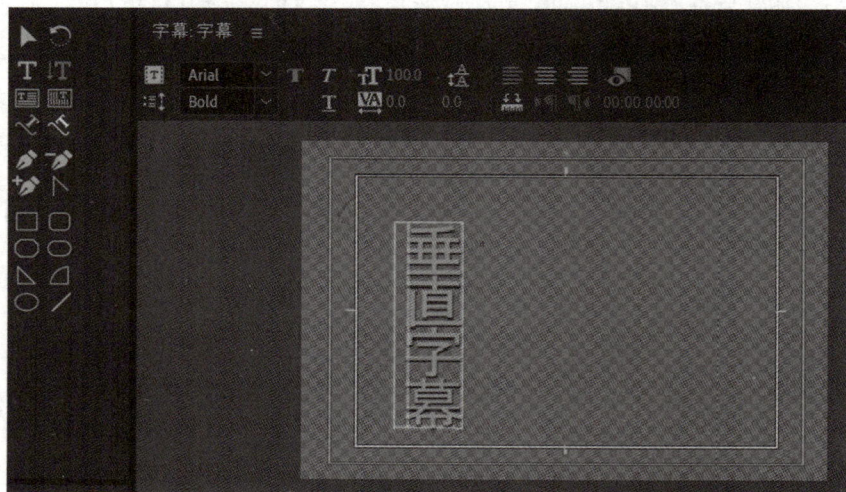

图 6-7 创建垂直字幕

6.1.3　字幕样式

字幕样式是 Premiere 为用户预设的字幕属性设置方案，让用户能够快速地设置字幕的属性。"字幕样式"面板能够帮助用户快速设置字幕的属性，从而获得精美的字幕效果。Premiere 中为用户提供了大量的字幕样式，如图 6-8 所示。

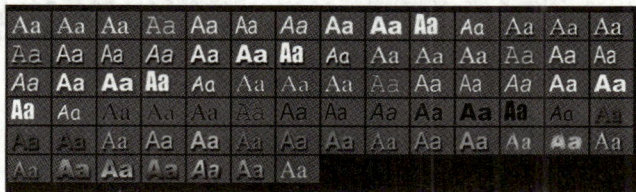

图 6-8　"字幕样式"面板

在"字幕样式"面板中选择字幕样式，即可快速应用字幕样式，如图 6-9 所示为不同样式的字幕效果。

图 6-9　不同样式的字幕效果

6.1.4　字幕变换效果

在右边"变换"选项区中，可以修改字幕的位置和角度，重新得到字幕效果。用户可以使用"字幕属性"面板中的各类"变换"值对文字进行移动、调整大小或旋转操作，如图 6-10 所示。

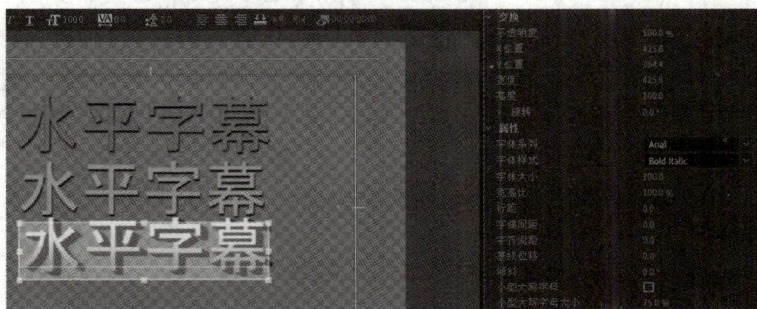

图 6-10　变换字幕效果

在"变换"选项区中，各选项的含义如下。

（1）不透明度：用于设置字幕的不透明度。

（2）X 位置：用于设置字幕在 X 轴的位置。

（3）Y 位置：用于设置字幕在 Y 轴的位置。

（4）宽度：用于设置字幕的宽度。

（5）高度：用于设置字幕的高度。

（6）旋转：用于设置字幕的旋转角度。

6.1.5 字幕间距

字幕间距主要是指文字之间的间隔距离。在"属性"选项区中设置"字符间距"参数，可以重新修改间隔距离。如图 6-11 所示为"字符间距"为 50 和 10 的字幕效果。

图 6-11 "字符间距"为 50 和 10 的字幕效果

6.1.6 字体属性

在"属性"选项区中，可以对字体的样式进行调整。在"属性"选项区的"字体系列"下拉列表框中选择合适的字体样式，即可更改字体的样式，如图 6-12 所示。

6.1.7 旋转字幕角度

在"变换"选项区中，通过修改"旋转"参数可以对字幕的角度进行修改。如图 6-13 所示。

图 6-12 "字体系列"下拉列表框

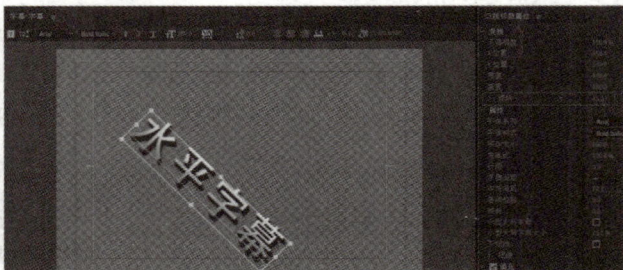

图 6-13 旋转字幕

6.1.8 字幕大小

在"属性"选项区中，通过修改"字体大小"参数可以对字幕的显示大小进行修改，如图 6-14 所示。

6.1.9 字幕排列属性

在制作字幕文件之前，还可以对字幕进行排序，使字幕文件更加美观。排列字幕属性的具体方法：选择字幕文件，单击鼠标右键，在弹出的快捷菜单中选择"排列"选项，在展开的子菜单中执行"移到最前"命令，可以将字幕移到最上方；执行"前移"命令，可以将字幕上移一层；执行"移到最后"命令，可以将字幕移到最下方；执行"后移"命令，可以将字幕下移一层，如图 6-15 所示。

图 6-14 修改字幕大小

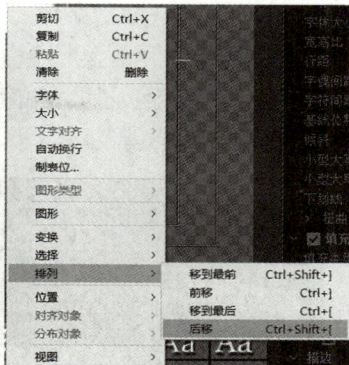

图 6-15 "排列"子菜单

操 作 步 骤

步骤 1 启动 Premiere，执行菜单栏"文件"→"新建"→"项目"命令，如图 6-16 所示，弹出"新建项目"对话框，设置项目名称和位置，单击"确定"按钮，新建项目。

执行菜单栏"文件"→"新建"→"序列"命令，弹出"新建序列"对话框，单击"设置"选项卡，"编辑模式"选择"自定义"，"帧大小"为 600 水平，400 垂直，其余不变，如图 6-17 所示，单击"确定"按钮，新建序列。

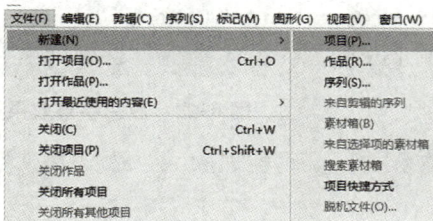

图 6-16 新建项目

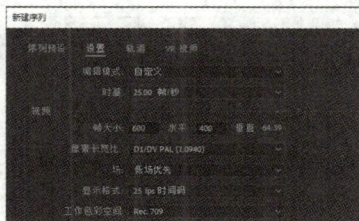

图 6-17 新建序列

步骤 2 在"项目"面板空白处双击，弹出"导入"对话框，选择"01"～"03"素材图片文件，如图 6-18 所示，导入到"项目"面板。

步骤 3 将三个素材文件依次拖曳到"时间轴"面板，如图 6-19 所示，并将时间轴适当放大。

图 6-18 导入素材

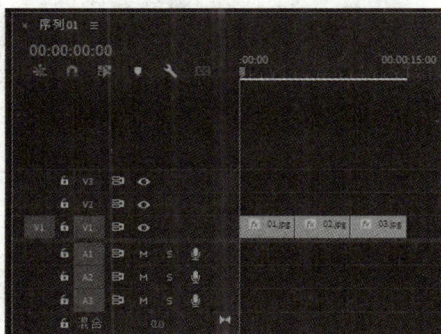

图 6-19 将素材拖曳到"时间轴"面板

步骤 4 执行菜单栏"文件"→"新建"→"旧版标题"命令，打开"新建字幕"对话框，修改字幕名称，单击"确定"按钮，如图 6-20 所示。单击"水平文字工具"按钮 🔳，在"字幕"面板中输入"美丽校园"，如图 6-21 所示。

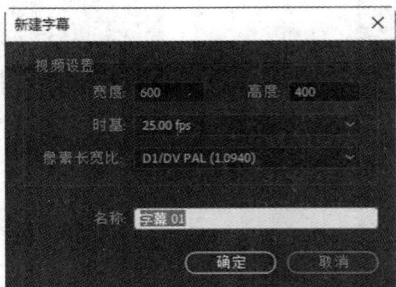

图 6-20 "新建字幕"对话框

图 6-21 输入文本

步骤 5 在"字幕样式"面板中选择合适的字幕样式，如图 6-22 所示。

步骤 6 应用字幕样式，并查看字幕效果，如图 6-23 所示。

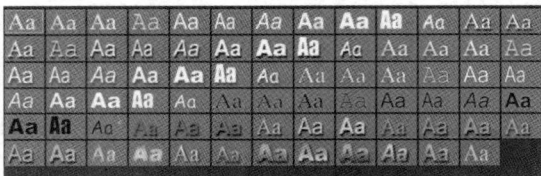

图 6-22 选择字幕样式

图 6-23 应用字幕效果

步骤 7 在"属性"选项区中，单击"字体系列"下三角按钮，展开列表框，选择"方正大黑简体"字体，如图 6-24 所示。

步骤 8 在"属性"选项区中，修改"字体大小"为 66.0，"字符间距"为 5.0，如图 6-25 所示。

图 6-24 更改字体样式

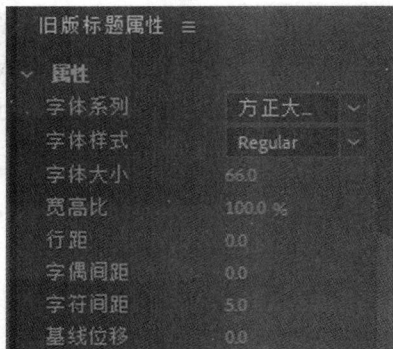

图 6-25 更改字体其他属性

步骤 9 关闭字幕窗口，在"项目"面板中显示新创建的字幕，如图 6-26 所示。

步骤 10 选择"字幕"文件，将其添加至"V2"轨道上，并调整其长度，如图 6-27 所示。

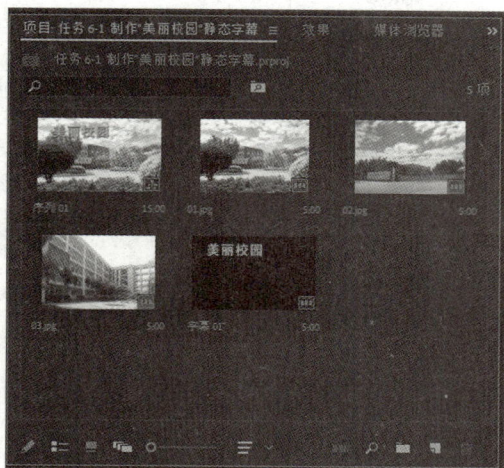

图 6-26 显示新创建的字幕

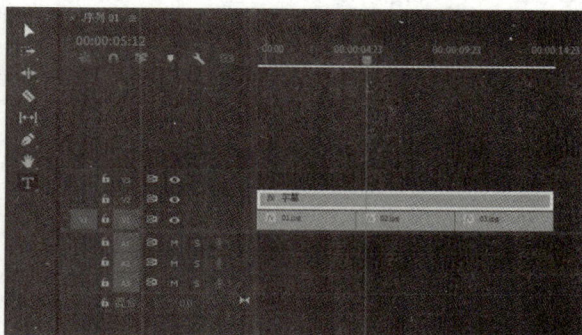

图 6-27 添加字幕文件

步骤 11 在"节目监视器"面板中预览添加的字幕效果，按 Ctrl+M 快捷键，导出 MP4 格式文件，视频效果如图 6-1 所示。

拓展训练 6.1

制作"校园风光"静态字幕

训练要求

1. 学会新建项目和序列，以及导入三张图片素材；

2. 学会用"旧版标题"制作字幕，调整长短后导出为 MP4 格式文件。

步骤指导

1. 新建项目和序列，导入三张图片素材；

2. 执行菜单栏"文件"→"新建"→"旧版标题"命令，打开"新建字幕"对话框进行各种设置；

3. 将字幕拖曳到"时间轴"面板，调整长度，导出为 MP4 格式文件，效果如图 6-28 所示。

制作"校园风光"静态字幕

图 6-28 制作"校园风光"静态字幕——最终效果

任务 6.2
美化 "厦门大学" 字幕效果

美化 "厦门大学" 字幕效果

任 务 目 标

认识字幕的填充、描边和阴影效果，然后编辑字幕效果，从而学会 "厦门大学" 中字幕效果的美化操作。其视频效果如图 6-29 所示。

图 6-29　美化 "厦门大学" 字幕效果——视频效果

相 关 知 识

6.2.1　字幕填充效果

"填充" 属性中除可以为字幕添加实色填充外，还可以添加 "线性渐变" "斜面" "消除" 等复杂的色彩渐变填充效果，同时还提供了 "光泽" 与 "纹理" 字幕填充效果。

在字幕窗口的 "属性" 选项区中，单击 "填充类型" 右侧的下三角按钮，在展开的列表框中可以选择填充类型，如图 6-30 所示。

在列表框中，各选项的含义如下。

（1）实底：在字体内填充一种单独的颜色。

（2）线性渐变：从一种颜色向另一种颜色的由上到下的逐渐过渡，它能够增添生趣和深度，否则颜色就会显得单调。

（3）径向渐变：从一种颜色向另一种颜色的由左到右的逐渐过渡。

（4）四色渐变：通过四个颜色逐渐过渡。

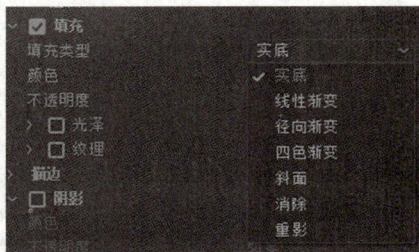

图 6-30　"填充类型" 列表框

（5）斜面：通过设置阴影色彩的方式，模拟出一种中间较亮、边缘较暗的三维浮雕填充效果。

（6）消除：用来暂时性地隐藏字幕，包括字幕的阴影和描边效果。

（7）重影：重影填充与消除填充拥有类似的功能，两者都可以隐藏字幕的效果，其区别在于重影填充只能隐藏字幕本身，无法隐藏阴影效果。

6.2.2　字幕描边效果

字幕描边的主要作用是让字幕效果更加突出、醒目。在设置字幕描边效果时可以设置内描边和外描边效果。

1. 内描边

使用"内描边"描边效果，可以从字幕边缘向内进行扩展，这种描边效果可能会覆盖掉字幕原有的填充效果。如图6-31所示为字幕内描边效果和"内描边"选项区。

图6-31　字幕内描边效果和"内描边"选项区

2. 外描边

使用"外描边"描边效果，可以从字幕的边缘向外扩展，并增加字幕占据画面的范围。如图6-32所示为字幕外描边效果和"外描边"选项区。

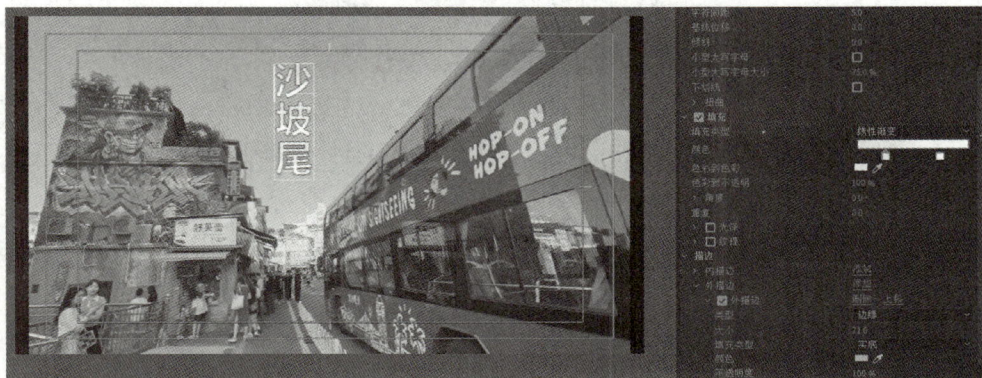

图6-32　字幕外描边效果和"外描边"选项区

6.2.3　字幕阴影效果

若要为文字或图形对象添加最后一笔修饰，人们可能会想到为它添加阴影。Premiere 可以为对象添加外描边或内描边阴影效果。如图 6-33 所示为字幕阴影效果和"阴影"选项区。

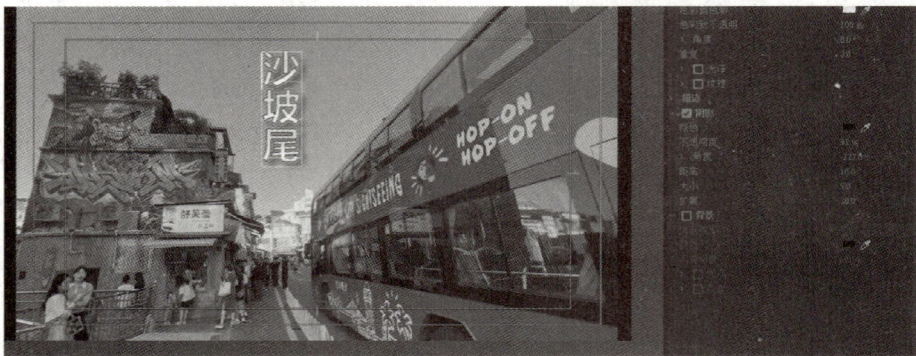

图 6-33　字幕阴影效果和"阴影"选项区

操 作 步 骤

步骤 1　启动 Premiere，执行菜单栏"文件"→"新建"→"项目"命令，如图 6-16 所示，弹出"新建项目"对话框，设置项目名称和位置，单击"确定"按钮，新建项目。

执行菜单栏"文件"→"新建"→"序列"命令，弹出"新建序列"对话框，单击"设置"选项卡，"编辑模式"选择"自定义"，"帧大小"为 800 水平，600 垂直，其余不变，如图 6-34 所示，单击"确定"按钮，新建序列。

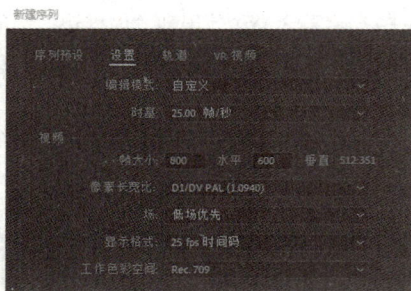

图 6-34　新建序列

步骤 2　在"项目"面板空白处双击，弹出"导入"对话框，选择"01"～"02"素材图片文件导入到"项目"面板。

步骤 3　将两个素材文件依次拖曳到"时间轴"面板，如图 6-35 所示，并将时间轴适当放大。

步骤 4　执行菜单栏"文件"→"新建"→"旧版标题"命令，打开"新建字幕"对话框，修改字幕名称，单击"确定"按钮，如图 6-36 所示。单击"水平文字工具"按钮 T，在"字幕"面板中输入"厦门大学"，如图 6-37 所示。

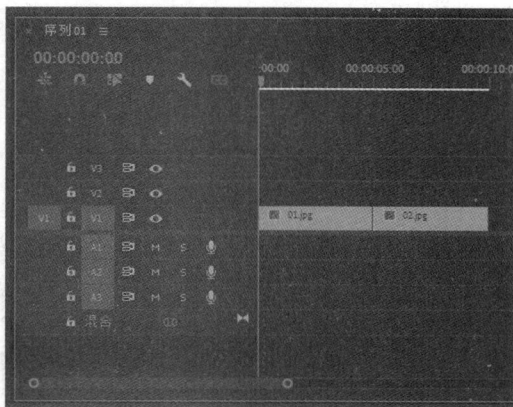

图 6-35　将素材拖曳到"时间轴"面板

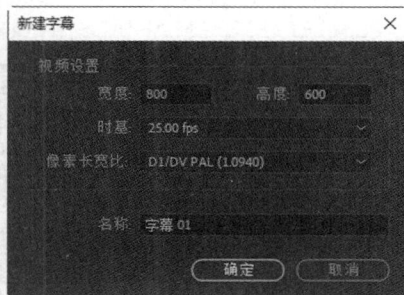

图 6-36　"新建字幕"对话框

图 6-37　输入文本

步骤 5　在"字幕属性"面板中单击"填充类型"右侧的下三角按钮，展开列表框，选择"线性渐变"选项，如图 6-38 所示。

步骤 6　单击第一个颜色的颜色块，打开"拾色器"对话框，修改 RGB 参数为 150、40、30，单击"确定"按钮，如图 6-39 所示。

图 6-38　选择"线性渐变"选项

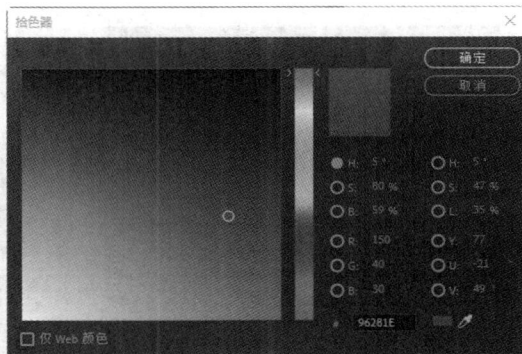

图 6-39　修改颜色参数

步骤 7　单击第二个颜色的颜色块，打开"拾色器"对话框，修改 RGB 参数为 190、15、150，单击"确定"按钮，如图 6-40 所示。

步骤 8　更改字幕的渐变颜色，并预览字幕渐变效果，如图 6-41 所示。

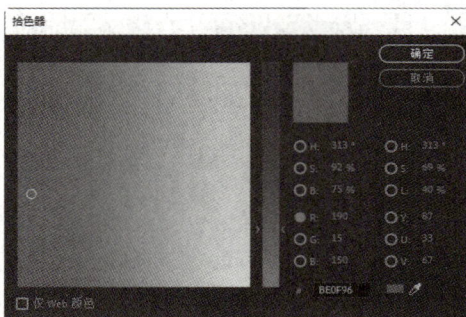

图 6-40　修改颜色参数

图 6-41　预览字幕渐变效果

步骤 9　在"描边"选项区中，单击"外描边"右侧的"添加"链接，添加一个"外描边"选项，修改"大小"为 21.0；设置"颜色"的 RGB 参数为 2、104、28，如图 6-42 所示。

步骤 10　更改字幕的外描边效果，并预览字幕外描边效果，如图 6-43 所示。

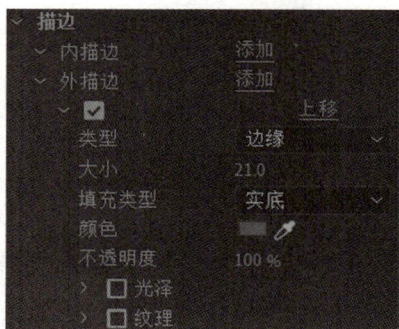

图 6-42　设置外描边

图 6-43　预览字幕外描边效果

步骤 11　选中"阴影"复选框，修改"不透明度"为 31%，"角度"为 -227°，"大小"为 5.0，"扩展"为 30.0，如图 6-44 所示。

步骤 12　为字幕添加阴影效果，并预览字幕阴影效果，如图 6-45 所示。

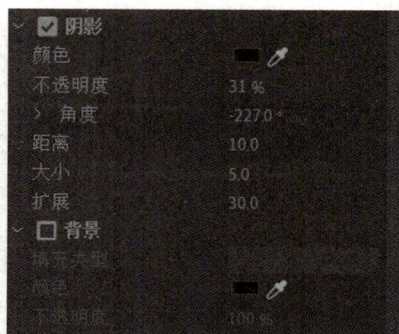

图 6-44　设置阴影参数值

图 6-45　预览字幕阴影效果

步骤 13　关闭字幕对话框，将字幕拉到"时间轴"面板，拉到适当长度即可。"厦门大学"字幕效果美化完成，最终效果如图 6-29 所示。

拓展训练 6.2

美化"百年厦大"字幕效果

训练要求

1. 学会新建项目和序列，以及导入两张图片素材；

2. 学会为字幕添加渐变填充、外描边和阴影等效果，调整后导出为 MP4 格式文件。

步骤指导

1. 新建项目和序列，导入两张图片素材；

2. 执行菜单栏"文件"→"新建"→"旧版标题"命令，打开"新建字幕"对话框，在右边"属性"面板中进行渐变填充、外描边、阴影等的设置；

3. 适当调整后导出为 MP4 格式文件，效果如图 6-46 所示。

美化"百年厦大"字幕效果

图 6-46　美化"百年厦大"字幕效果——最终效果

任务 6.3
制作"可爱小花"动态字幕

制作"可爱小花"动态字幕

任务目标

学会用"字幕"对话框制作带有形状背景的横板文字和竖版文字，并为它们添加滚动和游动属性，从而制作出带有动画效果的电子相册。其最终效果如图 6-47 所示。

图 6-47　制作"可爱小花"动态字幕——最终效果

相 关 知 识

6.3.1　形状路径

字幕特效的种类很多，其中最常见的一种是通过"字幕路径"，字幕按用户创建的路径移动。字幕路径包含直线、钢笔、椭圆、弧形、矩形等。

1. "直线"形状路径

直线是所有图形中最简单且最基本的图形，使用直线工具，可以创建出直线路径。在绘制直线路径时，按住 Shift 键单击并拖曳，即可绘制水平或垂直直线，如图 6-48 所示。

2. "钢笔"形状路径

钢笔工具是一种绘制曲线的工具。使用该工具可以创建带有任意弧度和拐角的任意形状，这些形状通过锚点、直线和曲线创建而成。在字幕窗口中，单击"钢笔工具"按钮 ✐，依次单击，即可使用钢笔工具绘制直线和曲线，如图 6-49 所示。

图 6-48　绘制直线路径

图 6-49　绘制钢笔路径

3. "椭圆"形状路径

单击"椭圆工具"按钮，可以创建出正圆或椭圆图形。在字幕窗口中，单击"椭圆工具"按

钮 [图]，单击并拖曳，绘制一个椭圆对象，如图 6-50 所示。如果要绘制正圆，则可以在按住 Shift 键的同时单击并拖曳即可。

4."弧形"形状路径

单击"弧形工具"按钮，可以创建出圆弧形的图形形状。在字幕窗口中，单击"弧形工具"按钮 [图]，单击并拖曳，绘制一个弧形对象，如图 6-51 所示。

图 6-50　绘制椭圆形状　　　　图 6-51　绘制弧形形状

5."矩形"形状路径

单击"矩形工具"按钮，可以创建出矩形形状。在字幕窗口中，单击"矩形工具"按钮 [图]，单击并拖曳，绘制一个矩形对象，如图 6-52 所示。

6."圆角矩形"形状路径

单击"圆角矩形工具"按钮 [图]，可以创建出圆角矩形形状。在字幕窗口中，单击"圆角矩形工具"按钮，单击并拖曳，绘制一个圆角矩形对象，如图 6-53 所示。

图 6-52　绘制矩形形状　　　　图 6-53　绘制圆角矩形形状

7."楔形"形状路径

单击"楔形工具"按钮，可以创建出矩形形状。在字幕窗口中，单击"楔形工具"按钮 [图]，单击并拖曳，绘制一个楔形对象，如图 6-54 所示。

6.3.2　运动字幕

在创建视频的致谢部分或长篇幅的文字时，创作者可能希望文字能够动起来，可以在屏幕

图 6-54　绘制楔形形状

上下滚动或左右游动，Premiere 的字幕设计能够满足这一需求，使用字幕设计可以创建平滑的、引人注目的字幕，使字幕如流水般穿过屏幕。运动字幕的效果有游动运动字幕和滚动运动字幕两种。

1. 游动运动字幕

游动运动字幕是指字幕在画面中进行水平运动的动态字幕类型，用户可以设置游动的方向和位置。制作游动运动字幕效果的具体方法：在字幕窗口中，单击"字幕"面板中的"滚动 / 游动选项"按钮 ■，打开"滚动 / 游动选项"对话框，如图 6-55 所示，在对话框中设置字幕类型和定时参数即可。

在"滚动 / 游动选项"对话框中，各常用选项的含义如下。

（1）开始于屏幕外：选中该复选框，可以使滚动或游动效果从屏幕外开始。

（2）结束于屏幕外：选中该复选框，可以使滚动或游动效果到屏幕外结束。

（3）预卷：如果希望文字在动作开始之前静止不动，则可在这个输入框中输入静止状态的帧数目。

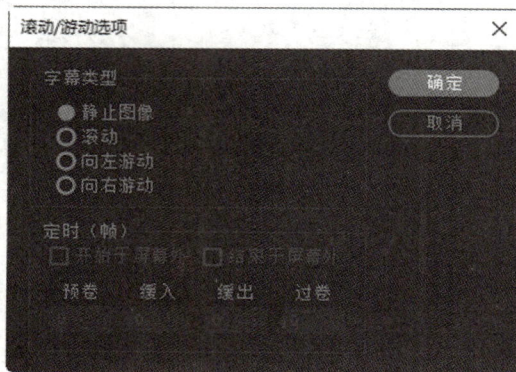

图 6-55　"滚动 / 游动选项"对话框

（4）缓入：如果希望字幕滚动或游动的速度逐渐增加直到正常播放速度，则可在这个输入框中输入加速过程的帧数目。

（5）缓出：如果希望字幕滚动或游动的速度逐渐变小直到静止不动，则可在这个输入框中输入减速过程的帧数目。

（6）过卷：如果希望文字在动作结束之后静止不动，则可在这个输入框中输入静止状态的帧数目。

2. 滚动运动字幕

滚动运动字幕是指字幕从画面的下方逐渐向上运动的动态字幕类型，这种类型的动态字幕通常运用在电视节目中。制作滚动运动字幕的方法很简单，在"滚动 / 游动选项"对话框中选中"滚动"单选按钮，然后设置"预卷""缓入""缓出"等参数即可。

操 作 步 骤

步骤 1　启动 Premiere，执行菜单栏"文件"→"新建"→"项目"命令，如图 6-16 所示，弹出"新建项目"对话框，设置项目名称和位置，单击"确定"按钮，新建项目。

执行菜单栏"文件"→"新建"→"序列"命令，弹出"新建序列"对话框，单击"设置"选项卡，"编辑模式"选择"自定义"，"帧大小"为 1 024 水平，768 垂直，其余不变，如图 6-56 所示，单击"确定"按钮，新建序列。

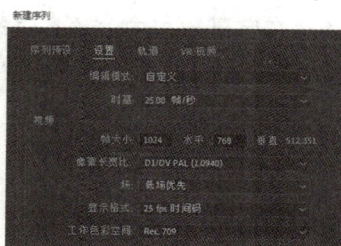

图 6-56　新建序列

步骤2 在"项目"面板空白处双击，弹出"导入"对话框，选择"01""02"素材图片文件，如图6-57所示，导入到"项目"面板。

步骤3 将两个素材文件依次拖曳到"时间轴"面板，如图6-58所示，并将时间轴适当放大。

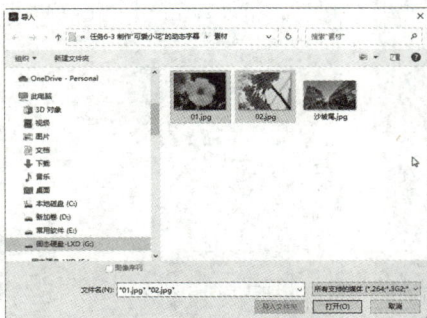

图6-57 导入素材

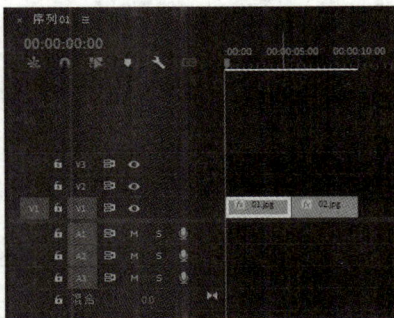

图6-58 将素材拖曳到"时间轴"面板

步骤4 执行菜单栏"文件"→"新建"→"旧版标题"命令，打开"新建字幕"对话框，新建"字幕1"，单击"水平文字工具"按钮 **T**，在"字幕"面板中输入"可爱小花"，如图6-59所示。新建"字幕2"，单击"垂直文字工具"按钮 **IT**，在"字幕"面板中输入"可爱小花"，如图6-60所示。

图6-59 水平文字

图6-60 垂直文字

步骤5 关闭字幕对话框，将"字幕1"拉到"时间轴"面板"01"素材之上，将"字幕2"拉到"时间轴"面板"02"素材之上，如图6-61所示。

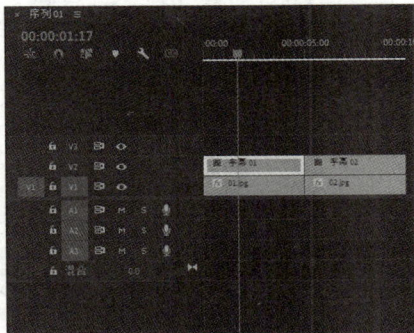

图6-61 添加字幕到"时间轴"面板

步骤6 在"V2"轨道中选择"字幕01"文件，双击，打开字幕窗口，单击"椭圆工具"按钮，在"字幕"面板中单击并拖曳，绘制一个椭圆形状，如图6-62所示。

步骤7　在"字幕属性"面板中，修改"X位置"为266.6、"Y位置"为625.9、"宽度"为350.0、"高度"为140.0，设置"颜色"的RGB参数分别为209、0、228，如图6-63所示。

图 6-62　绘制椭圆形状

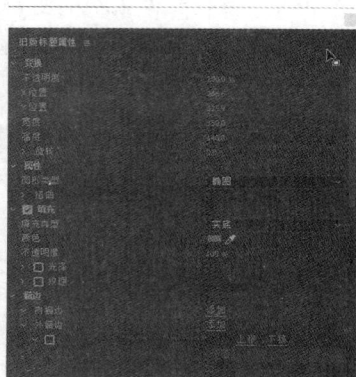

图 6-63　修改参数

步骤8　修改椭圆形状的位置、大小和填充颜色，并查看效果，如图6-64所示。

步骤9　选择椭圆形状，单击鼠标右键，在弹出的快捷菜单中执行"排列"→"移到最后"命令，如图6-65所示。

图 6-64　修改椭圆形状

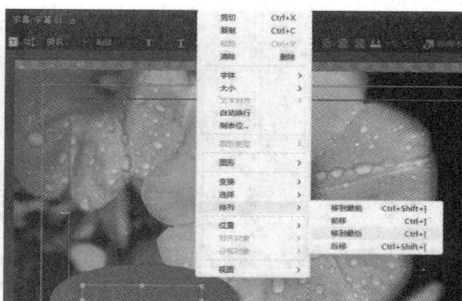

图 6-65　执行"移到最后"命令

步骤10　将椭圆形状放置在字幕的下方，并移动字幕的位置，如图6-66所示。

步骤11　按住Ctrl键的同时选择椭圆和字幕，然后在"字幕"面板中单击"滚动/游动选项"按钮，打开"滚动/游动选项"对话框，单击"滚动"单选按钮，勾选"开始于屏幕外"和"结束于屏幕外"复选框，修改"缓入"为50、"缓出"为30，单击"确定"按钮，如图6-67所示。

图 6-66　调整形状和字幕位置

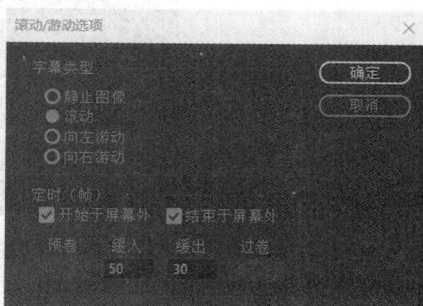

图 6-67　设置滚动参数

步骤 12 制作出滚动动态字幕效果，并在"节目监视器"面板中预览字幕滚动效果，如图 6-68 所示。

图 6-68 预览字幕滚动效果

步骤 13 在"V2"轨道中选择字幕"02"文件，双击，打开字幕窗口，单击"矩形工具"按钮，在"字幕"面板中单击并拖曳，绘制一个矩形形状，如图 6-69 所示。

步骤 14 在"字幕属性"面板中，修改"X 位置"为 185.0、"Y 位置"为 265.4、"宽度"为 105.0、"高度"为 336.4，设置"颜色"的 RGB 参数分别为 106、50、220，如图 6-70 所示。

图 6-69 绘制矩形形状　　　　　　　　　**图 6-70 修改参数**

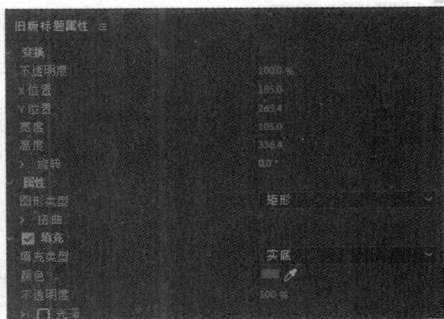

步骤 15 修改矩形形状的位置、大小和填充颜色，并查看效果，如图 6-71 所示。

步骤 16 选择矩形形状，单击鼠标右键，在弹出的快捷菜单中执行"排列"→"移到最后"命令，即可将矩形形状放置在字幕的下方，并移动字幕的位置，如图 6-72 所示。

图 6-71 修改矩形形状　　　　　　　　　**图 6-72 更改顺序和位置**

步骤17 按住 Ctrl 键的同时，选择矩形和字幕，然后在"字幕"面板中单击"滚动 / 游动选项"按钮，打开"滚动 / 游动选项"对话框，单击"向左游动"单选按钮，勾选"开始于屏幕外"复选框，修改"缓入"为10、"缓出"为20，单击"确定"按钮，如图 6-73 所示。

步骤18 制作出游动动态字幕效果，并在"节目监视器"面板中预览字幕游动效果，如图 6-74 所示。"可爱小花"动态字幕制作完成，最终效果如图 6-47 所示。

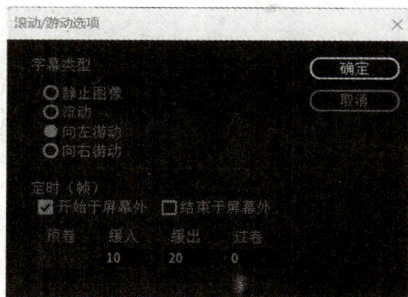

图 6-73 修改参数

图 6-74 预览游动字幕效果

拓展训练 6.3

制作"可爱蝴蝶"动态字幕

训练要求

1. 学会新建项目和序列，以及导入两张图片素材；
2. 学会制作动态字幕，之后导出为 MP4 格式文件。

步骤指导

1. 新建项目和序列，导入两张图片素材；

2. 执行菜单栏"文件"→"新建"→"旧版标题"命令，打开"新建字幕"对话框，输入文字"可爱蝴蝶"，添加背景形状（椭圆形和矩形）；

制作"可爱蝴蝶"动态字幕

3. 单击"滚动 / 游动选项"按钮，在弹出的对话框中设置向上滚动和向左游动，最后导出为 MP4 格式文件，效果如图 6-75 所示。

图 6-75 制作"可爱蝴蝶"动态字幕——最终效果

任务 6.4
制作"古典建筑"字幕特效

任务目标

　　学会使用"新建字幕"对话框新建水平或垂直字幕，利用"标题属性"改变字体样式、大小和颜色，并添加描边和阴影，学会选用"效果"面板的一些视频效果添加到字幕上，并激活和修改某些属性形成动画效果。其最终效果如图 6-76 所示。

图 6-76　制作"古典建筑"字幕特效——最终效果

6.4.1　流动路径字幕特效

使用路径文字工具功能可以先绘制好路径再添加文字，创建完路径文字后可以使字幕在所绘制的路径上进行运动操作。

在字幕窗口中，依次单击绘制路径，按 Enter 键结束路径绘制，并输入文字，然后添加"位置"和"旋转"特效的关键帧，完成流动路径字幕特效的制作，如图 6-77 所示为流动路径字幕特效的运动效果图。

图 6-77　流动路径字幕特效的运动效果图

6.4.2　水平翻转字幕特效

字幕的翻转效果主要通过"摄像机视图"视频效果将其整体翻转。在制作水平翻转字幕特效时，需要先为字幕添加"摄像机视图"特效，然后设置"经度"参数的关键帧，完成水平翻转字幕特效的制作，如图 6-78 所示为水平翻转字幕特效的运动效果图。

图 6-78　水平翻转字幕特效的运动效果图

6.4.3　旋转字幕特效

"旋转"字幕效果主要是通过设置"运动"特效中的"旋转"选项的参数，让字幕在画面中进行旋转运动。

在制作旋转字幕特效时，需要设置"旋转"参数的关键帧，完成水平翻转字幕特效的制作，如图 6-79 所示为旋转字幕特效的运动效果图。

图 6-79　旋转字幕特效的运动效果图

6.4.4　拉伸字幕特效

拉伸特效的字幕效果常常用在大型的广告中，如电视广告、电影广告等。在制作拉伸字幕特效时，需要设置"拉伸"参数的关键帧，完成拉伸字幕特效的制作，如图 6-80 所示为拉伸字幕特效的运动效果图。

图 6-80　拉伸字幕特效的运动效果图

6.4.5　扭曲字幕特效

扭曲特效字幕效果主要是运用"弯曲"特效让画面产生扭曲、变形效果的特点，用户制作的字幕发生扭曲变形。在制作扭曲字幕特效时，需要先为字幕文件添加"扭曲"视频特效，然后设置"水平强度"参数的关键帧，完成扭曲字幕特效的制作，如图 6-81 所示为扭曲字幕特效的运动效果图。

6.4.6　发光字幕特效

发光特效字幕效果主要是运用"镜头光晕"特效让字幕产生发光的效果。在制作发光字幕特效时，需要先为字幕文件添加"镜头光晕"视频特效，然后设置"光晕中心"和"光晕强度"参数的关键帧，完成发光字幕特效的制作，如图 6-82 所示为发光字幕特效的运动效果图。

图 6-81　扭曲字幕特效的运动效果图

图 6-82　发光字幕特效的运动效果图

操 作 步 骤

步骤 1　启动 Premiere，执行菜单栏"文件"→"新建"→"项目"命令，如图 6-16 所示，弹出"新建项目"对话框，设置项目名称和位置，单击"确定"按钮，新建项目。

执行菜单栏"文件"→"新建"→"序列"命令，弹出"新建序列"对话框，单击"设置"选项卡，"编辑模式"选择"自定义"，"帧大小"为 1 024 水平，768 垂直，其余不变，如图 6-56 所示，单击"确定"按钮，新建序列。

步骤 2　在"项目"面板空白处双击，弹出"导入"对话框，选择"01"～"06"素材图片文件，如图 6-83 所示，导入到"项目"面板。

步骤 3　将六个素材文件依次拖曳到"时间轴"面板，如图 6-84 所示，并将时间轴适当放大。

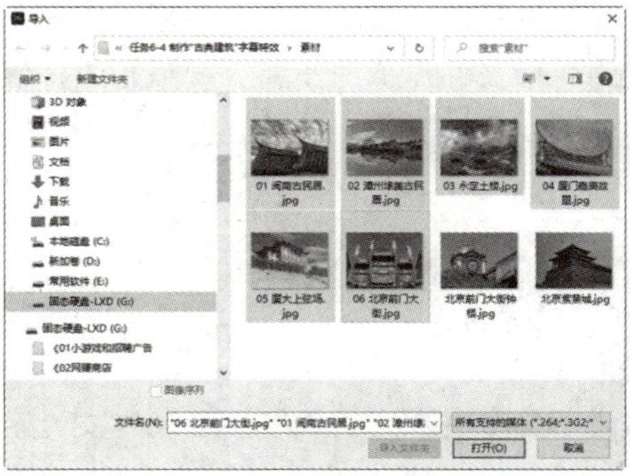

图 6-83　导入素材

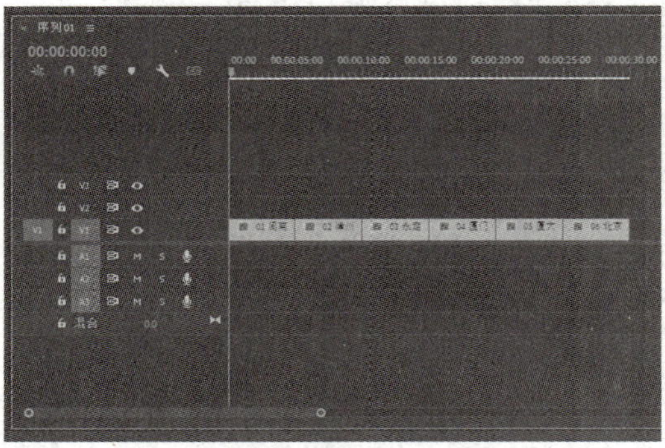

图 6-84　将素材拖曳到"时间轴"面板

步骤 4　执行菜单栏"文件"→"新建"→"旧版标题"命令，打开"新建字幕"对话框，新建"字幕1"，单击"垂直文字工具"按钮 ⅠT，在"字幕"面板中输入"闽南古民居"，如图6-85所示。新建"字幕2"，单击"垂直文字工具"按钮 ⅠT，在"字幕"面板中输入"埭美古民居"，如图6-86所示。

图6-85　新建"字幕1"

图6-86　新建"字幕2"

新建"字幕3"，单击"水平文字工具"按钮 Ｔ，在"字幕"面板中输入"永定土楼"，如图6-87所示。新建"字幕4"，单击"水平文字工具"按钮 Ｔ，在"字幕"面板中输入"嘉庚故里"，如图6-88所示。

图6-87　新建"字幕3"

图6-88　新建"字幕4"

新建"字幕5"，单击"水平文字工具"按钮 Ｔ，在"字幕"面板中输入"厦大上弦场"，如图6-89所示。新建"字幕6"，单击"垂直文字工具"按钮 ⅠT，在"字幕"面板中输入"北京前门大街"，如图6-90所示。

步骤5　将字幕"01"～"06"文件依次拖曳到"V2"轨道（"01"～"06"素材）之上，如图6-91所示。

步骤6　在"效果"面板中展开"视频效果"特效分类选项，选择"Obsolete（过时的）"选项，展开选择的选项，选择"Camera View（摄像机视图）"选项，如图6-92所示。

步骤7　单击并拖曳，将其添加至"V2"轨道的"字幕01"文件上，完成"摄像机视图"视频特效的添加，单击"效果控件"面板"Camera View"效果右上角的"设置"按钮 ⚙，如图6-93所示。

图 6-89　新建"字幕 5"

图 6-90　新建"字幕 6"

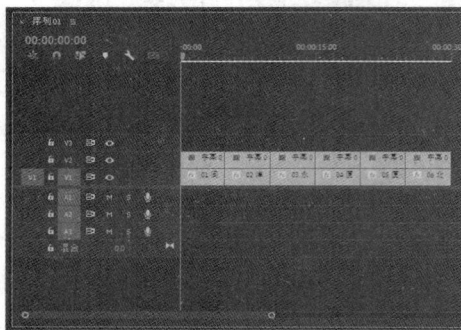

图 6-91　拖曳字幕文件到"V2"轨道

图 6-92　选择"摄像机视图"选项

步骤 8　打开"摄像机视图设置"对话框，取消选中"填充 Alpha 通道"复选框，单击"确定"按钮，即可修改摄像机视图的背景，如图 6-94 所示。

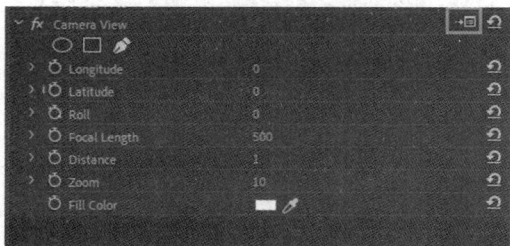

图 6-93　单击"设置"按钮

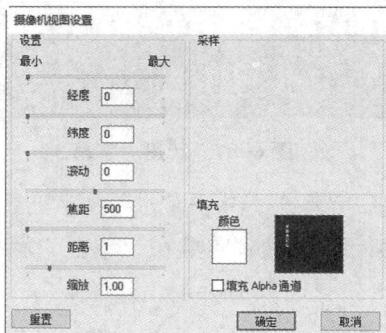

图 6-94　取消选中"填充 Alpha 通道"复选框

步骤 9　将时间指示器移至 01:00 s 的位置，激活并修改"Longitude"为 30，添加第一组关键帧，如图 6-95 所示。

步骤 10　使用同样的方法，在时间指示器 02:00 s 和 03:19 s 的位置，分别修改"Longitude"为 70 和 200，添加两组关键帧，如图 6-96 所示，完成水平翻转字幕特效的制作，效果如图 6-97 所示。

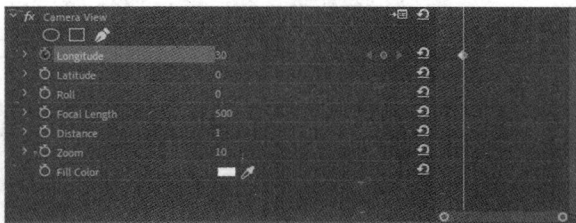

图 6-95　添加关键帧

图 6-96　添加两组关键帧

如图 6-97　水平翻转后效果

步骤 11　在"V2"轨道中,选择"字幕 02"文件,在"效果控件"面板"运动"效果中时间指示器 06:06 s、07:03 s 和 08:01 s 的位置,分别修改"旋转"参数为 30、90 和 0,添加三组关键帧,如图 6-98 所示,完成旋转字幕特效的制作,效果如图 6-99 所示。

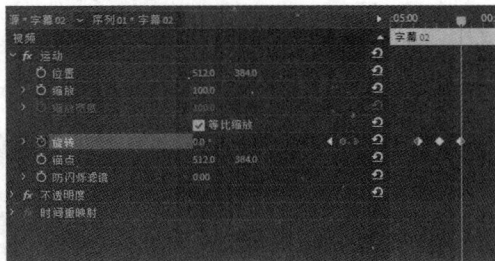

图 6-98　添加三组关键帧

图 6-99　旋转字幕效果

步骤 12　在"V2"轨道中,选择"字幕 03"文件,在"效果控件"面板中时间指示器 10:16 s、12:03 s 和 13:19 s 的位置,分别修改"缩放"参数为 200、150 和 0,添加三组关键帧,如图 6-100 所示,完成拉伸字幕特效的制作,效果如图 6-101 所示。

步骤 13　在"项目"面板双击打开"字幕 04"文件,单击"水平文字工具"按钮 [T],再双击文字"嘉庚故里",按 Ctrl+X 快捷键剪切文字,在字幕工具面板中单击"路径文字工具"按钮 [图标],在"字幕"面板依次单击绘制路径,按 Enter 键结束路径绘制,当出现光标时按 Ctrl+V 快捷键粘贴文字"嘉庚故里",效果如图 6-102 所示。

步骤 14　在"V2"轨道中,选择"字幕 04"文件,在"效果控件"面板中时间指示器 15:14 s、16:13 s、18:06 s 和 19:12 s 的位置,激活并依次修改"位置"和"旋转"参数,添加四组关键帧，使文字沿着路径旋转移动，如图 6-103 所示，完成流动路径字幕特效的制作，效果如图 6-104 所示。

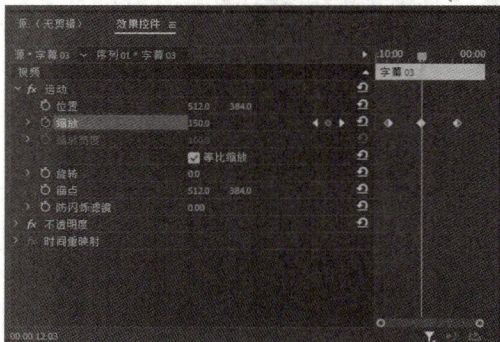

图 6-100　添加三组关键帧

图 6-101　缩放字幕效果

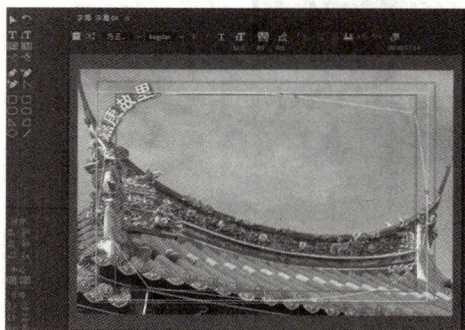

图 6-102　添加路径文字

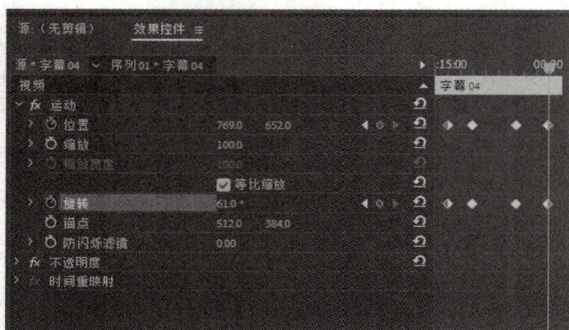

图 6-103　添加四组关键帧

步骤 15　在"效果"面板展开"视频效果"特效分类选项，选择"扭曲"选项，展开选择的选项，选择"波形变形"选项，如图 6-105 所示。

图 6-104　文字沿着路径旋转移动

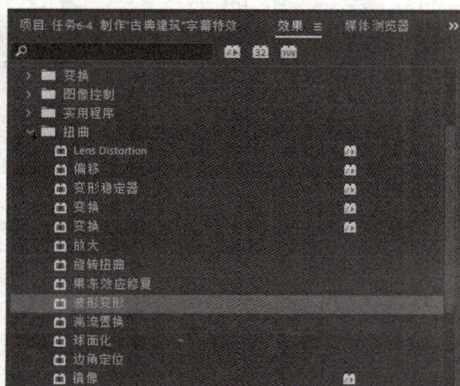

图 6-105　选择"波形变形"选项

步骤 16　单击"V2"轨道的"字幕 05"文件，然后在"效果控件"面板中修改"波形高度"为 -10、"波形宽度"为 60，其余不变，如图 6-106 所示，完成变形字幕特效的制作，效果如图 6-107 所示。

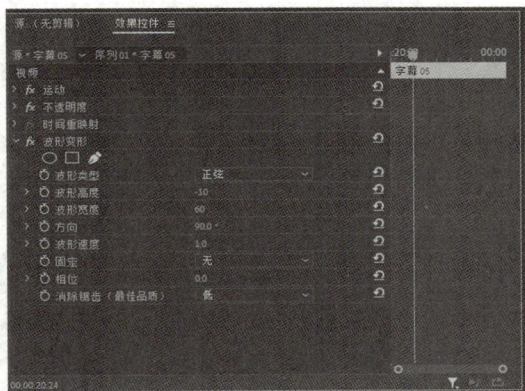

图 6-106 设置参数值

图 6-107 变形字幕特效

步骤 17 在"效果"面板展开"视频效果"特效分类选项，选择"生成"选项，展开选择的选项，选择"镜头光晕"选项，如图 6-108 所示。

步骤 18 单击并拖曳，将其添加至"V2"轨道的"字幕06"文件上，在"效果控件"面板中，依次在时间指示器 25:05 s、27:20 s 和 29:10 s 的位置修改"光晕亮度"参数为 200、150 和 50，添加三组关键帧，如图 6-109 所示，完成发光字幕特效的制作，效果如图 6-110 所示。"古典建筑"字幕特效制作完成，最终效果如图 6-76 所示。

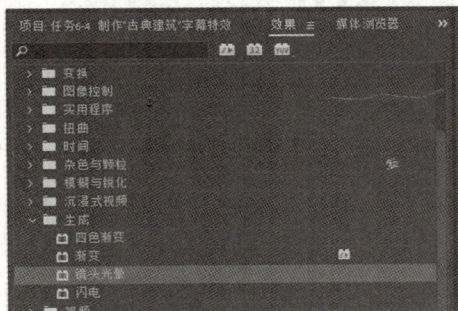

图 6-108 选择"镜头光晕"选项

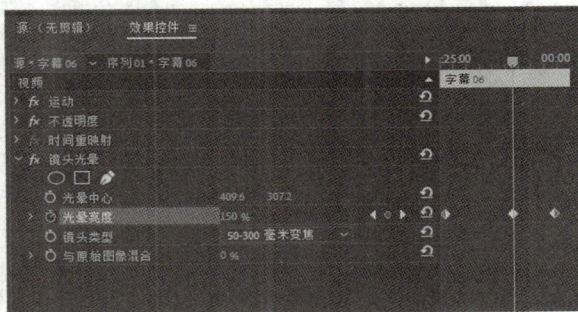

图 6-109 添加三组关键帧

图 6-110 发光字幕特效效果

拓展训练 6.4

制作"厦门妙高山赏樱"字幕效果

训练要求

1. 学会新建字幕文件，将字幕文件添加到时间轴；
2. 为每个字幕添加视频效果，最后导出为 MP4 格式文件。

步骤指导

1. 导入素材，新建字幕文件，文字分别是：翔安妙高山、厦门赏樱地、樱花盛开了、樱花又开了、樱花赏花、浪漫樱花，选择不同的字体样式、大小、颜色、描边和阴影；

2. 为字幕 1～6 添加：画笔描边、放大、球面化、镜头光晕、渐变擦除和旋转扭曲等特效；

3. 选择序列，导出为 MP4 格式文件，效果如图 6-111 所示。

制作"厦门妙高山赏樱"字幕效果

图 6-111　制作"厦门妙高山赏樱"字幕效果──最终效果

项目小结

本项目通过完成四个任务和四个拓展训练，可以懂得使用"旧版标题"对话框添加与编辑文字，对字幕的添加和编辑有一个较为清晰的认识，为完成以后的项目打好基础。

视频的合成和抠像   项目 7

项目导学

  本项目通过学习"制作铅笔画视频效果"和"制作侏罗纪时代宣传片"任务，完成"制作花开慢动作效果"和"制作向日葵光照效果"拓展训练，对 After Effects 的合成和抠像的功能有一个清晰的认识，为初次踏入影视后期编辑制作这一领域的学生填补这方面的空白。通过本项目的学习，培养良好的艺术修养和人文素养，引导学生选择正确的人生道路，学生获得艺术享受的同时，健全自身的人格。

任务 7.1
制作铅笔画视频效果

制作铅笔画视频效果

任 务 目 标

　　使用影视合成技术制作淡彩铅笔画效果，执行"导入"命令导入素材文件，使用"不透明度"选项制作合成素材，使用"查找边缘"特效制作图像的边缘，使用"色阶"特效调整图像的颜色，使用"画笔描边"特效制作图像的画笔效果。铅笔画视频效果如图 7-1 所示。

图 7-1　制作铅笔画视频效果──最终效果

相 关 知 识

7.1.1　合成简介

　　合成一般用于制作效果比较复杂的影视作品，简称"复合影视"，它主要通过对多个视频素材进行叠加、透明及应用各种类型的键控来实现。在电视制作中，键控也常被称为"抠像"，而在电影制作中则被称为"遮罩"。Premiere 建立叠加的效果是在多个视频轨道中的素材实现切换之后，才将叠加轨道上的素材相互叠加的，较高层轨道的素材会叠加在较低层轨道的素材上并在监视器窗口中优先显示出来，也就意味着将在其他素材的上面播放。

1. 透明

　　透明叠加的原理是每个素材都有一定的不透明度，在不透明度为 0% 时，图像完全透明；在不透明度为 100% 时，图像完全不透明；不透明度介于两者之间，图像呈半透明。在 Premiere 中，将一个素材叠加在另一个素材上之后，位于轨道上方的素材能够显示其下方素材的部分图像，这利用的就是素材的不透明度。因此，通过素材不透明度的设置，可以制作出透明叠加的效果，原图和叠加后的效果如图 7-2 和图 7-3 所示。

　　用户可以使用 Alpha 通道、蒙版或键控来定义素材透明度区域和不透明区域，通过设置素材的不透明度并结合不同的混合模式就可以创建出绚丽多彩的影视视觉效果。

图 7-2　原图 1

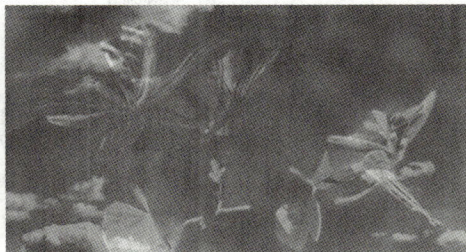

图 7-3　叠加后的效果

2.Alpha 通道

素材的颜色信息都被保存在三个通道中，这三个通道分别是红色通道、绿色通道和蓝色通道。另外，在素材中还包含看不见的第 4 个通道，即 Alpha 通道，它用于存储素材的透明度信息。

当在 After Effects 的"After Effects Composition"面板或 Premiere 的监视器窗口中查看 Alpha 通道时，白色区域是完全不透明的，黑色区域是完全透明的，介于两者之间的区域则是半透明的。

3. 蒙版

"蒙版"是一个层，用于定义层的透明区域，白色区域定义的是完全不透明的区域，黑色区域定义的是完全透明的区域，介于两者之间的区域则是半透明的，这点类似于 Alpha 通道。通常，Alpha 通道就被用作蒙版，但是使用蒙版定义素材的透明区域要比使用 Alpha 通道更好，因为很多原始素材中不包含 Alpha 通道。

TGA、TIFF、EPS 和 QuickTime 等格式的素材中都包含 Alpha 通道。在使用 Adobe Illustrator EPS 和 PDF 格式的素材时，After Effects 会自动将空白区域转换为 Alpha 通道。

4. 键控

前面已经介绍过，在进行素材合成时，可以使用 Alpha 通道将不同的素材对象合成到一个场景中。但是在实际的工作中，能够使用 Alpha 通道进行合成的原始素材非常少，因为摄像机是无法产生 Alpha 通道的，这时使用键控（即抠像）技术就非常重要了。

键控技术是指使用特定的颜色值（颜色键控或色度键控）和亮度值（亮度键控）来定义视频素材中的透明区域。当断开颜色值时，颜色值或亮度值相同的所有像素将变为透明像素。

使用键控技术可以很容易地为一个颜色或亮度一致的视频素材替换背景，这一技术一般称为"蓝屏技术"或"绿屏技术"，也就是背景色完全是蓝色或绿色，当然也可以是其他颜色，图像调整的过程图如图 7-4 ～图 7-6 所示。

图 7-4　原图 2

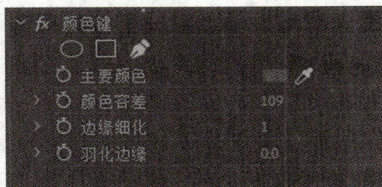

图 7-5　设置"颜色键"

图 7-6　调整后

7.1.2　合成视频

在非线性编辑中，每一个视频素材就是一个图层，将这些图层放置于"时间轴"面板中的不同视频轨道上并以不同的透明度相叠加，即可实现视频的合成。

在进行视频合成操作之前，对叠加的使用应注意以下几点：

（1）叠加效果的产生必须基于两个或两个以上的素材，有时候为了实现效果可以创建一个字幕或颜色蒙版。

（2）只能对重叠轨道上的素材进行透明叠加设置，在默认设置下，每一个新建项目都包含两个可重叠轨道——"V2"和"V3"轨道，当然也可以另外增加多个重叠轨道。

（3）在 Premiere 中制作叠加效果时，首先合成视频主轨道上的素材（包括过渡转场效果），然后将被叠加的素材叠加到背景素材中去。在叠加过程中，首先叠加较低层轨道中的素材，再以叠加后的素材为背景来叠加较高层轨道中的素材，这样在叠加完成后，最高层的素材就位于画面的顶层。

（4）透明素材必须放置在其他素材之上，将想要叠加的素材放置于叠加轨道上——"V2"或更高层的视频轨道上。

（5）背景素材可以放置在视频主轨道（"V1"或"V2"轨道）上，即较低层的叠加轨道上的素材可以作为较高层叠加轨道上的素材的背景。

（6）必须对位于最高层轨道上的素材进行透明设置和调整，否则其下方的所有素材均不能显示。

（7）叠加有两种方式，一种是混合叠加，另一种是淡化叠加。

①混合叠加方式是将素材的一部分叠加到另一个素材上，因此作为前景的素材最好具有单一的底色，并且与需要保留的部分对比鲜明。这样就能很容易将底色变为透明，再叠加到作为背景的素材上，背景在前景素材透明处可见，从而使前景色保留的部分看上去像原本就属于背景素材中的一部分一样。

②淡化叠加方式是通过调整整个前景的透明度，让整个前景暗淡，而背景素材逐渐显现出来，达到一种梦幻或朦胧的效果。

如图 7-7 和图 7-8 所示为两种透明叠加方式的效果。

图 7-7　混合叠加方式

图 7-8　淡化叠加方式

操 作 步 骤

步骤 1　启动 Premiere，执行"文件"→"新建"→"项目"命令，弹出"新建项目"对话框，如图7-9所示，单击"确定"按钮，新建项目。执行"文件"→"新建"→"序列"命令，弹出"新建序列"对话框，单击"设置"选项卡，具体参数设置如图7-10所示，单击"确定"按钮，新建序列。

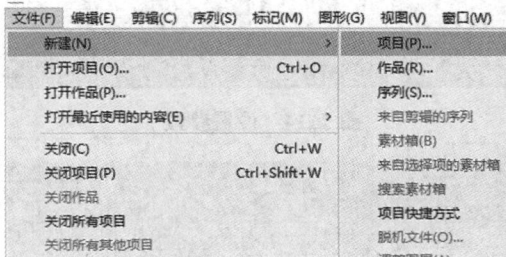

图 7-9　新建项目

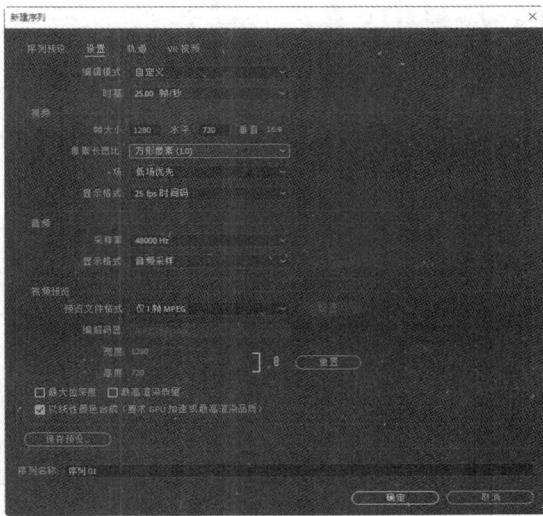

图 7-10　新建序列

步骤2　执行"文件"→"导入"命令，弹出"导入"对话框，选择"01"和"02"文件，如图7-11所示。单击"打开"按钮，将素材文件导入"项目"面板中，如图7-12所示。

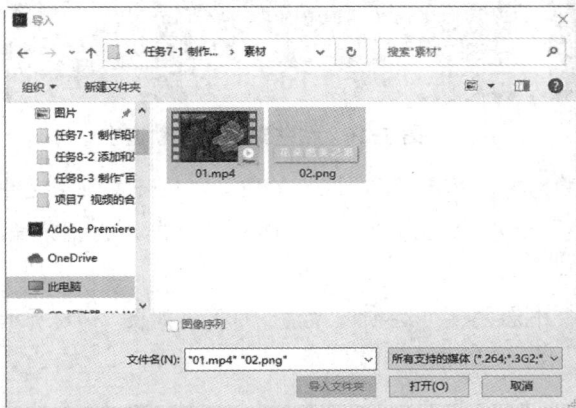

图 7-11　导入素材

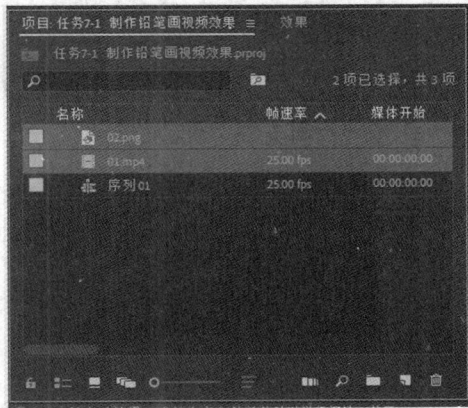

图 7-12　项目面板

步骤3　在"项目"面板中选中"01"文件并将其拖曳到"时间轴"面板中的"V1"轨道中。弹出"剪辑不匹配警告"对话框，单击"保持现有设置"按钮，在保持现有序列设置的情况下将文件放置在"V1"轨道中，如图7-13所示。

选中"时间轴"面板中的"01"文件。打开"效果控件"面板，展开"运动"选项，将"缩放"选项设置为110.0，如图7-14所示。

步骤4　按Ctrl+C快捷键复制"01"文件。单击"V1"轨道的"切换轨道锁定"按钮 🔒，单击"V2"轨道，将此轨道设置为目标轨道，如图7-15所示。按Ctrl+V快捷键，将"01"文件粘贴到"V2"轨道中，如图 7-16 所示，解锁"V1"轨道。

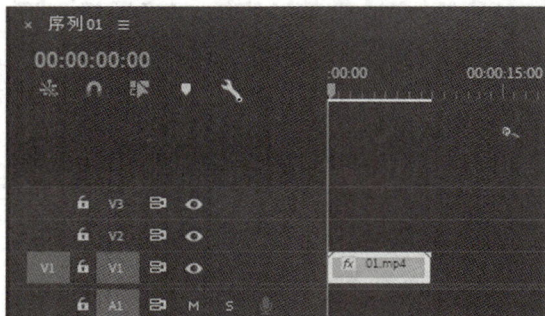

图 7-13　拖曳到"时间轴"面板

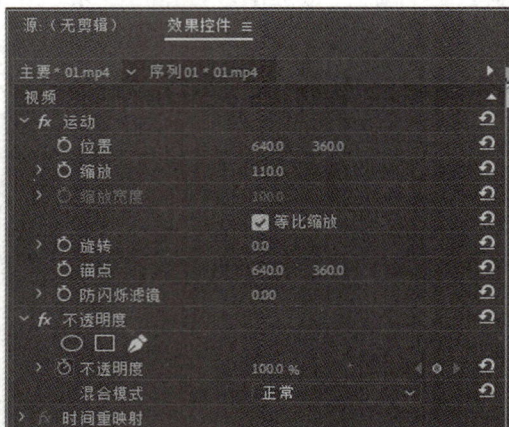

图 7-14　设置参数

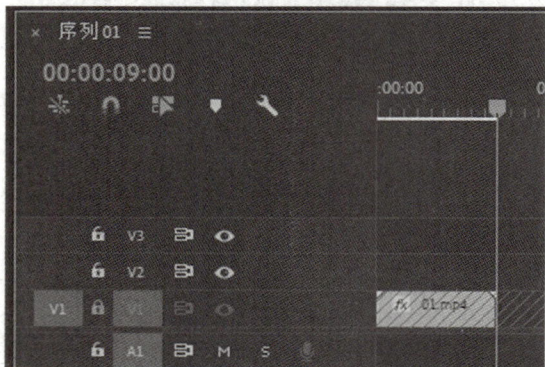

图 7-15　锁定轨道

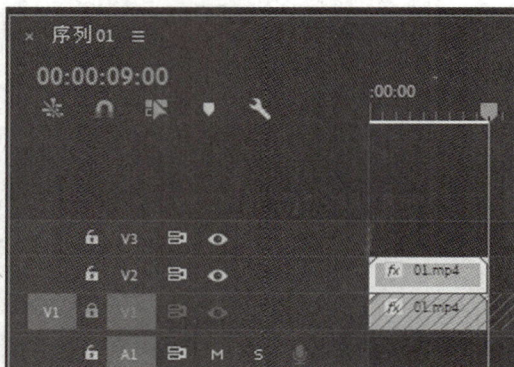

图 7-16　粘贴到"V2"轨道中

步骤 5　确保"V2"轨道处于选中状态，将时间指示器移动到 0 s 的位置。打开"效果控件"面板，展开"不透明度"选项，将"不透明度"选项设置为 70.0%，如图 7-17 所示，记录第 1个动画关键帧。

将时间指示器移动到 01:12 s 的位置，将"不透明度"选项设置为 50.0%，如图 7-18 所示，记录第 2 个动画关键帧。

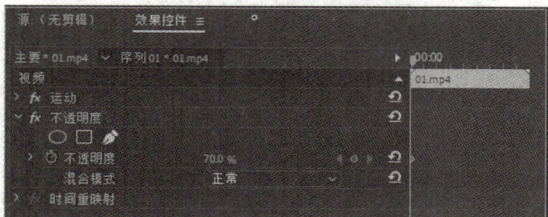

图 7-17　记录第 1 个动画关键帧

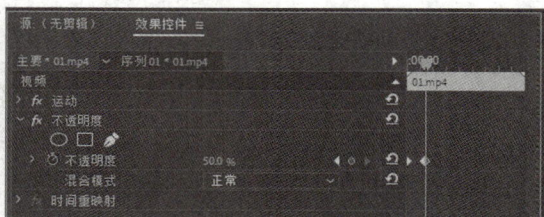

图 7-18　记录第 2 个动画关键帧

步骤 6　打开"效果"面板，展开"视频效果"特效分类选项，单击"风格化"文件夹左侧的 ■ 按钮将其展开，选中"查找边缘"特效，如图 7-19 所示。将"查找边缘"特效拖曳到"时间轴"面板"V2"轨道中的"01"文件上。

步骤7 将时间指示器移动到 0 s 的位置。打开"效果控件"面板，展开"查找边缘"选项，将"与原始图像混合"选项设置为 50%，单击此选项左侧的"切换动画"按钮，如图 7-20 所示，记录第 1 个动画关键帧。

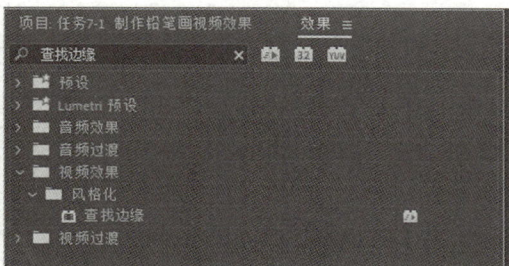

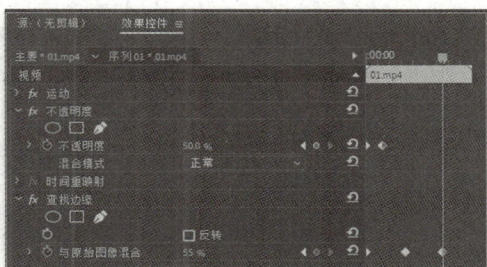

图 7-19 选中"查找边缘"特效　　　　图 7-20 记录第 1 个动画关键帧

步骤8 将时间指示器移动到 03:10 s 的位置，将"与原始图像混合"选项设置为 45%，如图 7-21 所示，记录第 2 个动画关键帧。将时间指示器移动到 06:13 s 的位置，将"与原始图像混合"选项设置为 55%，如图 7-22 所示，记录第 3 个动画关键帧。

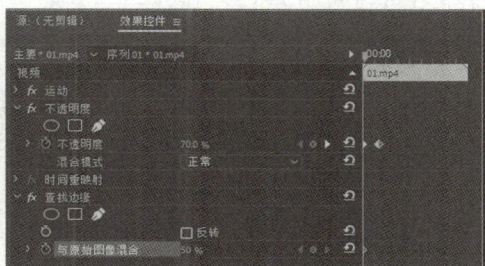

图 7-21 记录第 2 个动画关键帧　　　　图 7-22 记录第 3 个动画关键帧

步骤9 打开"效果"面板，单击"调整"文件夹左侧的 按钮将其展开，选中"色阶"特效，如图 7-23 所示。将"色阶"特效拖曳到"时间轴"面板"V2"轨道中的"01"文件上。

步骤10 打开"效果控件"面板，展开"色阶"选项，将"（RGB）输入黑色阶"选项设置为 85、"（RGB）输入白色阶"选项设置为 200，如图 7-24 所示。

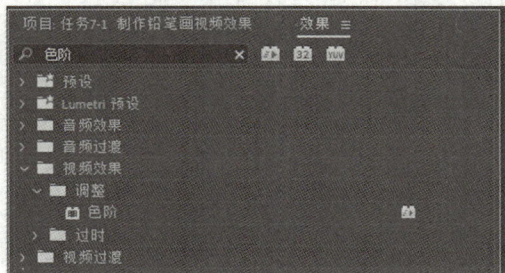

图 7-23 选中"色阶"特效　　　　图 7-24 设置参数

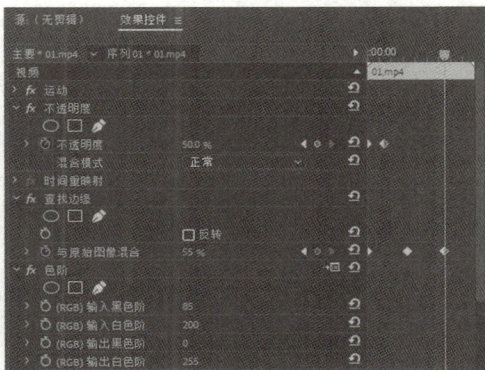

步骤 11　打开"效果"面板，单击"风格化"文件夹左侧的 ■ 按钮将其展开，选中"画笔描边"特效，如图 7-25 所示。将"画笔描边"特效拖曳到"时间轴"面板"V2"轨道中的"01"文件上。打开"效果控件"面板，展开"画笔描边"选项，各选项的设置如图 7-26 所示。

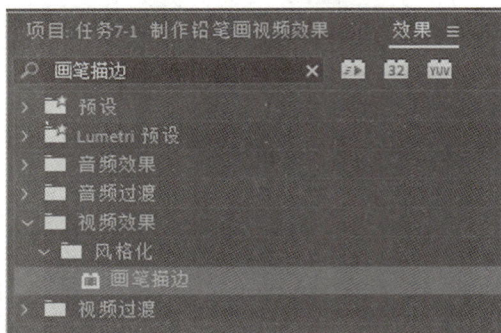

图 7-25　选中"画笔描边"特效

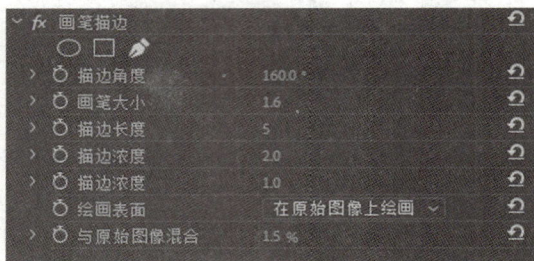

图 7-26　设置参数 1

步骤 12　在"项目"面板中选中"02"文件并将其拖曳到"时间轴"面板的"V3"轨道中，如图 7-27 所示。将鼠标指针放在"02"文件的结束位置并单击，显示编辑点。当鼠标指针呈 ■ 形状时，向右拖曳直到"01"文件的结束位置，如图 7-28 所示。

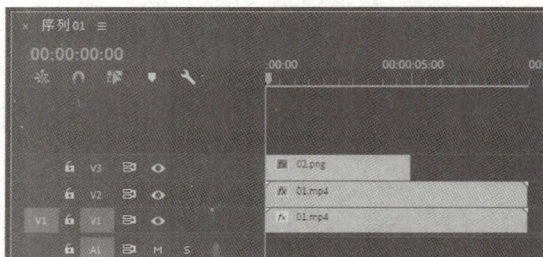

图 7-27　添加"02"文件

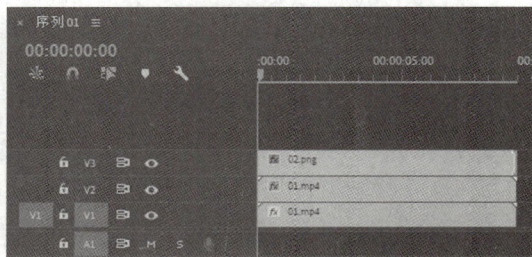

图 7-28　"02"文件与"01"文件齐平

步骤 13　选中"时间轴"面板中的"02"文件，如图 7-29 所示。打开"效果控件"面板，展开"运动"选项，将"位置"选项设置为 640.0 和 655.0，如图 7-30 所示。铅笔画视频效果制作完成，最终效果如图 7-1 所示。

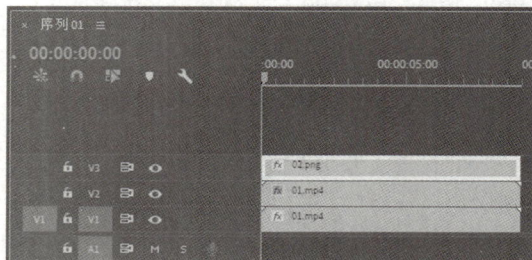

图 7-29　选中"02"文件

图 7-30　设置参数 2

制作花开慢动作效果

训练要求

1. 学会用"更改颜色"特效改变视频的颜色；

2. 学会设置参数大小并制作动画。

步骤指导

1. 新建项目和序列，导入素材并调整大小；

2. 在"效果"面板搜索并为素材添加"更改颜色"特效，设置参数"要更改颜色"和"色相变化"制作颜色变化动画。最终效果如图7-31所示。

制作花开慢动
作效果

图 7-31　制作花开慢动作效果——最终效果

任务 7.2
制作侏罗纪时代宣传片

制作侏罗纪时
代宣传片

🟣 任 务 目 标

　　学习使用"键控"特效抠出视频文件中的恐龙。执行"导入"命令导入视频文件，使用"颜色键"特效抠出恐龙视频，使用"效果控件"面板制作文字动画。侏罗纪时代宣传片如图7-32所示。

图 7-32　制作侏罗纪时代宣传片——最终效果

相关知识

抠像技术

Premiere 中自带了九种"键控"特效，下面讲解各种"键控"特效的使用方法。

7.2.1　Alpha 调整

该特效主要通过调整当前素材的 Alpha 通道信息（即改变 Alpha 通道的透明度），使当前素材与其下方的素材产生不同的叠加效果。如果当前素材不包含 Alpha 通道，改变的将是整个素材的透明度。应用该特效后，其参数面板如图 7-33 所示。

（1）不透明度：用于调整画面的不透明度。

（2）忽略 Alpha：勾选此复选框，可以忽略 Alpha 通道。

（3）反转 Alpha：勾选此复选框，可以对通道进行反向处理。

（4）仅蒙版：勾选此复选框，可以将通道作为蒙版使用。

应用"Alpha 调整"特效的前、后效果如图 7-34、图 7-35。

图 7-33　"Alpha 调整"参数面板　　　图 7-34　应用"Alpha 调整"特效前　　　图 7-35　应用"Alpha 调整"特效后

7.2.2　亮度键

该特效可以将被叠加图像的灰色值设置为透明，而且保持色度不变，该特效对明暗对比强烈的图像十分有用。应用"亮度键"特效的前、后效果如图 7-36 ～图 7-38 所示。

图 7-36　应用"亮度键"特效前 1　　　图 7-37　应用"亮度键"特效前 2　　　图 7-38　应用"亮度键"特效后

7.2.3　图像遮罩键

该特效可以将外部图像素材作为被叠加的底纹背景素材。相对底纹而言，前景画面中的白色区域是不透明的，背景画面的相关部分不能显示出来；黑色区域是透明的区域，灰色区域为部分透明区域。如果想保持前面的色彩，那么作为底纹的图像最好选用灰度图像。应用"图像遮罩键"特效的前、后效果如图 7-39 ～图 7-41 所示。

提示：在使用"图像遮罩键"特效进行图像遮罩时，遮罩图像的名称和文件夹都不能使用中文，否则图像遮罩将没有效果。

图 7-39 应用"图像遮罩键"特效前 1

图 7-40 应用"图像遮罩键"特效前 2

图 7-41 应用"图像遮罩键"特效后

7.2.4 差值遮罩

该特效可以叠加两个图像中相互不同部分的纹理，保留对方的纹理颜色。应用"差值遮罩"特效的前、后效果如图 7-42 ～图 7-44 所示。

图 7-42 应用"差值遮罩"特效前 1

图 7-43 应用"差值遮罩"特效前 2

图 7-44 应用"差值遮罩"特效后

7.2.5 移除遮罩

该特效可以将原有的遮罩移除，如将画面中的白色区域或黑色区域移除。

7.2.6 超级键

该特效通过指定某种颜色，可以在其参数面板中调整"容差"等参数，从而显示素材的透明效果。应用"超级键"特效的前、后效果如图 7-45 ～图 7-47 所示。

图 7-45 应用"超级键"特效前 1

图 7-46 应用"超级键"特效前 2

图 7-47 应用"超级键"特效后

7.2.7 轨道遮罩键

该特效将遮罩层进行适当比例的缩小，并显示在原图层上。应用"轨道遮罩键"特效的前、后效果如图7-48～图7-50所示。

图7-48 应用"轨道遮罩键"
特效前1

图7-49 应用"轨道遮罩键"
特效前2

图7-50 应用"轨道遮罩键"
特效后

7.2.8 非红色键

该特效可以叠加具有蓝色背景的素材，并使这类背景产生透明效果。应用"非红色键"特效的前、后效果如图7-51～图7-53所示。

图7-51 应用"非红色键"
特效前1

图7-52 应用"非红色键"
特效前2

图7-53 应用"非红色键"
特效后

7.2.9 颜色键

"颜色键"特效可以根据指定的颜色将素材中像素值相同的颜色设置为透明。该特效与"亮度键"特效类似，同样是在素材中选择一种颜色或一个颜色范围并将它们设置为透明，但"颜色键"特效可以单独调节素材的像素颜色和灰度值，而"亮度键"特效则是同时调节这些内容。应用"颜色键"特效的前、后效果如图7-54～图7-56所示。

图7-54 应用"颜色键"
特效前1

图7-55 应用"颜色键"
特效前2

图7-56 应用"颜色键"
特效后

操作步骤

步骤1　启动 Premiere，执行"文件"→"新建"→"项目"命令，弹出"新建项目"对话框，如图 7-9 所示，单击"确定"按钮，新建项目。执行"文件"→"新建"→"序列"命令，弹出"新建序列"对话框，单击"设置"选项卡，具体参数设置如图 7-57 所示，单击"确定"按钮，新建序列。

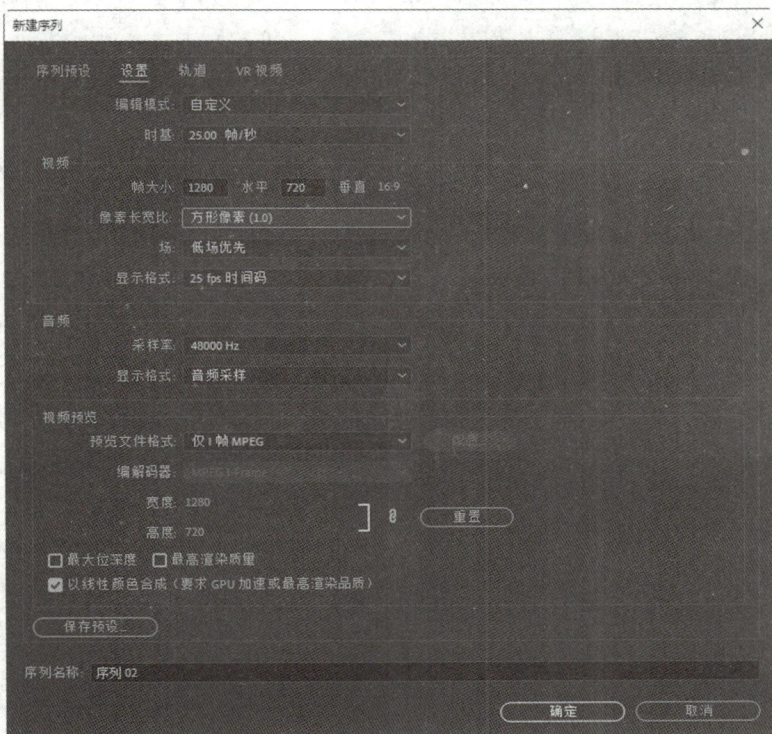

图 7-57　新建序列

步骤2　执行"文件"→"导入"命令，弹出"导入"对话框，选择"01"～"03"文件，如图 7-58 所示。单击"打开"按钮，将素材文件导入"项目"面板中，如图 7-59 所示。

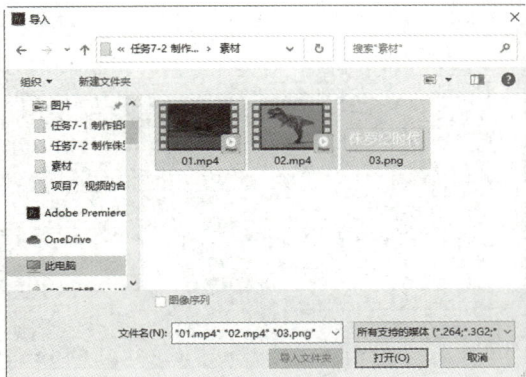

图 7-58　导入素材

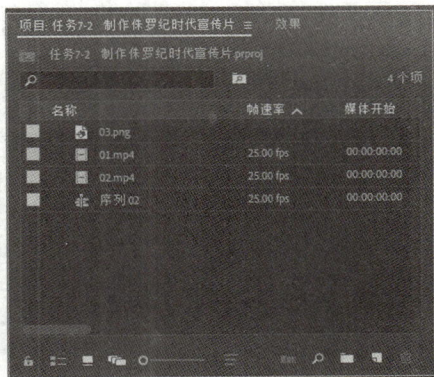

图 7-59　"项目"面板

步骤3 在"项目"面板中选中"01""02"文件并将其拖曳到"时间轴"面板中的"V1"/"V2"轨道中，如图7-60所示。

步骤4 打开"效果"面板，展开"视频效果"特效分类选项，单击"键控"文件夹左侧的▶按钮将其展开，选中"颜色键"特效，如图7-61所示。

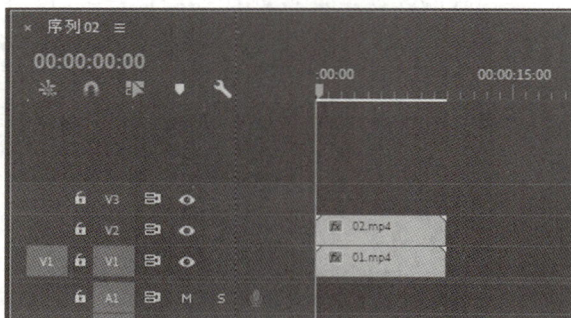

图7-60 "时间轴"面板

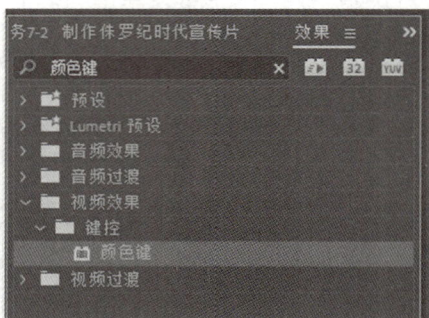

图7-61 选中"颜色键"特效

步骤5 将"颜色键"特效拖曳到"时间轴"面板"V2"轨道中的"02"文件上，如图7-62所示。打开"效果控件"面板，展开"颜色键"选项，将"主要颜色"选项设置为绿色（29，233，29），"颜色容差"选项设置为70，"边缘细化"选项设置为5，如图7-63所示。

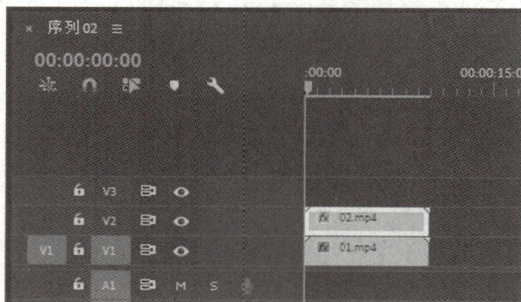

图7-62 添加"颜色键"特效

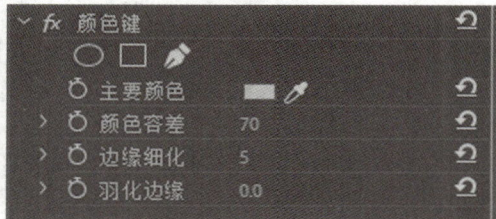

图7-63 设置参数

步骤6 在"项目"面板中选中"03"文件并将其拖曳到"时间轴"面板的"V3"轨道中，如图7-64所示。将鼠标指针放在"03"文件的结束位置并单击，显示编辑点。当鼠标指针呈形状时，向右拖曳直到"02"文件的结束位置，如图7-65所示。

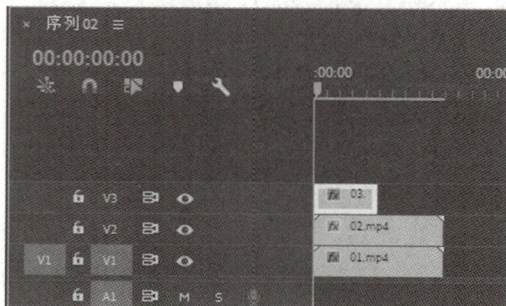

图7-64 添加"03"文件

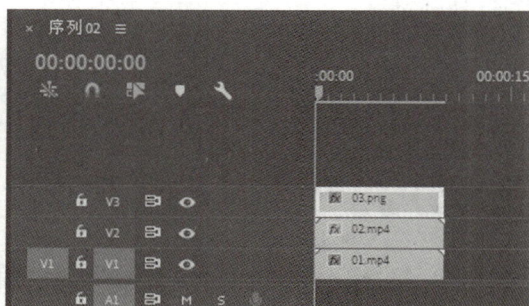

图7-65 "03"文件与"02"文件齐平

步骤 7　选中"时间轴"面板中的"03"文件。打开"效果控件"面板，展开"运动"选项，将"缩放"选项设置为 0.0，单击"缩放"选项左侧的"切换动画"按钮 ，如图 7-66 所示，记录第 1 个动画关键帧。将时间指示器移动到 02:08 s 的位置，将"缩放"选项设置为 180.0，如图 7-67 所示，记录第 2 个动画关键帧。

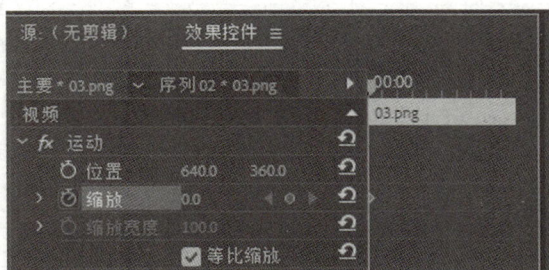

图 7-66　记录第 1 个动画关键帧 1

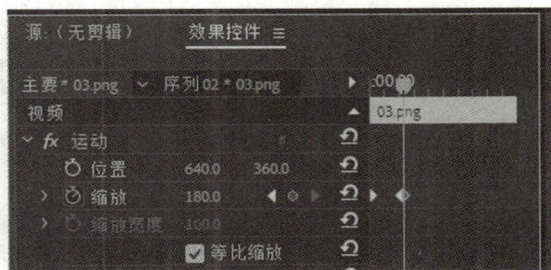

图 7-67　记录第 2 个动画关键帧 1

步骤 8　选中"时间轴"面板中的"02"文件。将时间指示器移动到起始位置，打开"效果控件"面板，单击"位置"选项左侧的"切换动画"按钮 ，设置数值为 1 045.0、410.0；单击"缩放"选项左侧的"切换动画"按钮 ，设置数值为 66.0，如图 7-68 所示，记录第 1 个动画关键帧。

将时间指示器移动到 09:05 s 的位置，将"位置"数值设置为 300.0、410.0，将"缩放"选项设置为 100.0，如图 7-69 所示，记录第 2 个动画关键帧。侏罗纪时代宣传片制作完成，最终效果如图 7-32 所示。

图 7-68　记录第 1 个动画关键帧 2

图 7-69　记录第 2 个动画关键帧 2

拓展训练 7.2

制作向日葵光照效果

训练要求

1. 学会用"色阶"调整视频的明暗度；
2. 学会用"光照效果"特效制作光照动画。

制作向日葵光
照效果

步骤指导

1. 新建项目和序列，导入素材；

2. 添加"色阶"将视频调暗；

3. 添加"光照效果"特效，适当调整"主要半径"和"强度"数值，为"中央"在两个不同时间点改变数值，制作光照移动的效果。最终效果如图 7-70 所示。

图 7-70　制作向日葵光照效果——最终效果

📑 **项目小结**

　　本项目通过完成两个任务和两个拓展训练，可以懂得使用"视频效果"中关于合成和抠像的功能，对合成和抠像有一个较为清晰的认识，为完成以后的项目打好基础。

音频文件的添加和编辑 项目8

项目导学

本项目通过学习"添加与编辑'鼓浪屿宣传片'项目的音频""添加和处理'绿水青山'音频效果"和"制作'百花齐放'项目的立体声音频"任务，完成"添加与编辑'厦门海洋馆'项目的音频""设置'美丽花朵'相册的音频过渡"和"处理'春色满园'项目音频效果"拓展训练，对 After Effects 音频效果的添加与编辑有一个清晰的认识，为初次踏入影视后期编辑制作这一领域的学生填补这方面的空白。通过本项目的学习，培养良好的艺术修养和人文素养，引导学生选择正确的人生道路，学生获得艺术享受的同时，健全自身的人格。

任务 8.1
添加与编辑"鼓浪屿宣传片"项目的音频

添加与编辑"鼓浪屿宣传片"项目的音频

任 务 目 标

　　添加视频和音频文件，然后对添加的音频文件进行分割，对音频文件的持续时间、过渡、音频增益和音频淡化等参数进行设置，最终效果如图 8-1 所示。

图 8-1　添加与编辑"鼓浪屿宣传片"项目的音频——最终效果

相 关 知 识

8.1.1　添加音频

　　添加音频文件有以下两种方法。

　　（1）第一种方法：在"项目"面板中单击鼠标右键，在弹出的快捷菜单中执行"导入"命令。

　　（2）第二种方法：在菜单栏中执行"文件"→"导入"命令。

　　执行以上任意一种命令，均可以打开"导入"对话框，选择音频文件，单击"打开"按钮即可将音频文件添加至"项目"面板中，如图 8-2 所示。

　　选择新导入的音频文件，将其添加至"A1"轨道上，即可通过"项目"面板完成音频的添加，如图 8-3 所示。

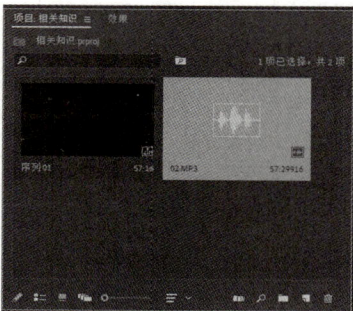

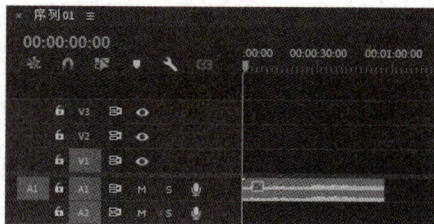

图 8-2　将音频文件添加至"项目"面板中　　图 8-3　将音频文件添加至"时间轴"面板中

8.1.2　分割音频文件

使用"剃刀工具"不仅可以分割视频和图像，也可以对音频文件进行分割操作。

分割音频文件的具体方法：在"工具"面板中，单击"剃刀工具"按钮，在"A1"轨道的音频文件上，依次单击需要分割音频的位置，即可分割音频文件，如图 8-4 所示。

图 8-4　分割音频文件

8.1.3　音频的持续时间

音频素材的持续时间是指音频的播放长度，当用户设置音频素材的出入点后，即可改变音频素材的持续时间。

设置音频的持续时间的方法有以下两种。

（1）第一种方法：在音频轨道中选择音频文件后，单击鼠标右键，在弹出的快捷菜单中执行"速度/持续时间"命令，如图 8-5 所示。

（2）第二种方法：在音频轨道中选择音频文件后，执行菜单栏"剪辑"→"速度/持续时间"命令，如图 8-6 所示。

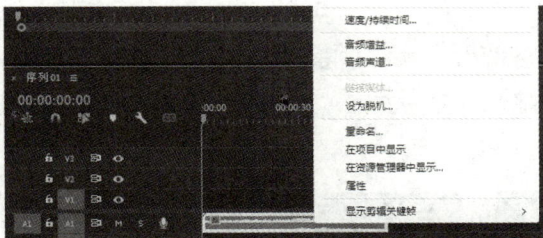

图 8-5　执行"速度/持续时间"命令 1　　　　图 8-6　执行"速度/持续时间"命令 2

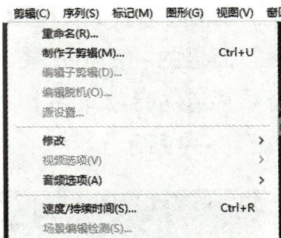

执行以上任意一种命令，均可以打开"剪辑速度/持续时间"对话框，在对话框中修改"时间"参数即可。

8.1.4　音频的过渡

在"效果"面板的"音频过渡"特效分类选项提供了用于淡入音频和淡出音频的三个交叉淡化效果。Premiere提供了三种过渡效果，这三种过渡效果被放置在"交叉淡化"特效分类选项中，如图 8-7 所示。

在"音频过渡"特效分类选项中，各过渡效果的含义如下。

（1）恒定功率：默认的音频过渡效果，它产生一种听起来像是逐渐淡入 / 淡出人们耳朵的声音效果。

（2）恒定增益：可以创造精确的淡入效果和淡出效果。

（3）指数淡化：可以创建弯曲淡化效果，它通过创建不对称的指数型曲线来创建声音的淡入淡出效果。

通过"交叉淡化"可以创建两个音频素材之间的流畅切换，如图 8-8 所示。在使用 Premiere 软件时，也可以将"交叉切换"放在音频素材的前面创建淡入效果，或者放在音频素材的末尾创造淡出效果。

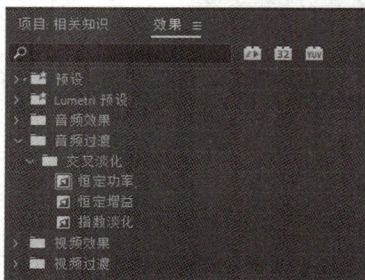

图 8-7　"音频过渡"特效列表框　　　　图 8-8　添加音频过渡效果

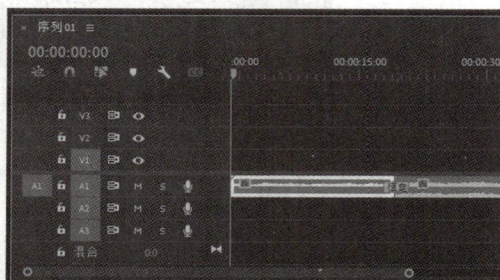

8.1.5　添加与删除音频的特效

Premiere 软件中提供了大量的音频效果，用户可以根据需要为音乐文件添加各种音频效果。

利用"效果"面板的"音频效果"特效分类选项中提供的特效可以制作出专业音频效果。Premiere 提供了多种特效，如图 8-9 所示。

在"效果"面板的"音频效果"特效分类选项中，选择需要添加的音频特效，单击并拖曳，将其添加至音频轨道的音频文件上，即可添加音频特效，并在"效果控件"面板中显示新添加的音频特效，如图 8-10 所示。

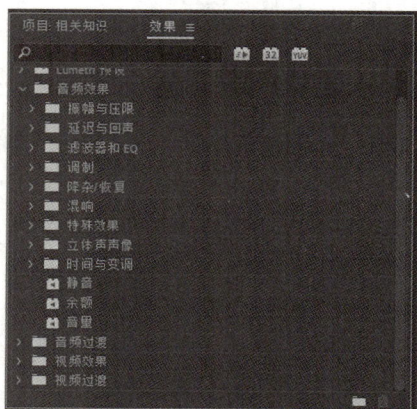

图 8-9　"音频效果"特效列表框　　　　图 8-10　添加音频特效

在添加音频特效后，如果对添加的音频特效不满意，则可以在"效果控件"面板中鼠标右键单击音频特效，在弹出的快捷菜单中执行"清除"命令，如图 8-11 所示，即可删除音频特效。

8.1.6 设置音频增益

在运用 Premiere 调整音频时，往往会使用多个音频素材。因此，用户需要通过调整增益效果来控制音频的最终效果。

设置音频增益的具体方法有以下两种。

（1）第一种方法：在"时间轴"面板中选择"A1"轨道的音频文件，执行菜单栏"剪辑"→"音频选项"→"音频增益"命令，如图 8-12 所示。

（2）第二种方法：在"时间轴"面板中选择"A1"轨道的音频文件，单击鼠标右键，在弹出的快捷菜单中执行"音频增益"命令，如图 8-13 所示。

图 8-11 执行"清除"命令

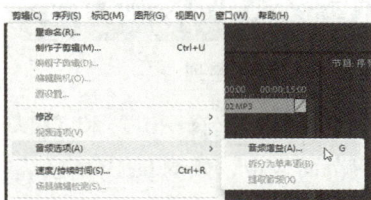

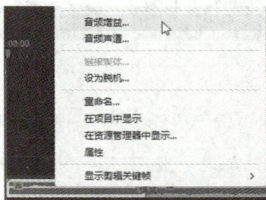

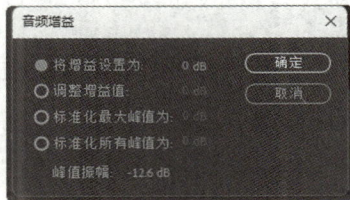

执行以上任意一种命令，均可以打开"音频增益"对话框，单击"将增益设置为"单选按钮，修改参数值，如图 8-14 所示，单击"确定"按钮，即可修改音频的增益，且"时间轴"面板中的音频文件的波形发生变化。

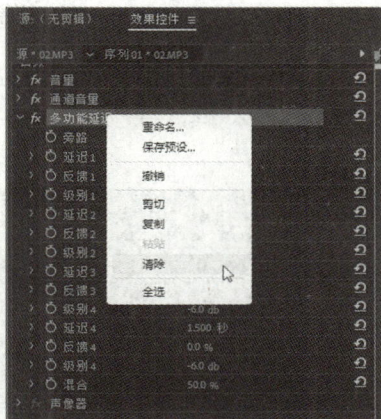

图 8-12 执行"音频增益"命令 1　　**图 8-13 执行"音频增益"命令 2**　　**图 8-14 "音频增益"对话框**

8.1.7 设置音频淡化

淡化效果可以让背景音乐逐渐减弱，直到完全消失。这种淡化效果需要通过两个以上的关键帧来实现。

设置音频淡化的具体方法：在"时间轴"面板中，选择"A1"轨道的音频文件，然后在"效果控件"面板中右侧的音乐预览区中指定时间指示器位置，设置"级别"参数，即可设置音频淡化效果，如图 8-15 所示。

图 8-15 设置音频淡化效果

操 作 步 骤

步骤1 启动 Premiere，执行菜单栏"文件"→"新建"→"项目"命令，弹出"新建项目"对话框，如图 8-16 所示，单击"确定"按钮，新建项目。

执行菜单栏"文件"→"新建"→"序列"命令，弹出"新建序列"对话框，单击"设置"选项卡，具体参数设置如图 8-17 所示，单击"确定"按钮，新建序列。

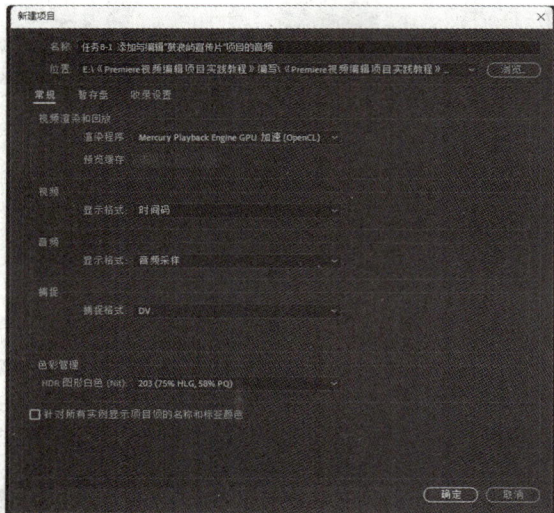

图 8-16 新建项目

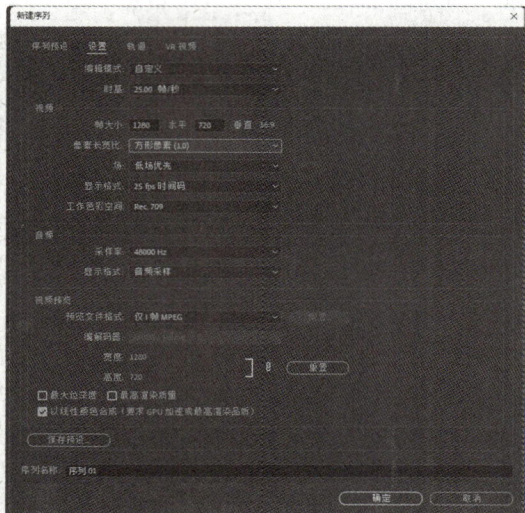

图 8-17 新建序列

步骤2 执行菜单栏"文件"→"导入"命令，弹出"导入"对话框，选择"01"和"02"文件，如图 8-18 所示。单击"打开"按钮，将素材文件导入"项目"面板中，如图 8-19 所示。

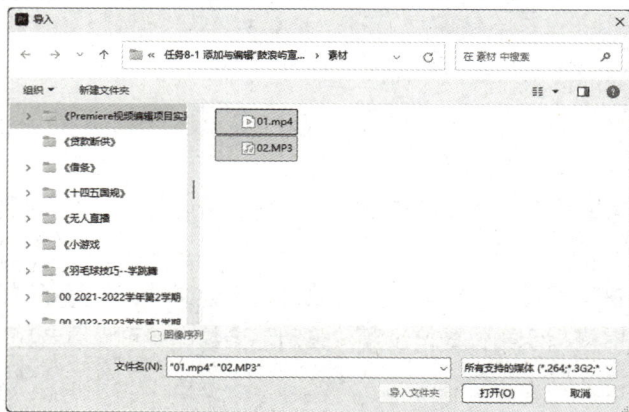

图 8-18 选择"01"和"02"文件

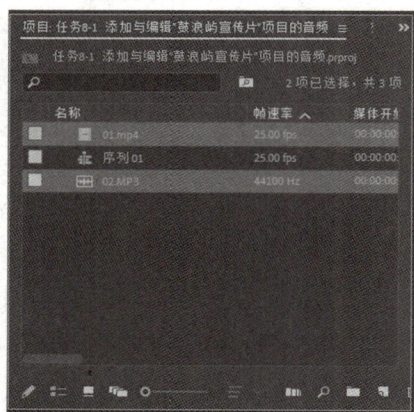

图 8-19 导入"项目"面板

步骤3 单击并拖曳"项目"面板中的"01"和"02"文件，将其分别添加至"时间轴"面板的"V1"和"A1"轨道中，如图 8-20 所示。

步骤4 选择"A1"轨道中的音频素材，单击鼠标右键，在弹出的快捷菜单中执行"速度/持续时间"命令，如图 8-21 所示。

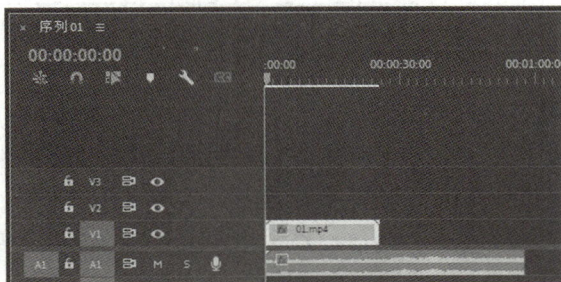

图 8-20 添加"01"和"02"文件

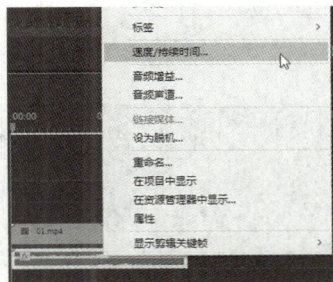

图 8-21 执行"速度/持续时间"命令

步骤 5 打开"剪辑速度/持续时间"对话框,修改"速度"为 120%,单击"确定"按钮,如图 8-22 所示。

步骤 6 设置音频的持续时间后,"A1"轨道中的音频素材长度发生了变化,如图 8-23 所示。

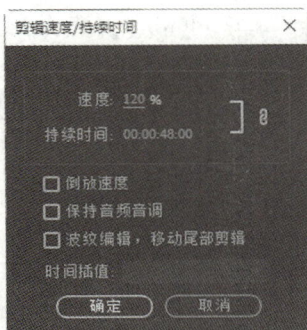

图 8-22 设置"速度"参数

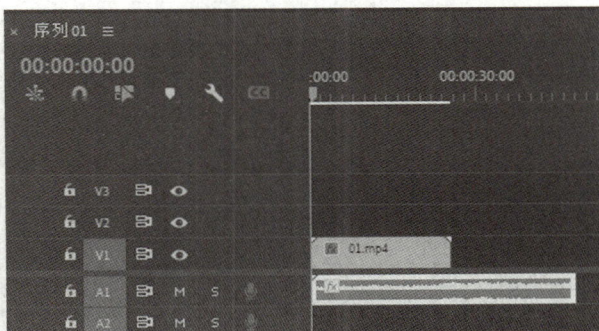

图 8-23 设置音频的持续时间

步骤 7 将时间指示器移至 25:00 s 的位置,单击工具箱中的"剃刀工具"按钮,在时间指示器位置处单击,即可分割音频素材,如图 8-24 所示。

步骤 8 选择"A1"轨道中最右侧的音频素材,按 Delete 键即可删除音频素材,如图 8-25 所示。

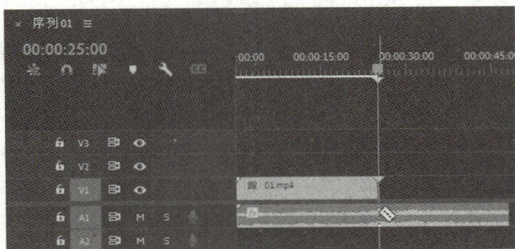

图 8-24 分割音频素材

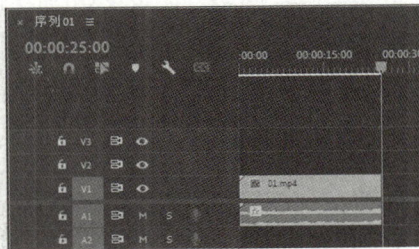

图 8-25 删除音频素材

步骤 9 将时间指示器移至 12:05 s 的位置,单击工具箱中的"剃刀工具"按钮,在时间指示器位置处单击即可分割音频素材,如图 8-26 所示。

步骤 10 在"效果"面板中,展开"音频过渡"特效分类选项,选择"交叉淡化"选项并展开,选择"恒定功率"音频选项,如图 8-27 所示。

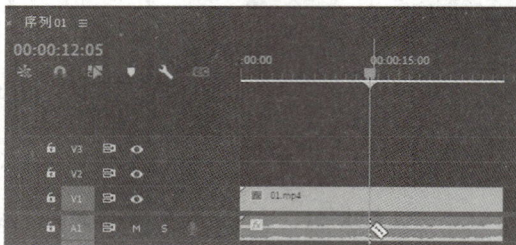

图 8-26　分割音频素材

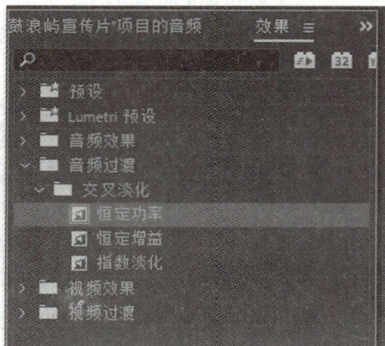

图 8-27　选择"恒定功率"音频选项

步骤 11　单击并拖曳，将其添加至"A1"轨道的两个音频素材之间，完成音频过渡效果的添加，如图 8-28 所示。

步骤 12　在"效果"面板中，展开"音频效果"→"延迟与回声"特效分类选项，选择"模拟延迟"选项，如图 8-29 所示。

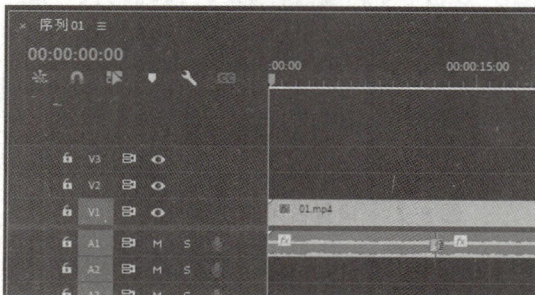

图 8-28　添加音频过渡效果

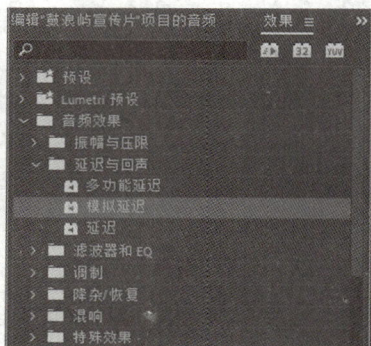

图 8-29　选择"模拟延迟"选项

步骤 13　单击并拖曳，将其添加至 A1 轨道的左侧音频素材上，然后在"效果控件"面板的"模拟延迟"列表框中，勾选"旁路"复选框，如图 8-30 所示。

步骤 14　单击"自定义设置"选项右侧的"编辑"按钮，打开"剪辑效果编辑器－模拟延迟：音频 1，02 .MP3，效果 3，00:00:00:00"对话框，设置预设和对应的参数值，如图 8-31 所示，关闭对话框，完成音频特效的添加。

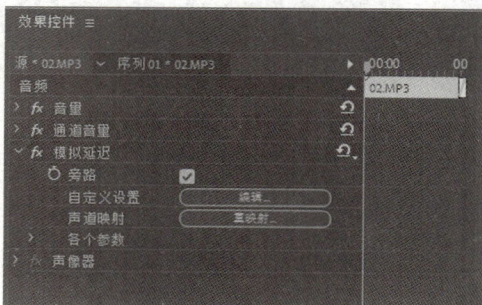

图 8-30　勾选"旁路"复选框

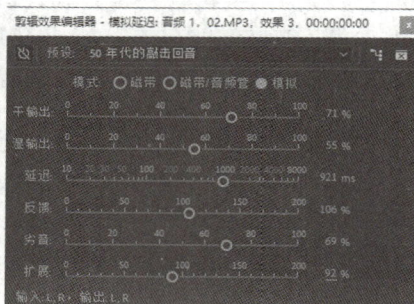

图 8-31　设置参数值

步骤 15 选择"A1"轨道的右侧音频素材，在"效果控件"面板的"音量"列表框中修改"级别"为 5.0 dB，添加第 1 组关键帧，如图 8-32 所示。

步骤 16 将时间指示器移至 21:08 s 的位置，在"效果控件"面板的"音量"列表框中修改"级别"为 −200.0 dB，添加第 2 组关键帧，如图 8-33 所示，即可完成对音频素材的淡化设置。"鼓浪屿宣传片"项目的音频添加与编辑完成，最终效果如图 8-1 所示。

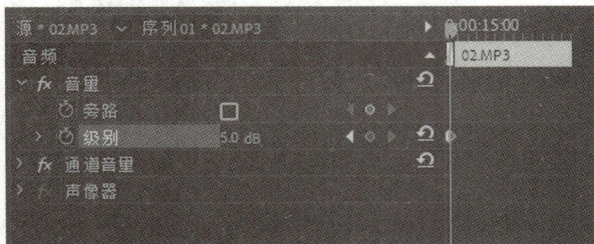

图 8-32 添加第 1 组关键帧

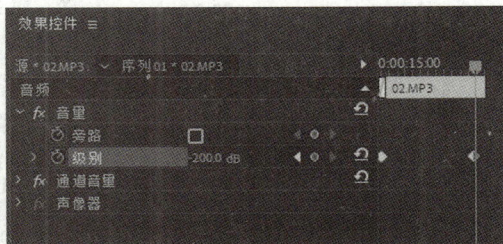

图 8-33 添加第 2 组关键帧

拓展训练 8.1

添加与编辑"厦门海洋馆"项目的音频

训练要求

1. 学会使用"剃刀工具"分割音频；
2. 学会设置音频文件的持续时间、过渡、音频增益和音频淡化等参数。

步骤指导

1. 添加视频和音频文件，然后对添加的音频文件进行分割；
2. 对音频文件的持续时间、过渡、音频增益和音频淡化等参数进行设置，最终效果如图 8-34 所示。

添加与编辑"厦门海洋馆"项目的音频

图 8-34 添加与编辑"厦门海洋馆"项目的音频——最终效果

任务 8.2
添加和处理"绿水青山"音频效果

任务目标

　　添加视频和音频文件，然后将添加的音频文件分割成五段，对这五段分别添加平衡、EQ、DeNoiser、延迟和高音效果，并对参数进行设置，最终效果如图 8-35 所示。

图 8-35　添加和处理"绿水青山"音频效果——最终效果

相关知识

8.2.1　EQ 均衡器（新版本：参数均衡器）

　　使用 EQ 均衡器特效，可以平衡音频素材中的声音频率、波段和多重波段均衡等内容。

　　制作 EQ 均衡器特效的具体方法：启动 Premiere 2019，在"效果"面板中展开"音频效果"→"过时的音频效果"特效分类选项，选择"EQ"选项，如图 8-36 所示，单击并拖曳，将其添加至"A1"轨道的音频素材上，然后在"效果控件"面板中修改"EQ"选项下的参数值，完成 EQ 均衡器特效的制作，如图 8-37 所示。

图 8-36　选择"EQ"选项

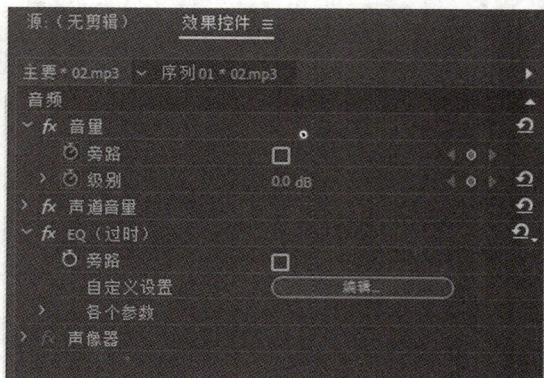

图 8-37　设置"EQ"参数值

8.2.2　高低音转换 Dynamics（新版本：动态）

高低音之间的转换是运用 Dynamics 特效对组合的或独立的音频进行的调整。制作高低音转换特效的具体方法：启动 Premiere 2019，在"效果"面板中展开"音频效果"→"过时的音频效果"特效分类选项，选择"Dynamics"选项，如图 8-38 所示，单击并拖曳，将其添加至"A1"轨道的音频素材上，然后在"效果控件"面板中修改"Dynamics"选项下的参数值，添加多个关键帧，完成高低音转换特效的制作，如图 8-39 所示。

图 8-38　选择"Dynamics"选项　　　　图 8-39　设置"Dynamics"参数值

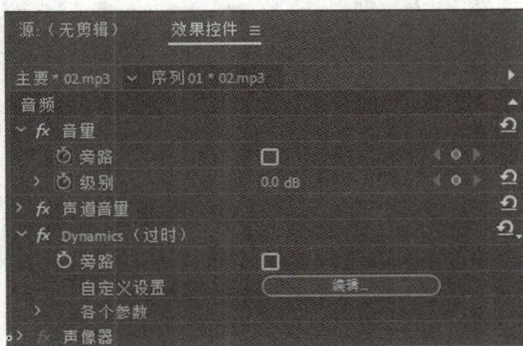

8.2.3　声音的降噪 DeNoiser（新版本：动态）

使用 DeNoiser 特效可以降低音频素材中的机器噪声、环境噪声和外音等不应有的杂音。

制作声音降噪特效的具体方法：启动 Premiere 2019，在"效果"面板中展开"音频效果"→"过时的音频效果"特效分类选项，选择"DeNoiser"选项，如图 8-40 所示，单击并拖曳，将其添加至"A1"轨道的音频素材上，然后在"效果控件"面板中修改"DeNoiser"选项下的参数值，添加多个关键帧，完成声音降噪特效的制作，如图 8-41 所示。

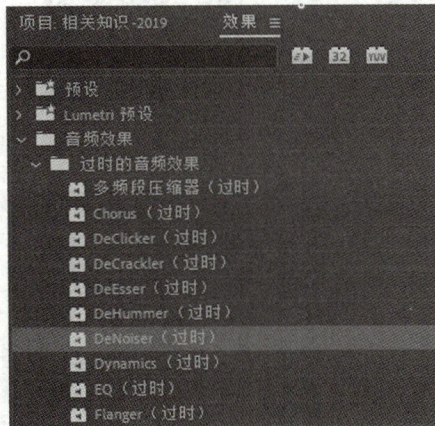

图 8-40　选择"DeNoiser"选项　　　　图 8-41　设置"DeNoiser"参数值

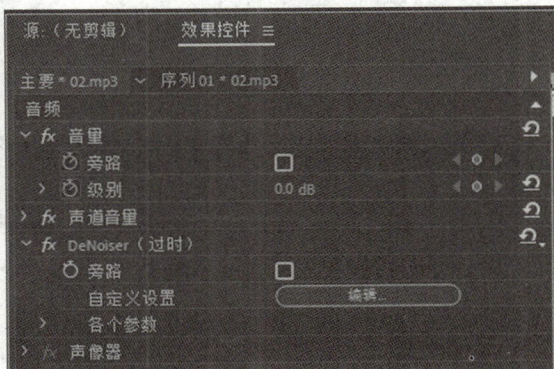

8.2.4　音频的延迟

　　"延迟"特效用于创建回声，该回声发生在"延迟"字段中所输入的时间之后。制作音频延迟特效的具体方法：启动 Premiere 2019，在"效果"面板中展开"音频效果"特效分类选项，选择"延迟"选项，如图 8-42 所示，单击并拖曳，将其添加至"A1"轨道的音频素材上，然后在"效果控件"面板中修改"延迟"选项下的参数值，完成音频延迟特效的制作，如图 8-43 所示。

图 8-42　选择"延迟"选项　　　　　　图 8-43　设置"延迟"参数值

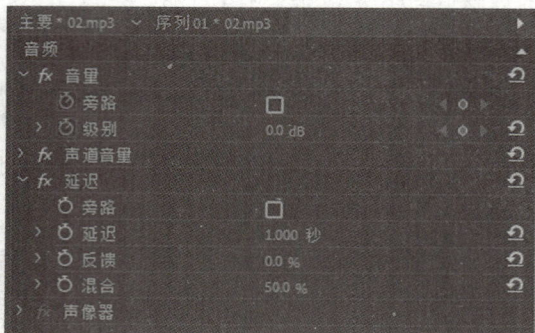

8.2.5　平衡（新版本已经取消该功能）

　　使用"平衡"音频特效可以更改立体声素材中左右立体声声道的音量。制作音频平衡特效的具体方法：启动 Premiere 2019，在"效果"面板中展开"音频效果"特效分类选项，选择"平衡"选项，如图 8-44 所示，单击并拖曳，将其添加至"A1"轨道的音频素材上，然后在"效果控件"面板中修改"平衡"选项下的参数值，完成音频"平衡"特效的制作，如图 8-45 所示。

图 8-44　选择"平衡"选项　　　　　　图 8-45　设置"平衡"参数值

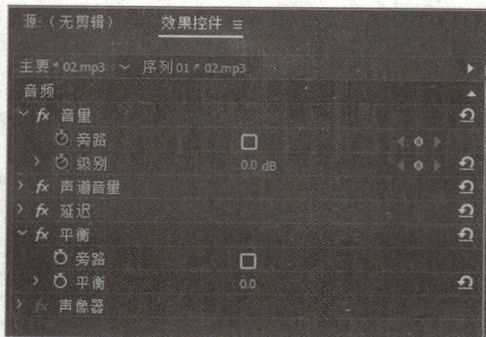

8.2.6　混响声音效果 Reverb（新版本：室内混响）

　　使用混响特效可以模拟房间内部的声波传播方式，产生一种室内回声效果，能够体现出宽阔回声的真实效果。

　　制作音频混响特效的具体方法：启动 Premiere 2019，在"效果"面板中展开"音频效果"→"过时的音频效果"特效分类选项，选择"Reverb"选项，如图 8-46 所示，单击并拖曳，将其添加至"A1"轨道的音频素材上，然后在"效果控件"面板中修改"Reverb"选项下的参数值，完成音频混响特效的制作，如图 8-47 所示。

图 8-46　选择"Reverb"选项　　　　　　图 8-47　设置"Reverb"参数值

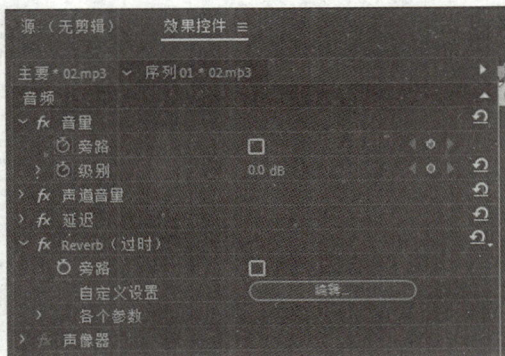

8.2.7　高音音频效果

　　使用"高音"音频特效可以调整较高的频率（4 000 Hz 及更高的频率）。制作"高音"音频特效的具体方法：在"效果"面板中展开"音频效果"特效分类选项，选择"高音"选项，如图 8-48 所示，单击并拖曳，将其添加至"A1"轨道的音频素材上，然后在"效果控件"面板中修改"高音"选项下的参数值，完成"高音"音频特效的制作，如图 8-49 所示。

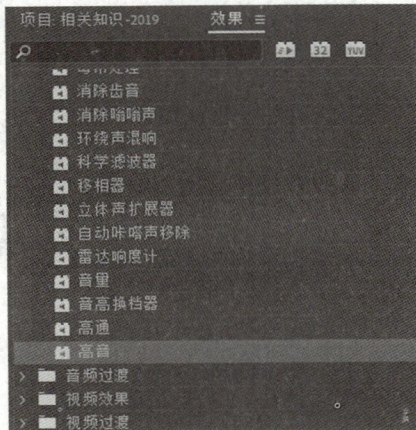

图 8-48　选择"高音"选项　　　　　　图 8-49　设置"高音"参数值

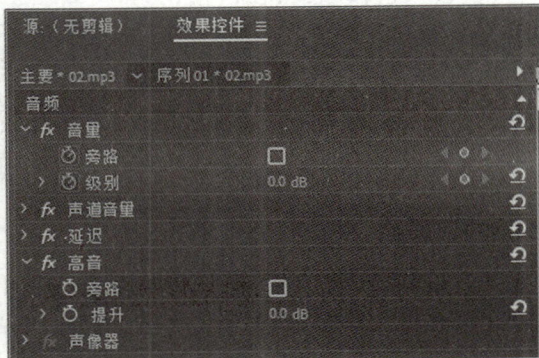

操作步骤

　　步骤 1　启动 Premiere，执行菜单栏"文件"→"新建"→"项目"命令，弹出"新建项目"

对话框，如图 8-50 所示，单击"确定"按钮，新建项目。

　　执行菜单栏"文件"→"新建"→"序列"命令，弹出"新建序列"对话框，单击"设置"选项卡，具体参数设置如图 8-51 所示，单击"确定"按钮，新建序列。

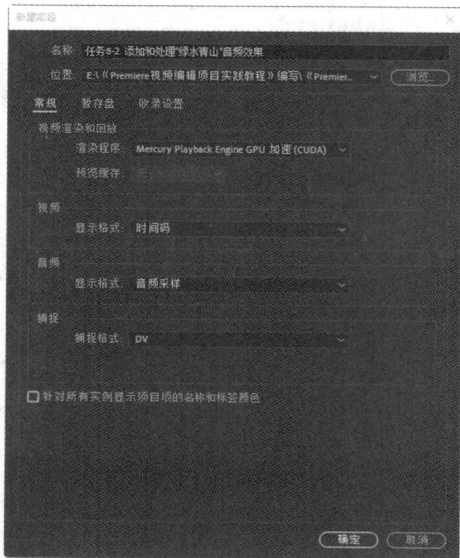

图 8-50　新建项目

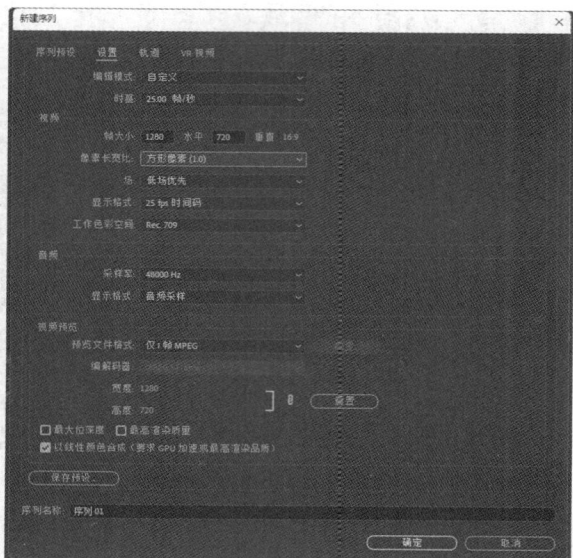

图 8-51　新建序列

　　步骤 2　执行菜单栏"文件"→"导入"命令，弹出"导入"对话框，选择"01"～"03"文件，如图 8-52 所示。单击"打开"按钮，将素材文件导入"项目"面板中，如图 8-53 所示。

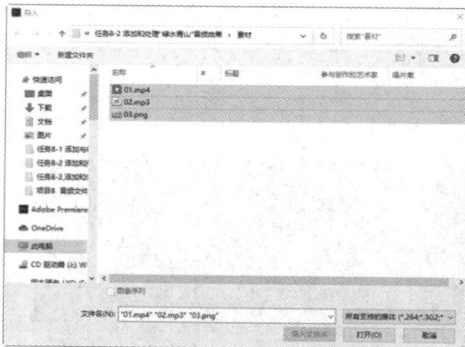

图 8-52　选择"01"～"03"文件

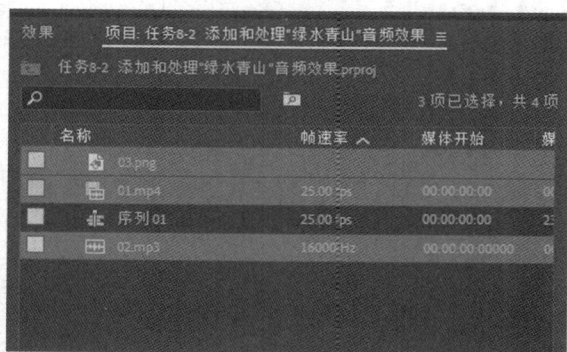

图 8-53　导入"项目"面板

　　步骤 3　单击并拖曳"项目"面板中的"01"～"03"文件，将其分别添加至"时间轴"面板的"V1"和"A1"轨道中，并将"01"和"02"文件都调整为 30 s，如图 8-54 所示。

　　步骤 4　使用工具栏中的"剃刀工具"将"02"文件切为五段，如图 8-55 所示。

　　步骤 5　在"效果"面板中展开"音频效果"特效分类选项，选择"平衡"选项，如图 8-44 所示。

　　步骤 6　单击并拖曳，将其添加至"A1"轨道的第一段音频素材上，然后在"效果控件"面板中勾选"旁路"复选框，修改"平衡"为 30.0，如图 8-56 所示，完成"平衡"特效的制作。

步骤7 在"效果"面板中，展开"音频效果"特效分类选项，选择"EQ"选项，如图8-36所示。

步骤8 单击并拖曳，将其添加至"A1"轨道的第二段音频素材上，然后在"效果控件"面板中单击"编辑"按钮，如图8-57所示。

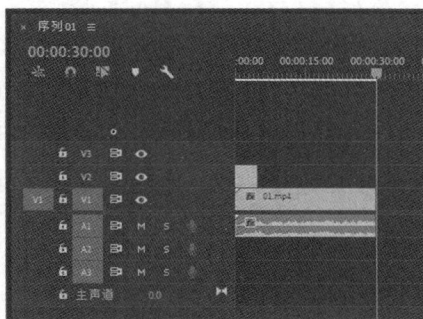

图8-54 添加至"时间轴"面板

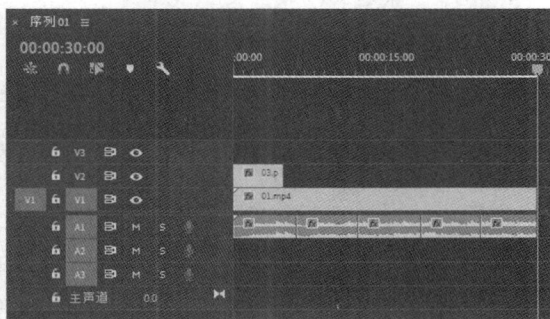

图8-55 切为五段

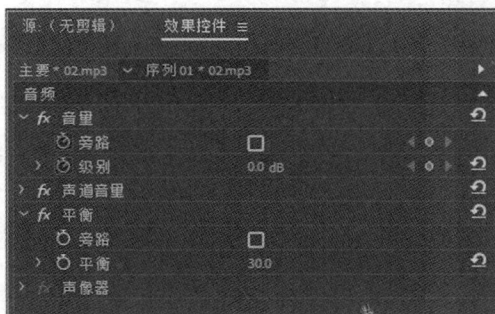

图8-56 修改参数值

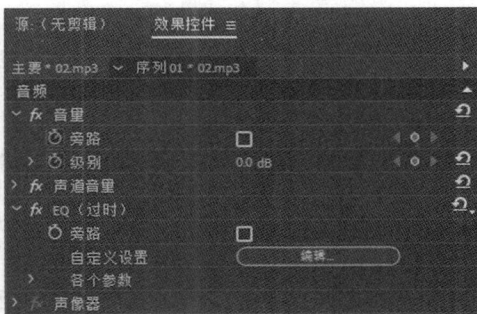

图8-57 单击"编辑"按钮

步骤9 打开"剪辑效果编辑器"对话框，修改各参数值，如图8-58所示，关闭对话框，完成EQ均衡器的添加操作。

步骤10 在"效果"面板中展开"音频效果"特效分类选项，选择"DeNoiser"选项，如图8-40所示。

步骤11 单击并拖曳，将其添加至"A1"轨道的第三段音频素材上，然后在"效果控件"面板中修改"DeNoiser"选项下的各参数值，如图8-59所示，即可完成高低音转换特效的添加。

步骤12 在"效果"面板中展开"音频效果"特效分类选项，选择"延迟"选项，如图8-42所示。

步骤13 单击并拖曳，将其添加至"A1"轨道的第四段音频素材上，然后在"效果控件"面板中勾选"旁路"复选框，修改"延迟"为0.500 s，添加一组关键帧，如图8-60所示。

步骤14 将时间指示器移至20:15 s的位置，在"效果控件"面板中取消勾选"旁路"复选框，添加一组关键帧；将时间指示器移至22:20 s的位置，勾选"旁路"复选框，添加一组关键帧，如图8-61所示，即可完成"延迟"特效的添加操作。

步骤15 在"效果"面板中展开"音频效果"特效分类选项，选择"高音"选项，如图8-48所示。

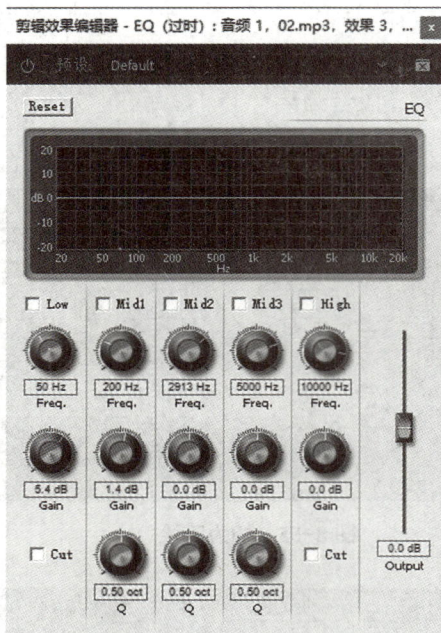

图 8-58　修改参数值 1

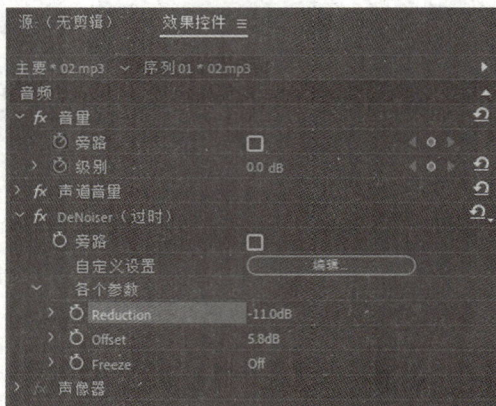

图 8-59　修改参数值 2

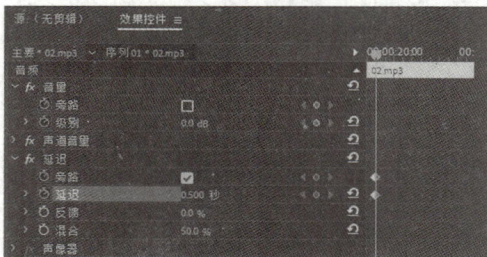

图 8-60　添加一组关键帧

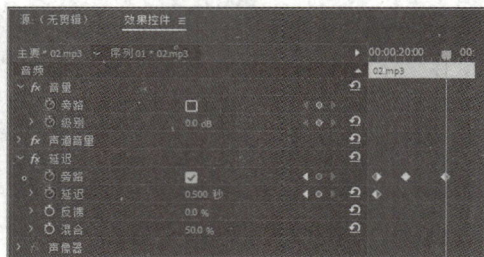

图 8-61　添加两组关键帧

步骤 16　单击并拖曳，将其添加至"A1"轨道的第五段音频素材上，然后在"效果控件"面板中将"提升"修改为 20.0 dB，如图 8-62 所示，完成音频"高音"特效的制作。最后将"03"文件延长到 30 s，放置在右上角。添加和处理"绿水青山"音频效果制作完成，最终效果如图 8-35 所示。

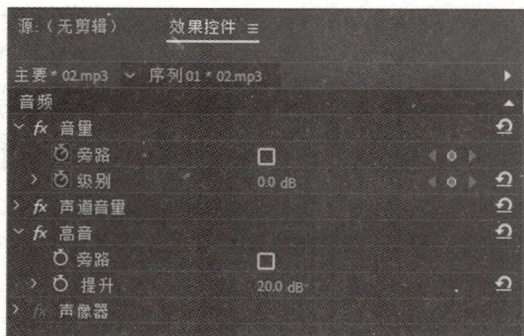

图 8-62　修改参数值 3

拓展训练 8.2

设置"美丽花朵"相册的音频过渡

训练要求

1. 学会使用"剃刀工具"分割音频；

2. 学会为音频素材依次添加"指数淡化"与"恒定功率"音频过渡效果。

步骤指导

1. 在"时间轴"面板中添加图像和音频素材；

2. 为"V1"轨道中的素材添加"视频过渡"效果；

3. 用"剃刀工具"分割音频素材，并在音频素材的开始、中间和结尾处添加"指数淡化"与"恒定功率"音频过渡效果。最终效果如图8-63所示。

设置"美丽花朵"相册的音频过渡

图 8-63　设置"美丽花朵"相册的音频过渡——最终效果

任务 8.3
制作"百花齐放"项目的立体声音频

制作"百花齐放"项目的立体声音频

任务目标

　　导入视频素材和音频素材，分割音频素材，添加音频过渡效果，设置调音台。最终效果如图8-64所示。

图 8-64　制作"百花齐放"项目的立体声音频——最终效果

8.3.1　认识"音轨混合器"面板

Premiere 的"音轨混合器"面板是最复杂和最强大的工具之一，要有效地使用它，熟悉它的所有控件和功能。

如果在工作界面中没有显示"音轨混合器"面板，则可以执行"窗口"→"音轨混合器"命令，打开"音轨混合器"面板，如图 8-65 所示。

如果在序列中拥有两个以上的音频轨道，可以单击并拖动"音轨混合器"面板的左右边缘和下方边缘来扩展面板。音轨混合器提供了两个主要视图，分别是折叠视图和展开视图，前者没有显示效果区域，后者用于显示不同轨道的效果，如图 8-66 所示。

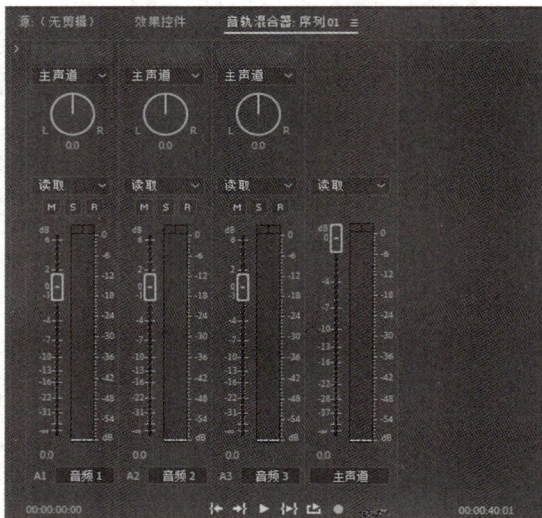

图 8-65　"音轨混合器"面板

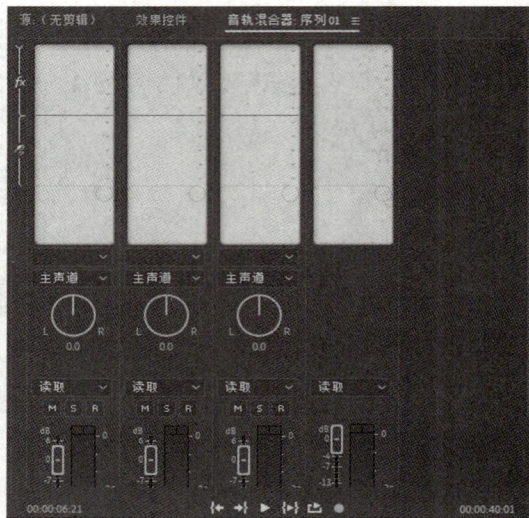

图 8-66　音轨混合器视图

8.3.2　自动模式

"自动模式"列表框主要用来调节音频素材和音频轨道。当调节对象是音频素材时，调节效果只会对当前素材有效；如果调节对象是音频轨道，则音频特效将应用于整个音频轨道。

在"自动模式"列表框中，各选项的含义如下。

（1）读取：选择该选项，可以自动读取存储的音量和平衡的相关数据，并在重新播放时使用这些数据进行控制。

（2）写入：选择该选项，可以自动读取存储的音量和平衡的相关数据，并能记录音频素材在音频混合器中的所有操作步骤。

（3）关：选择该选项，可以在重新播放素材时忽略音量和平衡的相关设置。

（4）闭锁：选择该选项，可以自动读取存储的音量和平衡的相关数据。

（5）触动：选择该选项，可以自动读取存储的音量和平衡的相关数据，并能够对音量和平衡的变化进行纠正。

8.3.3　轨道控制

"轨道控制"按钮组包括"静音轨道"按钮 <kbd>M</kbd>、"独奏轨道"按钮 <kbd>S</kbd>、"启用轨道以进行录制"按钮 <kbd>R</kbd> 等，如图 8-67 所示。这些按钮的主要作用是让音频或素材在被预览时，其指定的轨道完全以静音或独奏的方式进行播放。

在"轨道控制"列表框中，各选项的含义如下。

（1）静音轨道：单击该按钮，可以在播放时使该轨道上的音频素材为静音状态。

（2）独奏轨道：单击该按钮，可以只播放该轨道上的音频，其余音频轨道上的素材为静音状态。

（3）启用轨道以进行录制：单击该按钮，可以在所选轨道上录制声音信息，这样可以非常方便地进行后期配音。

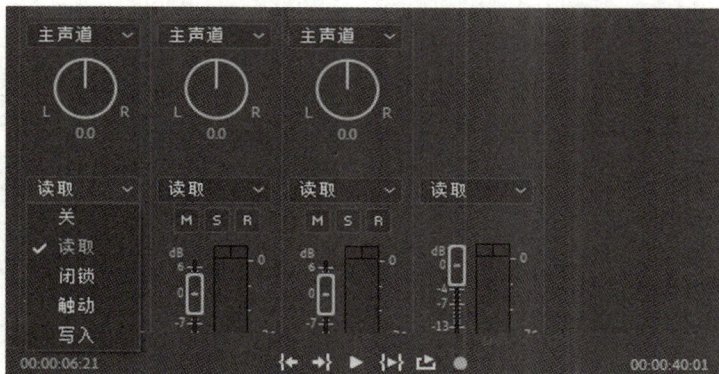

图 8-67 "轨道控制"按钮组

8.3.4　平衡控制器

平衡控制器可以用来调节只有左、右两个声道的音频素材，当用户向左拖动滑轮时，左声道音量将提升；反之，右声道音量将提升，如图 8-68 所示。

图 8-68　平衡控制器

8.3.5　"音量"控件

可以上下拖动"音量"控件来调整轨道音量。音量以分贝为单位进行录制，分贝音量显示在"音量"控件中，在单击并拖动"音量"控件更改音频轨道的音量时，"音轨混合器"面板中的自动化设置可以将关键帧放入"时间轴"面板该轨道的音频图形线中，如图 8-69 所示为"音量"控件。

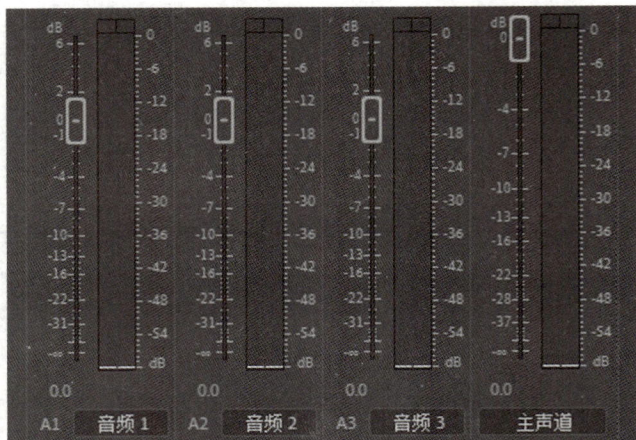

图 8-69 "音量"控件

8.3.6 效果和发送选项

"效果"选项和"发送"选项出现在"音轨混合器"面板的展开视图中，要显示效果和发送，可以单击"自动模式"选项左侧的"显示/隐藏效果与发送"图标。要添加效果和发送，可以单击"效果选择"下三角按钮和"发送分配选择"下三角按钮。

1. 效果选择区域

在效果选择区域中，单击"效果选择"下三角按钮 ▣ ，选择一个效果，如图 8-70 所示。在每个轨道的效果区域中，最多可以放置五个效果。在加载效果时，可以在效果区域的底部调整效果设置。

2. 效果发送区域

效果发送区域位于效果选择区域的下方，图 8-71 显示了创建发送的弹出菜单，允许用户使用音量控制按钮将部分轨道发送到子混合轨道。

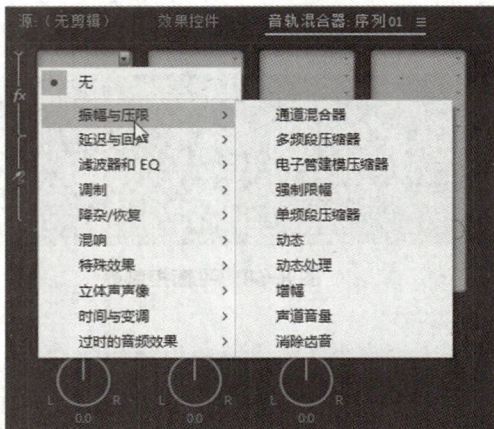

图 8-70 效果选择区域

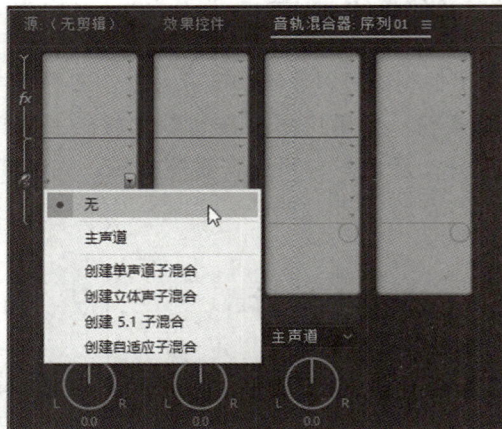

图 8-71 效果发送区域

8.3.7　"音轨混合器"面板菜单

通过对"音轨混合器"面板的基本认识，用户应该对"音轨混合器"面板的组成有了一定的了解。在"音轨混合器"面板中，单击面板右上角的按钮 ▉，将弹出面板菜单，如图 8-72 所示。

面板菜单中各主要选项的含义如下。

（1）显示 / 隐藏轨道：该选项可以对"音轨混合器"面板中的轨道浮动面板进行隐藏或显示设置。选择该选项，或按 Ctrl+T 快捷键，弹出"显示 / 隐藏轨道"对话框，如图 8-73 所示，在左侧列表框中，处于选中关闭锁状态的轨道属于显示状态，未被选中的轨道则处于隐藏状态。

（2）显示音频时间单位：选择该选项，可以在"时间轴"面板的时间标尺上显示出音频时间单位，如图 8-74 所示。

（3）循环：选择该选项，则系统会循环播放音乐。

（4）仅计量器输入：如果在 VU 表上显示硬件输入电平而不是轨道电平，则选择该选项来监控音频，以确定是否所有的轨道都被录制。

（5）写入后切换到触动：选择该选项，则回放结束后或一个回放循环完成后，所有的轨道设置将由记录模式转换到接触模式。

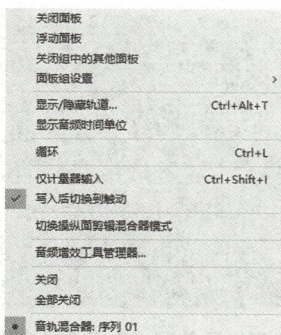

图 8-72　"音轨混合器"面板菜单

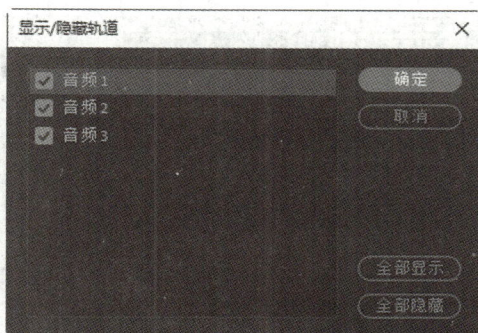

图 8-73　"显示 / 隐藏轨道"对话框

图 8-74　显示音频时间单位

操 作 步 骤

步骤 1　新建一个项目文件和序列。然后在"项目"面板中单击鼠标右键，在弹出的快捷菜单中执行"导入"命令，如图 8-75 所示。

步骤 2　打开"导入"对话框，选择音频和视频素材，单击"打开"按钮，如图 8-76 所示。

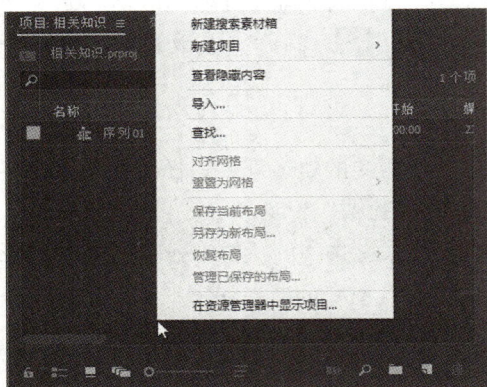

图 8-75　执行"导入"命令　　　　图 8-76　选择音频和视频素材

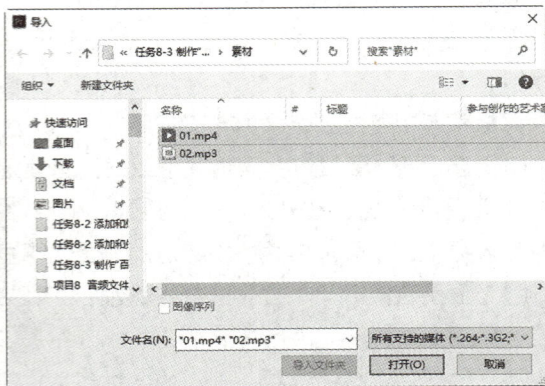

步骤 3　将选择的音频和视频素材添加至"项目"面板中，如图 8-77 所示。

步骤 4　将视频和音频素材分别拖曳至"时间轴"面板的"V1"和"A1"轨道上，然后调整音频素材的长度，如图 8-78 所示。

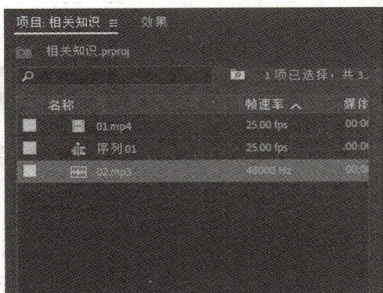

图 8-77　将素材添加至"项目"面板　　图 8-78　将素材添加至"时间轴"面板

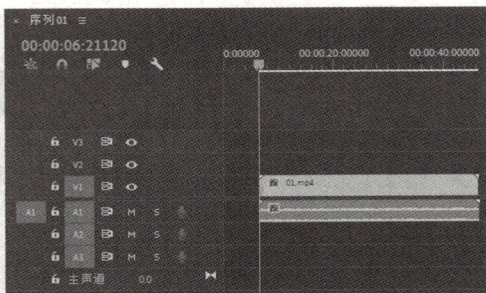

步骤 5　在"时间轴"面板中，将时间指示器移至 20:08 s 的位置，然后在"工具"面板中单击"剃刀工具"按钮，在时间指示器分割位置处单击，即可分割音频文件，如图 8-79 所示。

步骤 6　在"效果"面板中展开"音频过渡"特效分类选项，选择"交叉淡化"选项并展开，选择"指数淡化"选项，如图 8-80 所示。

图 8-79　分割音频文件　　　　图 8-80　选择"指数淡化"选项

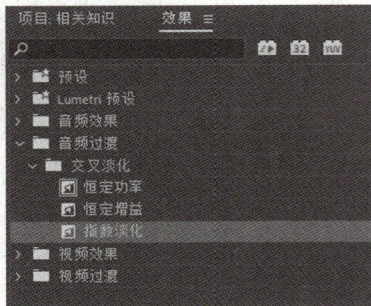

步骤 7 单击并拖曳，将其添加在"A1"轨道的两个音频文件之间，完成音频过渡效果的添加，如图 8-81 所示。

步骤 8 在"效果"面板中展开"音频效果"特效分类选项，选择"低音"选项，如图 8-82 所示。

图 8-81 添加音频过渡效果

图 8-82 选择"低音"选项

步骤 9 单击并拖曳，将其添加在"A1"轨道的右侧音频文件上，然后在"效果控件"面板中将"提升"修改为 10.0 dB，如图 8-83 所示，即可制作低音音频特效。

步骤 10 在"时间轴"面板中选择"A1"轨道上左侧的音频文件，在"音轨混合器"面板中修改各参数，如图 8-84 所示，即可完成立体声音频效果的制作，在"节目监视器"面板中，单击"播放 – 停止切换"按钮，预览视频和音频效果。"百花齐放"项目的立体声音频制作完成，最终效果如图 8-64 所示。

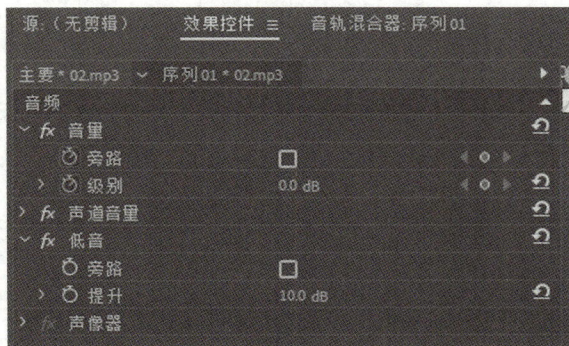

图 8-83 添加音频效果

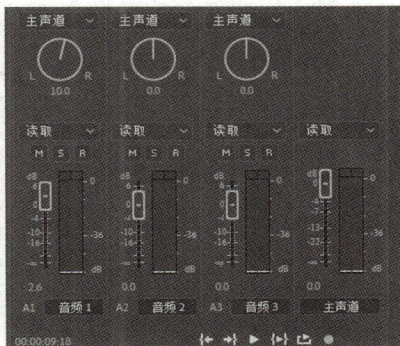

图 8-84 设置调音台

拓展训练 8.3

处理"春色满园"项目音频效果

训练要求

1. 学会使用"剃刀工具"分割音频；

2. 学会为音频素材依次添加"高音""延迟""平衡"和"低音"等音频效果。

处理"春色满园"项目音频效果

步骤指导

1.在"时间轴"面板中添加视频和音频素材；

2.用"剃刀工具"将音频素材分割成4段；

3.为音频素材依次添加"高音""延迟""平衡"和"低音"音频效果，修改对应的效果控件参数。最终效果如图8-85所示。

图 8-85　处理"春色满园"项目音频效果——最终效果

📝 项目小结

本项目通过完成三个任务和三个拓展训练，可以懂得使用"音频效果"和"音频过渡"中的大部分功能，对音频文件的添加和编辑有一个较为清晰的认识，为完成以后的项目打好基础。

运动视频效果的应用　项目9

项目导学

　　本项目通过学习"设置'创意蓝莓蛋糕'项目动态效果"和"制作'美味寿司'项目的运动效果"任务，完成"设置'现代家居'项目动态效果"和"设置'志愿者在行动'项目动态效果"拓展训练，对 After Effects 的关键帧动画的功能有一个清晰的认识，为初次踏入影视后期编辑制作这一领域的学生填补这方面的空白。通过本项目的学习，培养良好的艺术修养和人文素养，引导学生选择正确的人生道路，学生获得艺术享受的同时，健全自身的人格。

任务 9.1
设置"创意蓝莓蛋糕"项目动态效果

任务目标

实现本任务需要先添加关键帧，再对关键帧进行调节、切换、删除、复制和粘贴操作，然后设置渐隐、修改关键帧样式，从而完成设置"创意蓝莓蛋糕"项目动态效果。最终效果如图 9-1 所示。

图 9-1　设置"创意蓝莓蛋糕"项目动态效果——最终效果

相关知识

9.1.1　添加关键帧

添加关键帧是为了让影片素材形成运动效果。因此，一段运动的画面通常需要两个以上的关键帧。添加关键帧的方法：在"时间轴"面板中为素材添加关键帧之前，用户需要展开"效果控件"面板，并单击面板中相应特效属性左侧的"切换动画"按钮 ⏱ ，此时系统将为特效添加第 1

个关键帧，如图 9-2 所示。

图 9-2　添加关键帧

9.1.2　关键帧的调节、切换和删除

在添加关键帧后，可以对关键帧进行调节、切换和删除操作。

（1）调节关键帧。添加完一个运动关键帧后，任何时候都可以重新访问这个关键帧并进行调节，适当地调节关键帧的位置和属性，可以使运动效果更加流畅。

调节关键帧的方法有以下两种。

①在"效果控件"面板中，选择需要调节的关键帧，单击并将其拖曳至合适位置，即可完成关键帧的调节，如图 9-3 所示。

②在"时间轴"面板中，在"切换轨道输出"按钮 ◐ 右边双击可展开"V1"轨道，选择需要调节的关键帧，不仅可以调整其位置，同时可以调节其参数的变化。当用户向上拖曳关键帧时，对应参数将增加；当用户向下拖曳关键帧时，对应参数将减少，如图 9-4 所示。

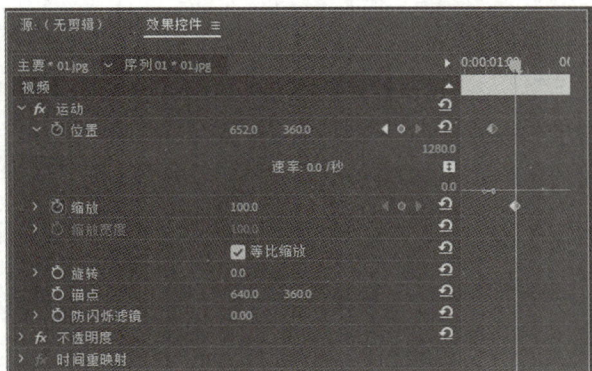

图 9-3　通过"效果控件"面板调节关键帧

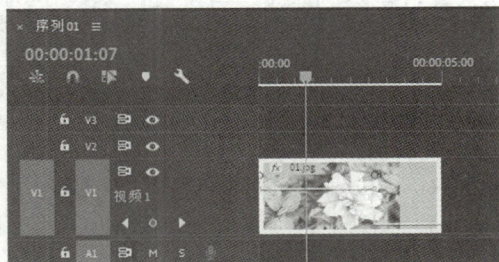

图 9-4　通过"时间轴"面板调节关键帧

（2）切换关键帧。用户可以在已添加的关键帧之间进行快速切换。切换关键帧的具体方法：

在选择"时间轴"面板中已添加关键帧的素材后，单击"转到下一关键帧"按钮 ▶，即可快速切换至第 2 关键帧，如图 9-5 所示。

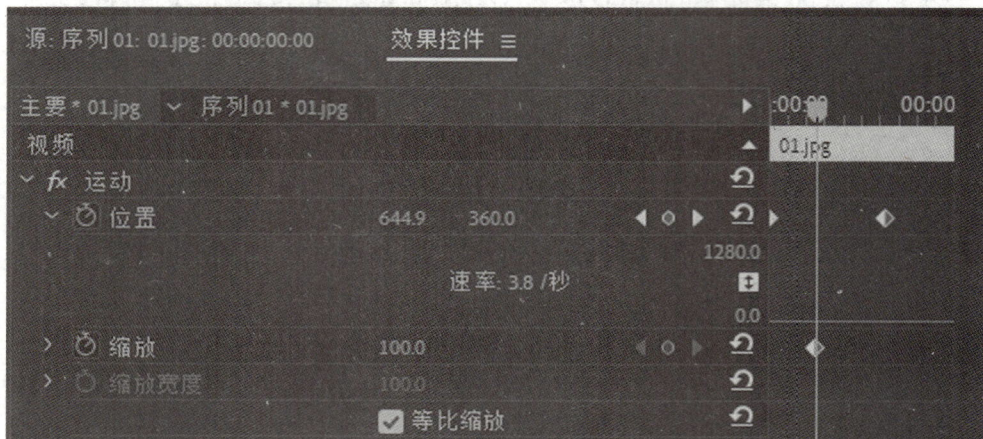

图 9-5　切换关键帧

（3）删除关键帧。在编辑过程中，可能会需要删除关键帧点。为此，只需简单地选择关键帧，并按 Delete 键删除即可，也可以在选择关键帧后，单击鼠标右键，在弹出的快捷菜单中执行"清除"命令，如图 9-6 所示。

如果要删除"运动"特效选项的所有关键帧，可以在"效果控件"面板中单击"切换动画"按钮 ⚙，打开"警告"提示对话框，如图 9-7 所示，提示是否要删除所有的关键帧，如果确实需要删除，单击"确定"按钮即可。

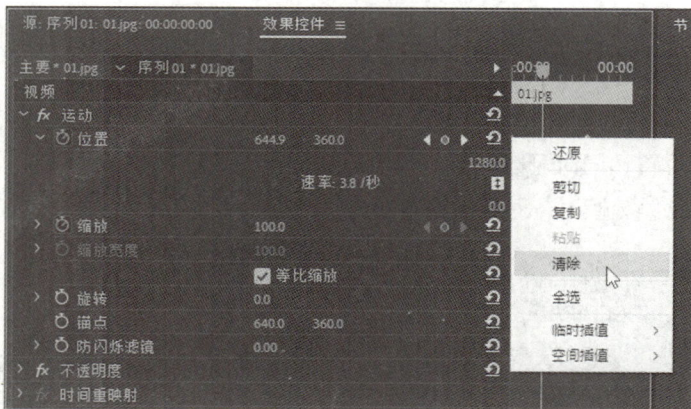

图 9-6　执行"清除"命令

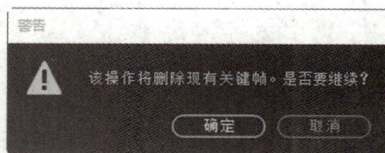

图 9-7　"警告"提示对话框

9.1.3　关键帧的复制和粘贴

在编辑关键帧的过程中，可以将一个关键帧点复制并粘贴到时间指示器中的另一位置，该关键帧点的素材属性与原关键帧点的素材属性相同。

复制和粘贴关键帧的操作方法：在"效果控件"面板中单击鼠标右键，在弹出的快捷菜单中执行"复制"命令，如图9-8所示，在"效果控件"面板中单击鼠标右键，在弹出的快捷菜单中执行"粘贴"命令，如图9-9所示，即可复制一份相同的关键帧。

图 9-8 执行"复制"命令   图 9-9 执行"粘贴"命令

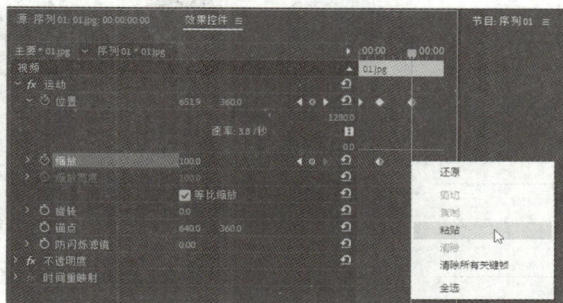

9.1.4 设置渐隐

渐隐视频素材或静帧图像，实际上是在改变素材或视频的透明度。"V1"轨道上的任何视频轨道都可以作为叠加轨道并渐隐。

设置渐隐的具体方法：在"效果控件"面板中的"不透明度"特效分类选项中，展开"不透明度"选项，单击下方的滑块并向右移动至合适位置，如图9-10所示，即可在"效果控件"面板中重新调整不透明度的参数，完成渐隐效果的制作。

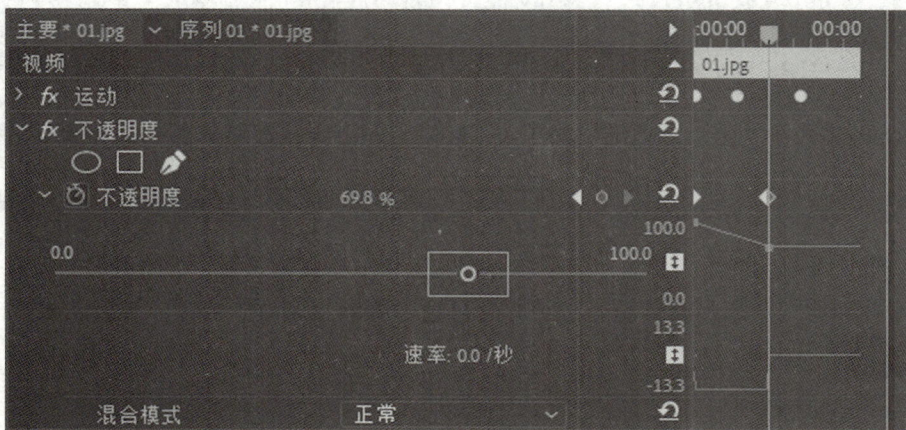

图 9-10 设置"不透明度"参数

9.1.5 移动单个关键帧

在添加好关键帧后，还可以通过单击某个关键帧，调整关键帧的位置。

移动单个关键帧的具体方法：在"效果控件"面板中，选择需要移动的关键帧，单击并移动至对应的时间指示器位置，如图9-11所示。

图 9-11 移动单个关键帧

9.1.6 修改关键帧样式

在添加关键帧后，还可以对关键帧的样式进行修改。

修改关键帧样式的具体方法：在"效果控件"面板中选择所有关键帧，单击鼠标右键，在弹出的快捷菜单中执行"贝塞尔曲线"命令，如图 9-12 所示，即可修改关键帧的样式，如图 9-13 所示。

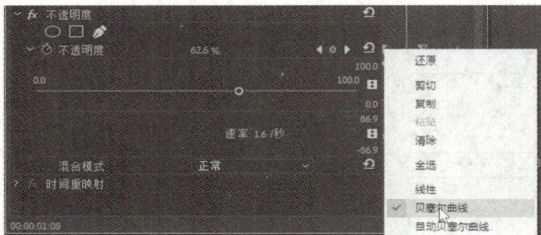

图 9-12 执行"贝塞尔曲线"命令

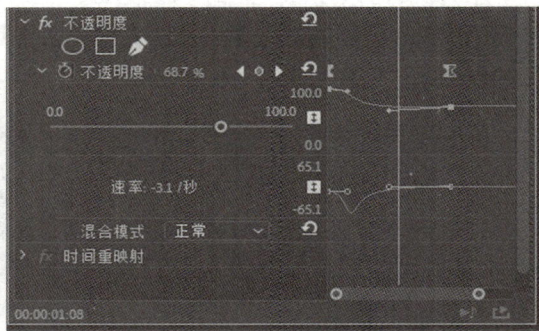

图 9-13 修改关键帧样式

操作步骤

步骤 1 启动 Premiere，执行"文件"→"新建"→"项目"命令，如图 9-14 所示，弹出"新建项目"对话框，单击"确定"按钮，新建项目。执行"文件"→"新建"→"序列"命令，弹出"新建序列"对话框，单击"设置"选项卡，具体参数设置如图 9-15 所示，单击"确定"按钮，新建序列。

步骤 2 执行"文件"→"导入"命令，弹出"导入"对话框，选择"01"～"05"文件，如图 9-16 所示。单击"打开"按钮，将素材文件导入"项目"面板中，如图 9-17 所示。

步骤 3 在"项目"面板中选中"01"～"04"和"05"文件并将其分别拖曳到"时间轴"面板的"V1"和"V2"轨道中，如图 9-18 所示。

步骤 4 分别为"01"～"02"、"02"～"03"、"03"～"04"文件之间添加"百叶窗""带

状擦除""交叉划像"视频过渡效果，如图 9-19 所示。

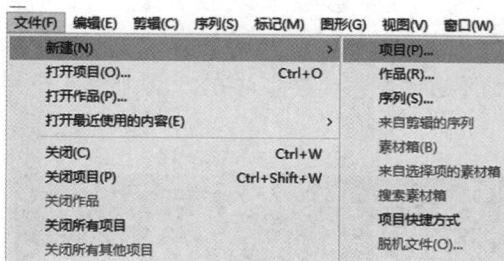

图 9-14　新建项目

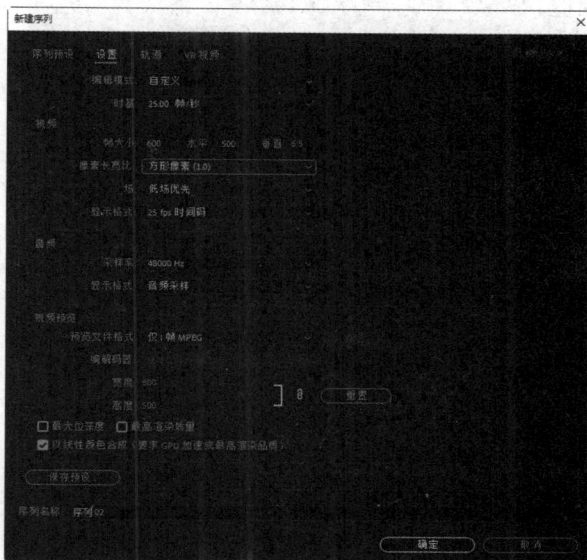

图 9-15　新建序列

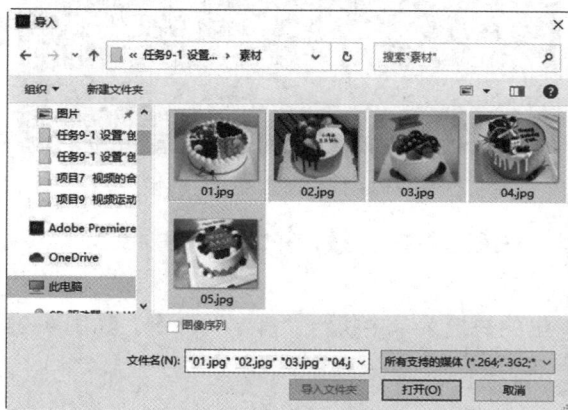

图 9-16　导入素材

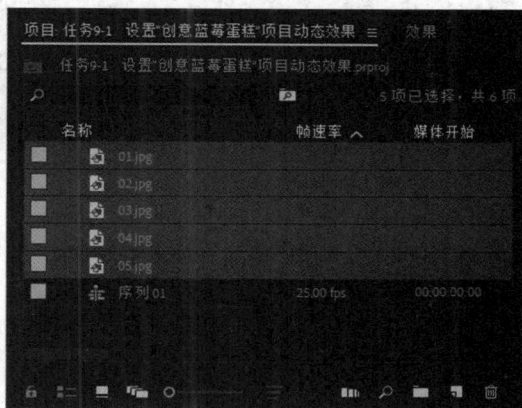

图 9-17　"项目"面板

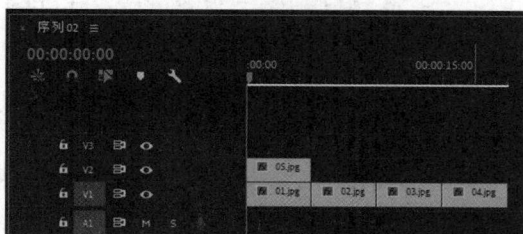

图 9-18　拖曳到"时间轴"面板

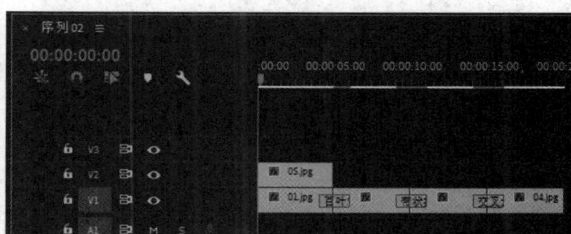

图 9-19　添加视频过渡效果

步骤 5　在"时间轴"面板中，选择"V2"轨道中的"05"文件，如图 9-20 所示。

步骤 6　在"效果控件"面板中，单击"不透明度"选项左侧的"切换动画"按钮■，添加第 1 个关键帧，修改"不透明度"参数为 0.0%，如图 9-21 所示。

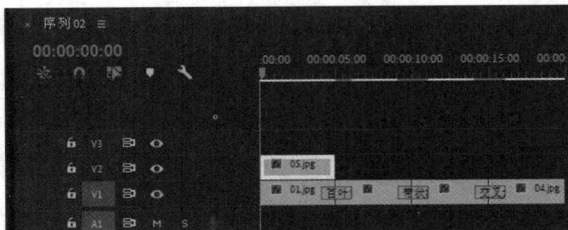

图 9-20　选择"05"文件

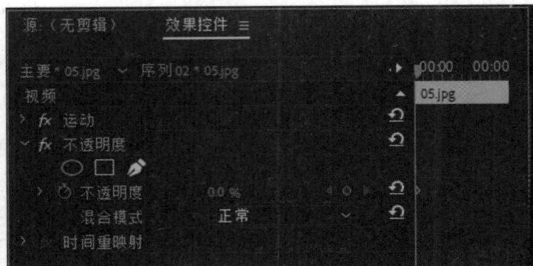

图 9-21　添加第 1 个关键帧

步骤 7　将时间指示器移至 01:00 s 的位置，修改"不透明度"参数为 80.0%，添加第 2 个关键帧，如图 9-22 所示。

步骤 8　将时间指示器移至 02:00 s 的位置，修改"不透明度"参数为 40.0%，添加第 3 个关键帧，如图 9-23 所示。

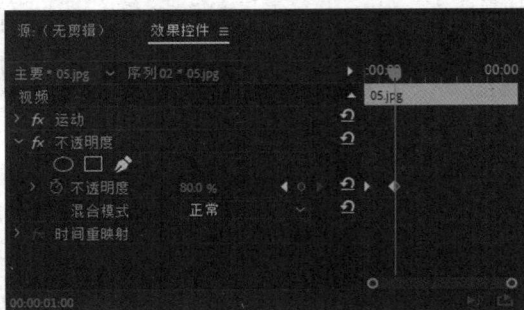

图 9-22　添加第 2 个关键帧

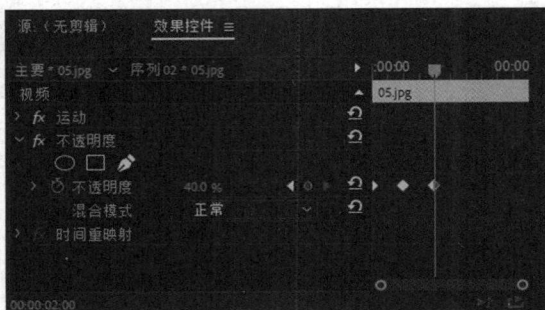

图 9-23　添加第 3 个关键帧

步骤 9　在"时间轴"面板中，单击"转到上一关键帧"按钮 ◀，将关键帧切换到第 1 个关键帧，如图 9-24 所示。

步骤 10　鼠标右键单击第 1 个关键帧，在弹出的快捷菜单中执行"复制"命令，如图 9-25 所示。

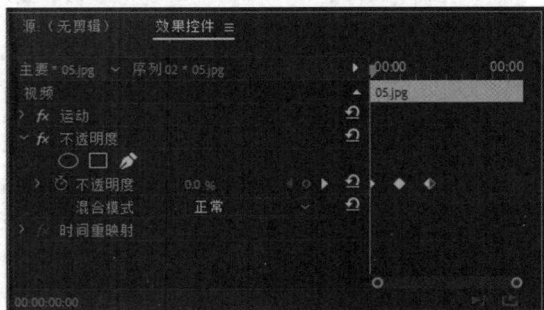

图 9-24　切换关键帧

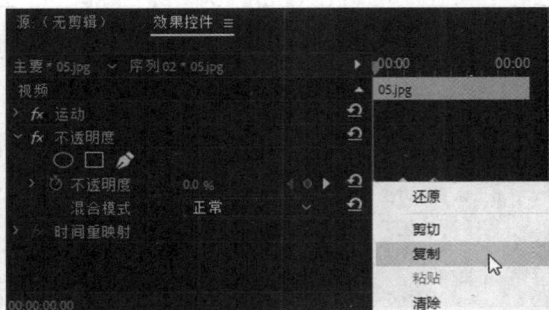

图 9-25　执行"复制"命令

步骤 11　将时间指示器移至 03:00 s 的位置，单击鼠标右键，在弹出的快捷菜单中执行"粘贴"命令，如图 9-26 所示。

步骤 12　粘贴关键帧，并在定位的时间指示器位置显示粘贴后的关键帧，如图 9-27 所示。

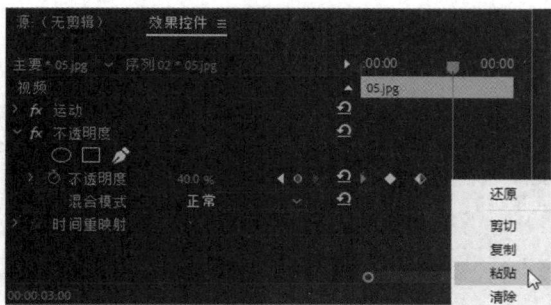

图 9-26　执行"粘贴"命令

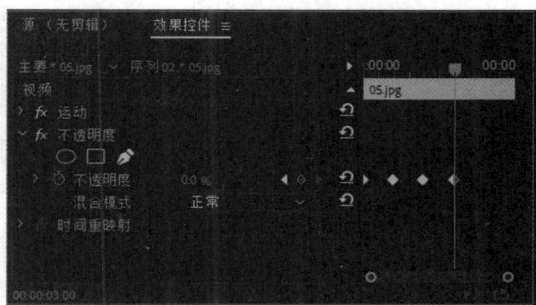

图 9-27　粘贴关键帧

步骤 13　使用同样的方法，在时间指示器 04:00 s 的位置粘贴一个关键帧，并修改"不透明度"参数为 20.0%，如图 9-28 所示。

步骤 14　完成渐隐效果的制作，在"节目监视器"面板中预览渐隐效果，如图 9-29 所示。

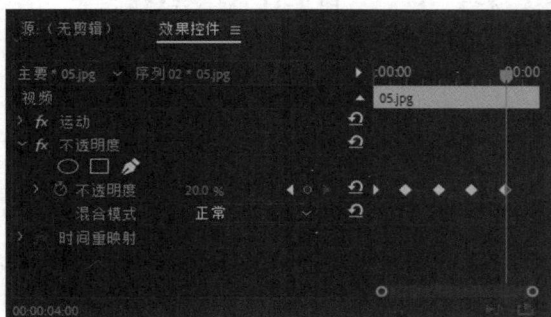

图 9-28　再次粘贴关键帧

图 9-29　预览渐隐效果

步骤 15　在"V1"轨道中选择"02"文件，为"不透明度"添加两个关键帧，在"效果控件"面板中，按住 Ctrl 键的同时选择这两个关键帧，如图 9-30 所示。

步骤 16　单击鼠标右键，在弹出的快捷菜单中执行"清除"命令，即可删除"效果控件"面板中的关键帧，如图 9-31 所示。

图 9-30　选择两个关键帧

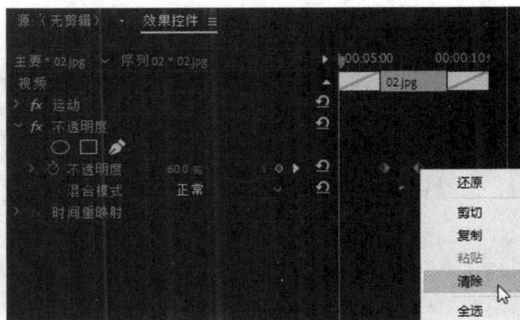

图 9-31　执行"清除"命令

步骤 17　在"V1"轨道中选择"03"文件，为"不透明度"添加两个关键帧，在"效果控件"面板中，按住 Ctrl 键的同时选择这两个关键帧，单击鼠标右键，在弹出的快捷菜单中执行"贝塞尔曲线"命令，如图 9-32 所示。

步骤 18 修改关键帧的样式，如图 9-33 所示。设置"创意蓝莓蛋糕"项目动态效果制作完成，最终效果如图 9-1 所示。

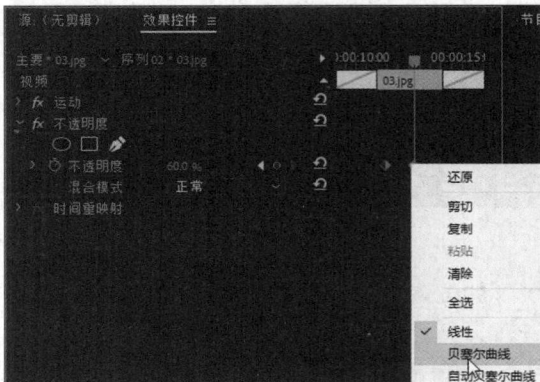

图 9-32 执行"贝塞尔曲线"命令

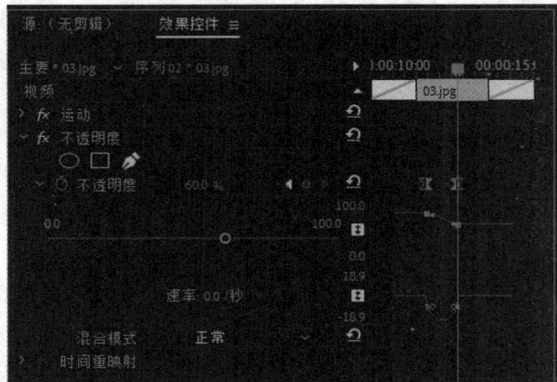

图 9-33 修改关键帧样式

拓展训练 9.1

设置"现代家居"项目动态效果

训练要求

1. 学会素材图片间的过渡效果设置；
2. 学会为素材图片添加"不透明度"关键帧。

步骤指导

1. 新建项目和序列，导入素材；
2. 设置素材图片间的过渡效果；
3. 为"01"文件在三个不同时间点分别设置不透明度 0%、80%、40%，最终效果如图 9-34 所示。

设置"现代家居"项目动态效果

图 9-34 设置"现代家居"项目动态效果——最终效果

任务 9.2
制作"美味寿司"项目的运动效果

任务目标

　　新建一个含有多个图片素材的项目文件，然后制作出飞行运动效果、缩放运动效果、旋转降落效果等，从而学会"美味寿司"项目中运动效果的制作。最终效果如图 9-35 所示。

图 9-35　制作"美味寿司"项目的运动效果——最终效果

相关知识

9.2.1　飞行运动效果

　　在制作运动效果的过程中，用户可以通过设置"位置"选项的参数得到一段镜头飞过的画面效果。制作飞行运动效果的具体方法：选择素材图像，在"效果控件"面板中展开"运动"特效分类选项，单击"位置"左侧的"切换动画"按钮 ，然后在相应的时间指示器位置修改"位置"参数，添加多个关键帧，如图 9-36 所示，即可制作出飞行运动效果，并在"节目监视器"面板中显示飞行运动路径，如图 9-37 所示。

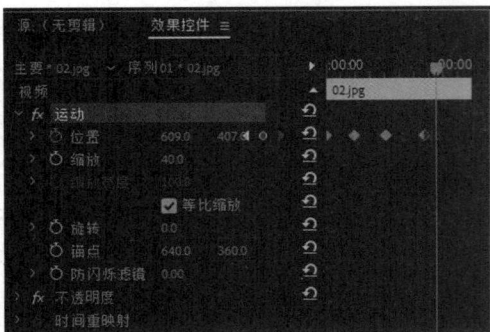

图 9-36　添加"位置"关键帧

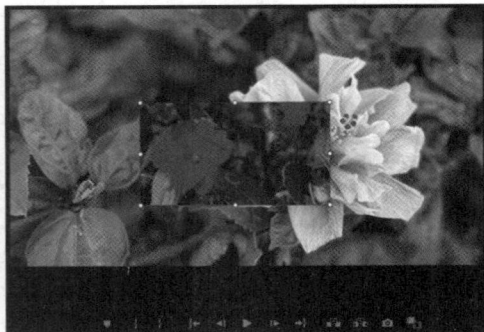

图 9-37　显示飞行运动路径

9.2.2　缩放运动效果

使用缩放运动效果可以将素材图像以从小到大或从大到小的形式展现在用户的眼前。

制作缩放运动效果的具体方法：选择素材图像，在"效果控件"面板中展开"运动"特效分类选项，单击"缩放"左侧的"切换动画"按钮■，然后在相应的时间指示器位置修改"缩放"参数值，添加多个关键帧，如图 9-38 所示。

添加"缩放"关键帧后，即可制作出缩放运动效果，并预览缩放运动图像效果，如图 9-39 所示。

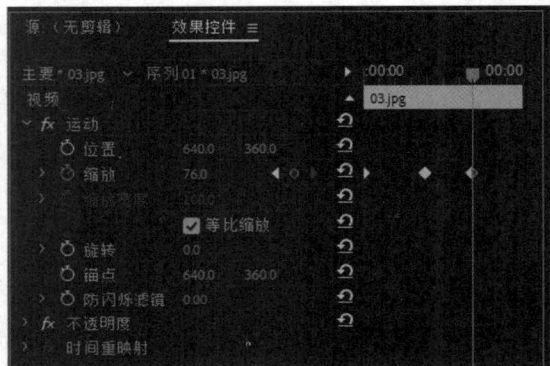

图 9-38　添加"缩放"关键帧

图 9-39　缩放运动图像效果

9.2.3　旋转降落效果

使用"旋转"选项可以将素材围绕指定的轴进行旋转，并通过添加关键帧制作出旋转降落的效果。

制作旋转降落效果的具体方法：选择素材图像，在"效果控件"面板中展开"运动"特效分类选项，单击"位置"和"旋转"左侧的"切换动画"按钮■，然后在相应的时间指示器位置修改"旋转"和"位置"参数，添加多个关键帧，如图9-40所示。

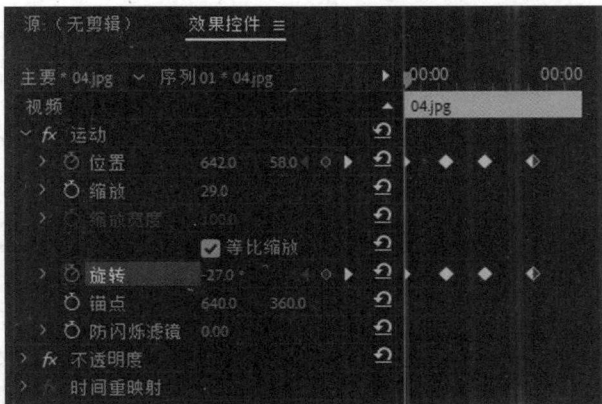

图9-40 添加多个关键帧

添加"旋转"和"位置"关键帧后，即可制作出旋转降落效果，并预览旋转降落图像效果，如图9-41所示。

图9-41 旋转降落图像效果

9.2.4 镜头推拉效果

在视频节目中，制作镜头的推拉可以增加画面的视觉效果。

制作镜头推拉效果的具体方法：选择素材图像，在"效果控件"面板中展开"运动"特效分类选项，单击"位置"和"缩放"左侧的"切换动画"按钮 ■，然后在相应的时间指示器位置修改"位置"和"缩放"参数，添加多个关键帧，即可制作出镜头推拉效果，并预览镜头推拉图像效果，如图9-42所示。

图9-42 镜头推拉图像效果

9.2.5　字幕漂浮效果

可以为字幕添加"波形变形"视频效果，然后为字幕添加透明度效果，以此来制作漂浮的效果。

制作字幕漂浮效果的具体方法：在"效果"面板中选择"波形变形"视频效果，将其添加至"V2"轨道的字幕文件上，即可制作出字幕漂浮图像效果，如图9-43所示。

图9-43　字幕漂浮图像效果

9.2.6　画中画效果

画中画是一种视频内容呈现方式。画幅是在一部视频全屏播出的同时，在画面的小面积区域同时播出另一部视频，被广泛用于电视、视频录像、监控和演示设备中。

在添加好画中画效果中的素材图片后，就可以通过添加"位置"和"缩放"的关键帧制作出画中画效果。如图9-44所示为画中画图像效果。

图9-44　画中画图像效果

操作步骤

步骤1　启动Premiere，执行"文件"→"新建"→"项目"命令，弹出"新建项目"对话框，单击"确定"按钮，新建项目。执行"文件"→"新建"→"序列"命令，弹出"新建序列"对话框，单击"设置"选项卡，具体参数设置如图9-45所示，单击"确定"按钮，新建序列。

步骤2　执行"文件"→"导入"命令，弹出"导入"对话框，选择"01"～"07"文件，如图9-46所示。单击"打开"按钮，将素材文件导入"项目"面板中，如图9-47所示。

步骤3　新建字幕文件"字幕01"，效果如图9-48所示，并将其拖曳到"V2"轨道开始处。

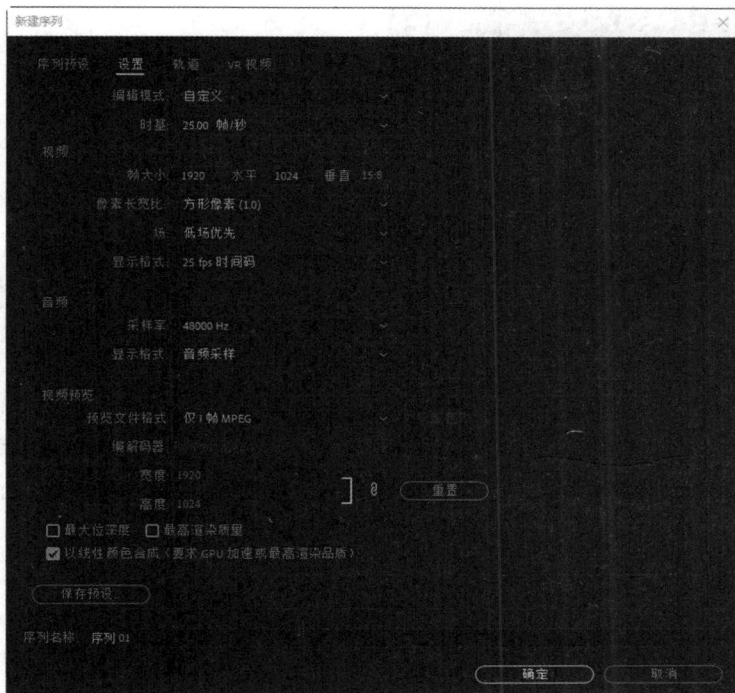

图 9-45 新建序列

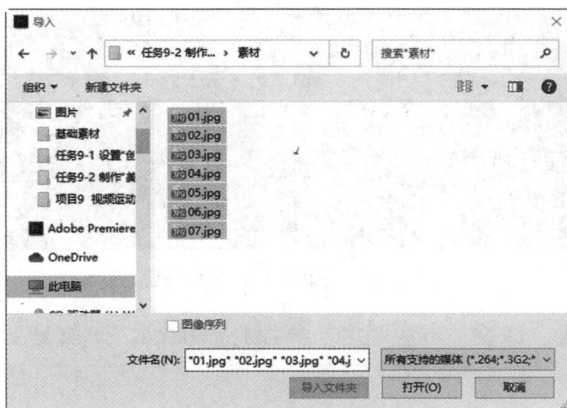

图 9-46 导入素材

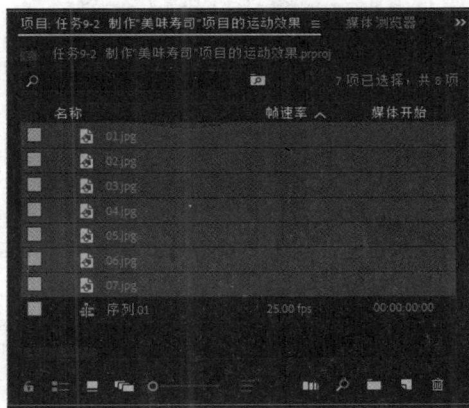

图 9-47 "项目"面板

　　步骤 4　在"项目"面板中选中"07"、"01"～"05"、"06"文件并将其分别拖曳到"时间轴"面板中的"V1""V2"和"V3"轨道中，如图 9-49 所示。

　　步骤 5　在"效果"面板中展开"视频效果"特效分类选项，选择"扭曲"选项并展开，然后选择"波形变形"选项，如图 9-50 所示。

　　步骤 6　单击并拖曳，将其添加至"V2"轨道的"字幕 01"素材图像上，在"效果控件"面板中的开始处，修改"不透明度"参数为 40.0%，添加第 1 组关键帧，如图 9-51 所示。

　　步骤 7　将时间指示器移至 02:00 s 的位置，修改"不透明度"参数为 65.0%，添加第 2 组关键帧，如图 9-52 所示。

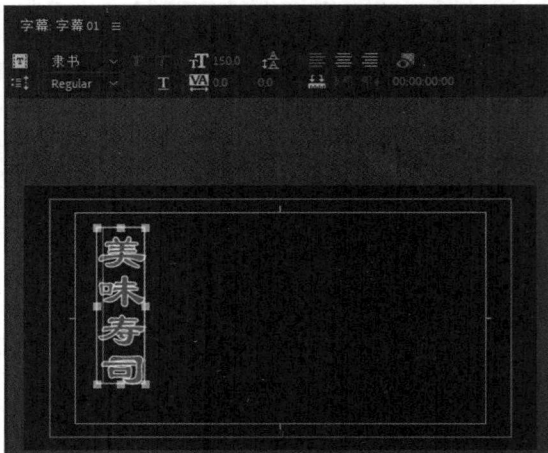

图 9-48　新建字幕 01

图 9-49　将素材拖曳到"时间轴"面板

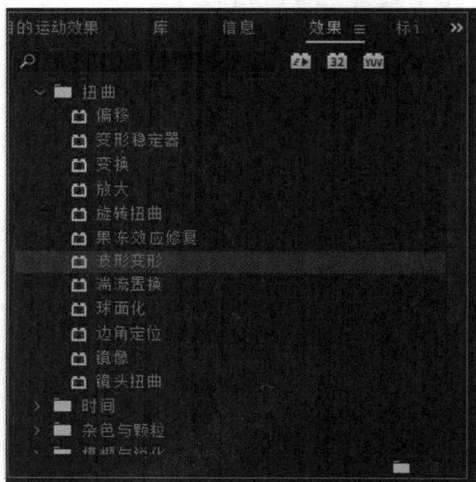

图 9-50　选择"波形变形"选项

图 9-51　添加第 1 组关键帧

　　步骤 8　将时间指示器移至 04:00 s 的位置，修改"不透明度"参数为 100.0%，添加第 3 组关键帧，如图 9-53 所示。

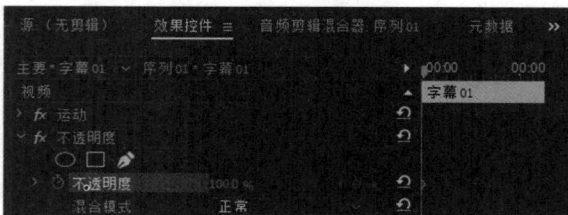

图 9-52　添加第 2 组关键帧

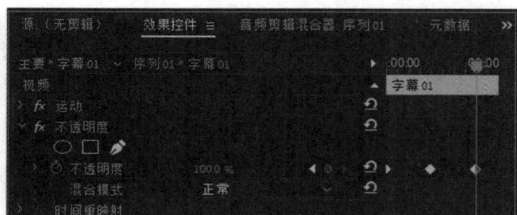

图 9-53　添加第 3 组关键帧

　　步骤 9　制作出字幕漂浮效果，在"节目监视器"面板中，单击"播放－停止切换"按钮，预览字幕漂浮图像效果，如图 9-54 所示。

　　步骤 10　选择"V2"轨道的"01"素材图像，将时间指示器移至 06:05 s 的位置，然后在

"效果控件"面板中修改"缩放"为50.0，修改"位置"参数为450.0和230.0，添加一组关键帧，如图9-55所示。

图 9-54 预览字幕漂浮图像效果

步骤 11 将时间指示器移至07:06 s和09:06 s的位置，修改"位置"参数为750.0和440.0、1 100.0和700.0，添加两组关键帧，如图9-56所示。

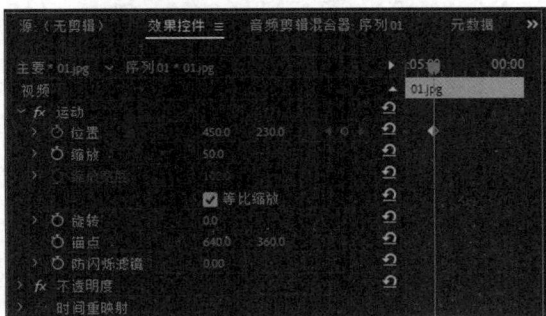

图 9-55 添加一组关键帧

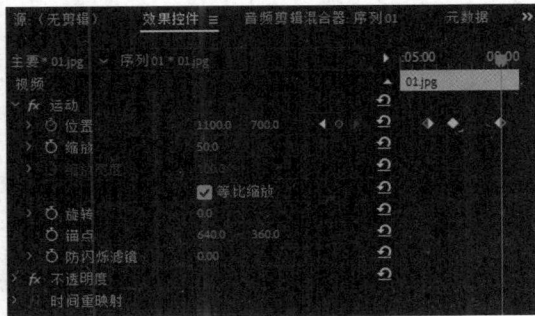

图 9-56 添加两组关键帧

步骤 12 制作出飞行运动效果，在"节目监视器"面板中单击"播放－停止切换"按钮，预览飞行运动图像效果，如图9-57所示。

图 9-57 预览飞行运动图像效果

步骤 13 选择"V2"轨道的"02"素材图像，将时间指示器移至10:05 s的位置，然后在"效果控件"面板中，修改"缩放"为20.0，添加一组关键帧，如图9-58所示。

步骤 14 将时间指示器移至12:05 s和13:20 s位置，修改"缩放"参数为50.0、90.0，添加两组关键帧，如图9-59所示。

步骤 15 制作出缩放运动效果，在"节目监视器"面板中，单击"播放－停止切换"按钮，预览缩放运动图像效果，如图 9-60 所示。

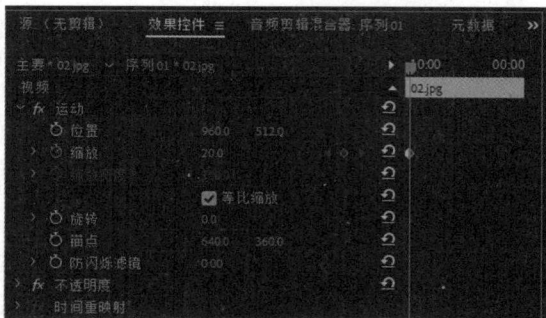

图 9-58　添加一组关键帧

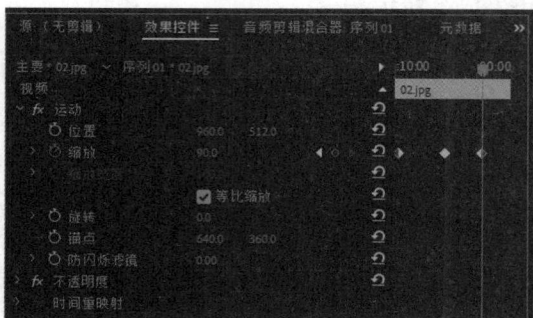

图 9-59　添加两组关键帧

图 9-60　预览缩放运动图像效果

步骤 16　选择"V2"轨道的"03"素材图像，将时间指示器移至 15:05 s 的位置，然后在"效果控件"面板中修改"缩放"为 30.0，修改"位置"为 960.0 和 -65.0、"旋转"为 35.0°，添加一组关键帧，如图 9-61 所示。

步骤 17　将时间指示器移至 17:00 s、18:00 s、19:08 s 的位置，修改"位置"为 960.0 和 290.0、960.0 和 440.0、960.0 和 750.0；修改"旋转"为 60.0°、150.0°、180.0°，添加三组关键帧，如图 9-62 所示。

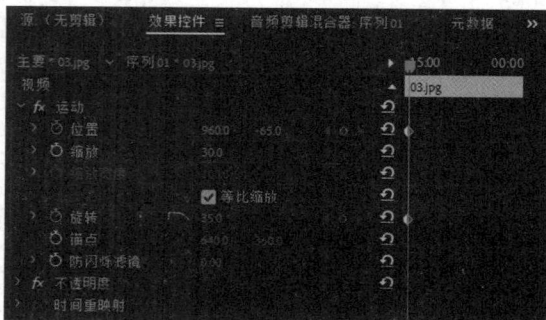

图 9-61　添加一组关键帧

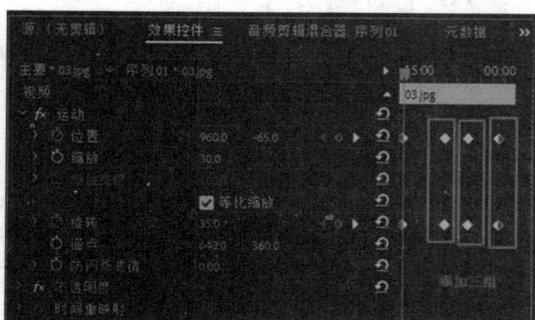

图 9-62　添加三组关键帧

步骤 18　制作出旋转降落效果，在"节目监视器"面板中，单击"播放－停止切换"按钮，预览旋转降落图像效果，如图 9-63 所示。

图 9-63　预览旋转降落图像效果

步骤 19　选择"V2"轨道的"04"素材图像，将时间指示器移至 20:05 s，然后在"效果控件"面板中修改"缩放"为 30.0、"位置"为 300.0 和 510.0，添加一组关键帧，如图 9-64 所示。

步骤 20　将时间指示器移至 22:10 s、24:00 s、24:20 s 位置，修改"位置"为 850.0 和 510.0、1 130.0 和 510.0、1 518.0 和 510.0；修改"缩放"为 35.0、40.0 和 80.0，添加多组关键帧，如图 9-65 所示。

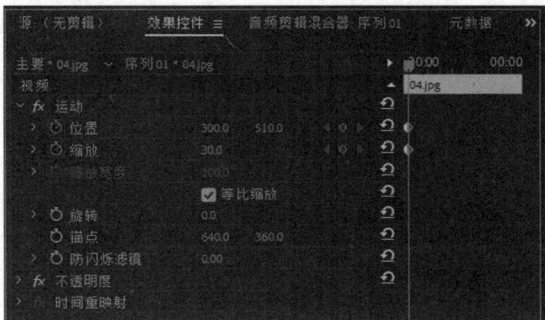

图 9-64　添加一组关键帧

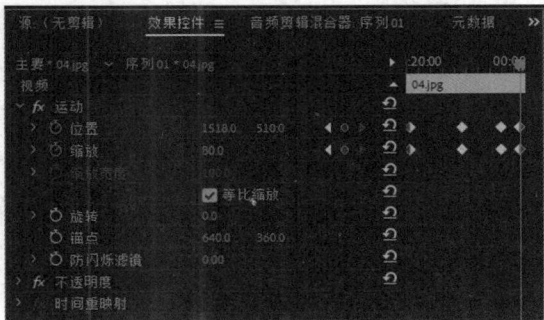

图 9-65　添加多组关键帧

步骤 21　制作出镜头推拉效果，在"节目监视器"面板中单击"播放－停止切换"按钮，预览镜头推拉图像效果，如图 9-66 所示。

图 9-66　预览镜头推拉图像效果

步骤 22　选择"V2"轨道的"05"素材图像，然后在"效果控件"面板中相应的时间指示器位置修改"位置"和"缩放"参数，添加多组关键帧，如图 9-67 所示。

步骤 23　选择"V3"轨道的"06"素材图像，然后在"效果控件"面板中相应的时间指示器位置修改"位置"和"缩放"参数，添加多组关键帧，如图 9-68 所示。

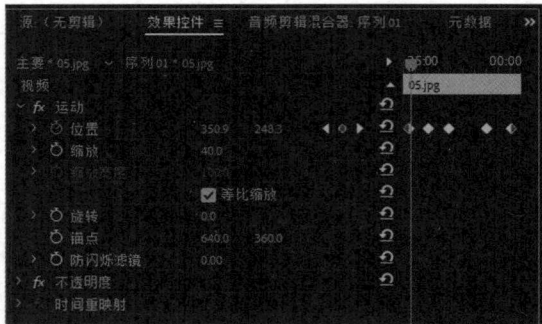

图 9-67　添加多组关键帧 1　　　　　　　　　图 9-68　添加多组关键帧 2

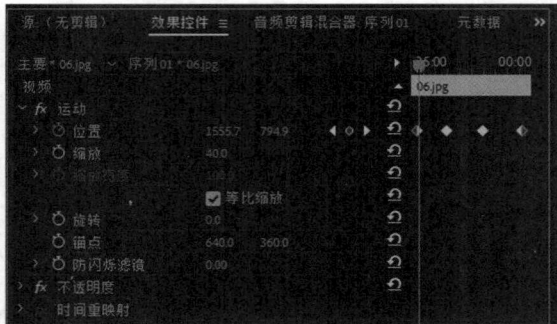

步骤 24　制作出交叉漂移效果，在"节目监视器"面板中，单击"播放－停止切换"按钮，预览交叉漂移图像效果，如图 9-69 所示。"美味寿司"项目的运动效果制作完成，最终效果如图 9-35 所示。

图 9-69　预览交叉漂移图像效果

拓展训练 9.2

设置"志愿者在行动"项目动态效果

训练要求

1. 学会新建项目和序列；

2. 学会新建字幕，并且为字幕添加"波形变形"选项；

3. 学会为素材"位置"和"缩放"等参数设置关键帧。

步骤指导

1. 新建项目和序列；

2. 新建字幕，并且为字幕添加"波形变形"特效；

3. 为素材"位置"和"缩放"等参数设置多个关键帧，制作出图片漂浮和镜头拉近等效果，最终效果如图 9-70 所示。

设置"志愿者
在行动"项目
动态效果

图 9-70　设置"志愿者在行动"项目动态效果——最终效果

📝 项目小结

　　本项目通过完成两个任务和两个拓展训练，可以懂得在"效果控件"面板通过激活或添加各个参数，从而为视频添加关键帧动画，让视频产生运动效果，为完成以后的项目打好基础。

参 考 文 献

［1］徐丽，杨闰艳 . Premiere Pro CC 影视编辑与制作［M］. 北京：北京邮电大学出版社，2019.

［2］王世宏，杨晓庆 . Premiere 视频编辑案例教程（微课版）(Premiere Pro CC 2019)［M］. 北京：人民邮电大学出版社，2022.